Lohse

Knicken und Spannungsberechnung nach Theorie II. Ordnung

2. Auflage

# Knicken und Spannungsberechnung nach Theorie II. Ordnung

Von Dr.-Ing. Günther Lohse
Professor an der Fachhochschule Hamburg

2., neubearbeitete und erweiterte
Auflage 1984

Werner-Verlag

156 Abbildungen und 28 Tabellen
1. Auflage 1979
2. Auflage 1984

CIP-Kurztitelaufnahme der Deutschen Bibliothek
**Lohse, Günther**
Knicken und Spannungsberechnung nach Theorie II. Ordnung/von Günther Lohse. –
2., neubearb. u. erw. Aufl. – Düsseldorf: Werner, 1984
ISBN 3-8041-2548-4

ISB N 3-8041-2548-4

DK 693.81(075.8)(021.4)
624.014.2:624.044:624.075
517.9:531.2


Satz: William Clowes Ltd., Colchester Essex/England
Offsetdruck: RODRUCK, Düsseldorf
Archiv-Nr.: 621–11.84
Bestell-Nr.: 25484

# Inhaltsverzeichnis

# Vorwort zur 2. Auflage

Als die 1. Auflage 1979 erschien, war man der Ansicht, daß die Einführung der DIN 18 800 Teil 2, unmittelbar bevorstand. Heute, nach fünf Jahren, ist man weiter davon entfernt als 1979. Eine Einigung ist immer noch nicht in Sicht.

Inzwischen ist über die Theorie II. Ordnung viel, teilweise Hochwissenschaftliches, veröffentlicht worden. Überall werden Computerprogramme angeboten, die mühelos jede Berechnung nach der Theorie II. Ordnung bewältigen.

Trotzdem haben Verlag und Verfasser sich entschlossen, eine 2. Auflage herauszugeben. Die Resonanz auf die 1. Auflage und auch auf die WIT-Ausgabe „Einführung in das Knicken und Kippen", die u. a. Teile des Buches enthält, war, abgesehen von ganz wenigen Ausnahmen, überaus positiv. An dieser Stelle möchte ich mich für die vielen Zuschriften bedanken. Ich habe die Anregungen und Berichtigungen in der 2. Auflage berücksichtigt.

Die 2. Auflage ist verbessert und erweitert. Die Berücksichtigung der elastischen Einspannung ist stärker betont worden. Die unbestimmten Systeme wurden einfacher berechnet. Einige Berechnungsbeispiele wurden geändert.

Dem Werner-Verlag, Düsseldorf, danke ich wieder für die gute Zusammenarbeit.

Norderstedt, im Herbst 1984 *Günther Lohse*

# Vorwort zur 1. Auflage

Dieses Buch soll den Leser mit den grundsätzlichen Problemen, die bei Stabilitätsberechnungen auftreten, vertraut machen.

Der Verfasser hat die Absicht, die schon im Beruf stehenden Bauingenieure und die Studenten des Bauingenieurwesens von Fachhochschulen und von Technischen Universitäten in die hierfür nötigen Berechnungsmethoden einzuführen. Das ist gerade für den praktisch tätigen Bauingenieur von Bedeutung, denn die Stabilitätsvorschrift DIN 4114 wird in wesentlichen Punkten umgestellt. Die Spannungsberechnung nach Theorie II. Ordnung wird für die Bemessung anzuwenden sein.

In einer mathematisch verständlichen Form werden die erforderlichen Formeln abgeleitet und auf eine einheitliche und überschaubare Form gebracht. Es wird gezeigt, daß in allen Fällen Näherungsverfahren für die Berufspraxis ausreichend sind. In vielen Berechnungsbeispielen wird das Verständnis und das Gefühl für Berechnungen nach Theorie II. Ordnung geschult. Ein Leser, der dieses Buch durchgearbeitet hat, wird mit den Grundbegriffen der Stabilitätsberechnungen vertraut sein. Er ist für die meisten Fälle der Baupraxis gerüstet. Ihm wird es jetzt auch leichter fallen, theoretisch anspruchsvollere Bücher über Stabilitätsprobleme zu verstehen. Der eilige Leser möge die recht breit angelegten Ableitungen der Formbeiwerte bei statisch unbestimmten Systemen übergehen. Die Ergebnistabellen und die durchgerechneten Beispiele lassen die Problemstellungen und deren Lösungen leicht erkennen.

Es war zunächst vorgesehen, auch das Kippen in diesem Band zu behandeln. Durch die geplante Neueinführung der DIN 4114 ist jedoch die Spannungsberechnung nach Theorie II. Ordnung in den Vordergrund getreten. Das Kippen soll später in einem gesonderten Buch behandelt werden.

Dem Werner-Verlag, Düsseldorf, danke ich an dieser Stelle für die Annahmen des Manuskriptes und für die gute Zusammenarbeit.

Norderstedt, im Herbst 1978 *Dr.-Ing. Günther Lohse*

# 1 Allgemeine Einführung

## 1.1 Formulierung des Knickproblems

Ein teilweise realisierbares Gedankenmodell soll den Vorgang, den man in der Baumechanik mit Knicken bezeichnet, erläutern. In den Abb. (1.1a) bis (1.1c) ist ein beidseitig gelagerter Stab, der mit einer Längskraft belastet ist, in verschiedenen Zuständen dargestellt.

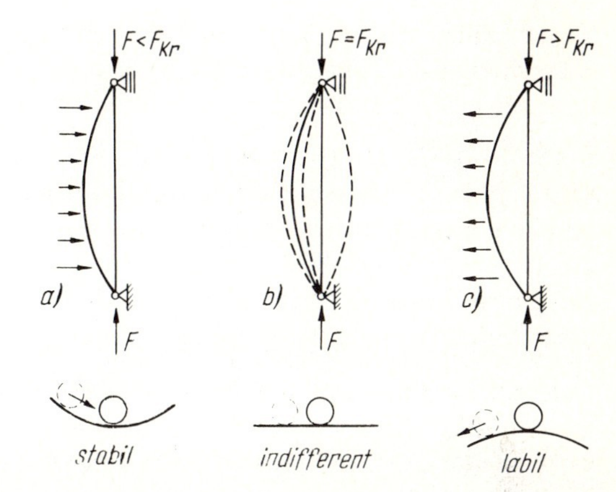


Abb. 1.1a–c Gleichgewichtszustände

*Abb. (1.1a)* Wird der mit einer Längskraft belastete Stab ausgelenkt, so spürt man einen Widerstand. Der Stab will in seine ursprüngliche Lage zurück. Die erzwungene seitliche Auslenkung erzeugt im Stab Rückstellkräfte, die ihn in die Nullage zurücktreiben. Der dabei entstehende Schwingungsvorgang ist in dieser Betrachtung von sekundärer Bedeutung.

Ein ähnlicher Versuch ist noch anschaulicher. Legt man eine Kugel in eine Schale, so wird sie nach einer seitlichen Verschiebung immer wieder in ihre Ausgangslage zurückkehren. Man nennt ein solches Gleichgewicht „stabil". Bei einem stabilen Gleichgewicht werden bei einer Gleichgewichtsstörung solche Kräfte frei, die den Körper immer wieder in die Ursprungslage zurückbringen. Man bezeichnet diese Kräfte als positive Rückstellkräfte.

*Abb. (1.1b)* Steigert man die Last des Stabes, so stellt man fest, daß der Widerstand gegen die Auslenkung immer geringer wird. Man kann theoretisch eine Last finden, bei der überhaupt kein Widerstand mehr vorhanden ist. Die Rückstelkräfte sind zu Null geworden und der Stab kann widerstandslos nach links oder rechts bewegt werden. Er befindet sich immer im Gleichgewicht. Die Last, die bei diesem Zustand vorhanden ist, nennt man die kritische Last. Man bezeichnet sie mit $F_{\text{krit}}$. Beim anschaulichen Kugelversuch ist die Schale zu Ebene geworden. Die Kugel kann man, ohne das Gleichgewicht zu stören, hin und her bewegen. Man nennt dieses Gleichgewicht „indifferent". Bei einem indifferenten Gleichgewicht sind die Rückstellkräfte Null.

*Abb. (1.1c)* Steigert man die Last weiter, also über die kritische Last hinaus, so wird eine geringfügige Auslenkung den Stab sehr schnell immer weiter von seiner Ruhelage entfernen. Es werden im Stab Kräfte frei, die immer größere Auslenkungen erzeugen und schließlich zur Zerstörung des Stabes führen. Der Vorgang spielt sich in Bruchteilen von Sekunden ab und wird in der Baumechanik „Knicken“ genannt. Der Kugelversuch ist wieder anschaulich. Die Kugel liegt ausbalanciert auf einer nach oben gekrümmten Fläche. Jede geringste Bewegung zerstört sofort das Gleichgewicht. Man nennt dieses Gleichgewicht „labil“. Bei einem labilen Gleichgewicht sind die Rückstellkräfte also negativ.

Mit Hilfe dieser Bezeichnungen kann man das Knickproblem genau formulieren. Das Knicken tritt immer dann auf, wenn die Längskraft einen bestimmten Wert überschritten hat. Der Stab befindet sich im labilen Gleichgewicht und jede kleinste Störung, die in der Praxis immer vorhanden ist, vernichtet dieses Gleichgewicht. Der Stab knickt aus.

Der Beginn des labilen Zustands ist der indifferente Zustand mit der Last $F_{krit}$. Es muß in der Baupraxis dafür Sorge getragen werden, daß die vorhandene Druckkraft $F$ einen genügend großen Abstand von der kritischen Last $F_{krit}$ hat. Die Größe dieses Abstandes ist von der Schlankheit des Stabes abhängig und wird nach Kriterien der jeweiligen DIN-Vorschrift festgelegt. Berechnungsverfahren dafür wurden ermittelt.

Der indifferente Zustand ist nach der obigen Definition dadurch ausgezeichnet, daß jede Nachbarlage zu irgendeiner Knickbiegelinie sich ebenfalls im Gleichgewicht befindet. (Man vergleiche nochmals die Knickbiegelinie mit dem Kugelmodell.)

Daraus kann man erkennen, daß die *Größe* der Auslenkung ohne Bedeutung ist. Sie kann auch nicht bestimmt werden. Entscheidend ist die *Form* der Knickbiegelinie.

Die Aufgabe des Statikers ist es daher, die Form der Knickbiegelinie zu finden, die dem indifferenten Zustand zugeordnet ist und dazu den Wert der kritischen Last $F_{krit}$ zu bestimmen. Damit ist das Knickproblem prinzipiell gelöst. Der Abschnitt 2 befaßt sich eingehend mit dieser Aufgabe.

Abschließend zu diesem Kapitel seien noch einmal die verschiedenen Zustände im Koordinatensystem mit $w$ (Verschiebung) als Abszisse und mit $F$ (Kraft) als Ordinate in der Abb. (1.1d) dargestellt.

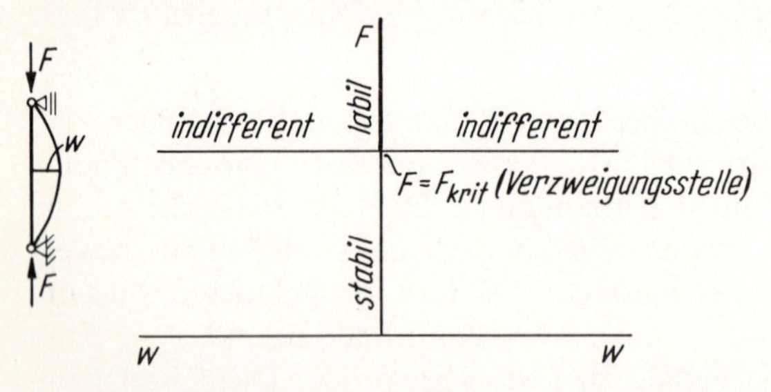


Abb. 1.1d Gleichgewichtszustände, dargestellt im Koordinatensystem

Unterhalb des Punktes $F_{krit}$ ist stabiles Gleichgewicht, oberhalb von $F_{krit}$ ist labiles Gleichgewicht. Im Punkt $F_{krit}$, aber nur hier, ist auch ein Gleichgewicht auf der waagerechten Verzweigungslinie möglich. Man spricht von einer Gleichgewichtsverzweigung oder einem Stabilitätsproblem mit Verzweigung.

## 1.2 Theorie I. Ordnung und Theorie II. Ordnung

Bei den meisten Baukonstruktionen ist es üblich und auch zulässig, die Schnittgrößen am unverformten System anzusetzen. Die Verformungen sind im Vergleich zu den Stablängen so klein, daß man sie vernachlässigen kann. Man spricht dann von der Theorie I. Ordnung. In Abb. (1.2a) sind die Schnittgrößen dargestellt. Das ist das übliche Verfahren der Baustatik.

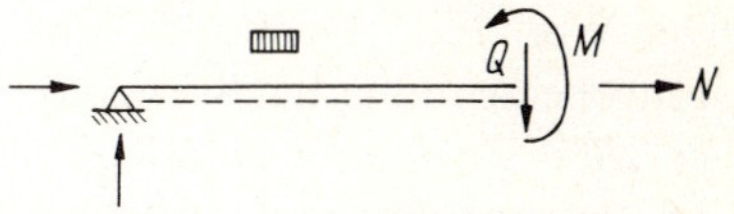

Abb. 1.2a Schnittgrößen am unverformten System

Bei der Theorie II. Ordnung sind die Verformungen entweder so groß, daß sie nicht mehr zu vernachlässigen sind (z. B. Hängebrücken) oder eine Lösung ohne sie ist gar nicht möglich (Stabilitätsprobleme). Die Schnittgrößen werden, wie in Abb. (1.2b) gezeigt, am verformten System angesetzt.

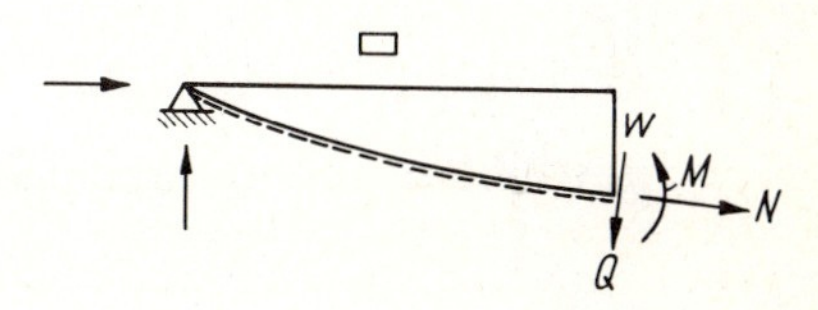


Abb. 1.2b Schnittgrößen am verformten System

Dabei genügt es, die Reihenglieder 1. Ordnung zu berücksichtigen (z. B. $\sin x = x$, $\tan x = x$ oder $\cos x = 1{,}0$).

## 1.3 Spannungsberechnungen nach Theorie II. Ordnung

Es wird vorausgesetzt, daß der Stab von Anfang an schon außermittig belastet ist. In Abb. (1.3a) ist ein solcher Stab dargestellt.

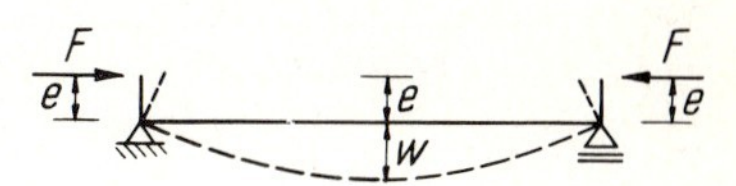


Abb. 1.3a Außermittig belasteter Stab

Das Moment nach Theorie II. Ordnung, $M_{\mathrm{II}} = F \cdot (e + w)$, wächst mit steigender Last sehr schnell, da einerseits $F$ wächst und durch das größere Moment $w$ ebenfalls größer wird. Der zulässige Wert von $F$ ist erreicht, wenn die Spannung

$$\sigma_{\mathrm{u}} = \frac{F}{A} + \frac{M_{\mathrm{II}}}{\mathrm{W}} = \beta_{\mathrm{S}}$$

ist. In Abb. (1.3b) ist diese Abhängigkeit dargestellt.

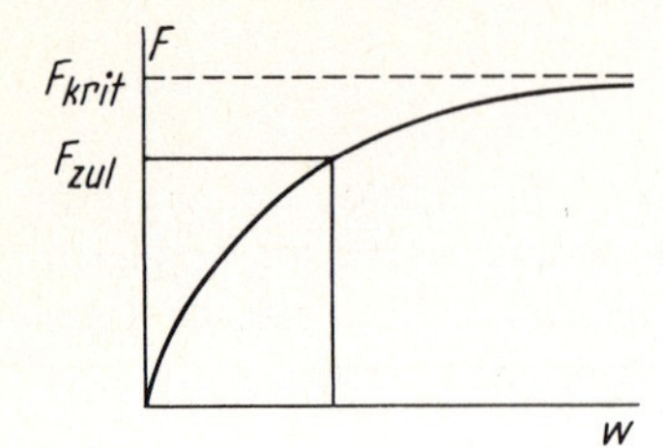


Abb. 1.3b $F$ als Funktion von $w$

Der Wert $F_{zul}$ liegt immer, und meistens sehr weit, unter $F_{krit}$. Obgleich die Spannungsberechnung nach Theorie II. Ordnung eigentlich gar kein Stabilitätsproblem ist, zählt sie in ihrer Handhabung dazu. Das kommt wohl auch daher, daß man für die Bestimmung von $M_{II}$ die Größe der kritischen Last $F_{krit}$ braucht. Da in der Baupraxis eine zentrisch eingeleitete Last exakt nicht erreichbar ist, liegt eigentlich immer diese Spannungsberechnung nach Theorie II. Ordnung vor. Die Abschnitte 3 und 4 des Buches befassen sich eingehend mit diesem Problem.

## 1.4 Stabilitätsproblem ohne Gleichgewichtsverzweigung oder Gleichgewichtsproblem nach Theorie II. Ordnung

In den Abschnitten 1.2 und 1.3 war die Gültigkeit des *Hooke*schen Gesetzes vorausgesetzt. Das innere Moment vergrößert sich proportional zum äußeren Moment. Anders liegt der Fall, wenn man sich im plastischen Bereich befindet. Der innere Hebelarm wird wegen der vom Querschnittsrand fortschreitende Plastifizierung immer kleiner. Das innere Moment wächst langsamer als das äußere Moment. Ist eine bestimmte Last $F_u$ überschritten, so ist ein Gleichgewicht nur noch möglich, wenn die äußere Kraft wieder kleiner wird. Dieser Zustand ist jedoch labil. Geringe Störungen führen sofort zu Versagen des Querschnitts. In Abb. (1.4a) ist dieser Vorgang dargestellt.

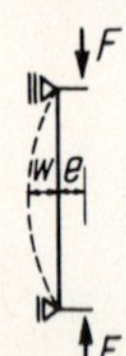


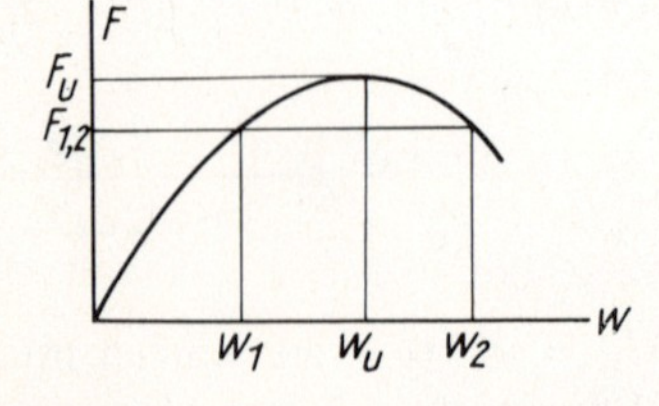


Abb. 1.4a Stabilitätsproblem ohne Gleichgewichtsverzweigung

Im Gipfelpunkt der Kurve ist das indifferente Gleichgewicht mit der Lastordinate $F_u = F_{krit}$. Diese Last nennt man die Traglast. Hierzu gehört die Verschiebung $w_u$. Unterhalb von $w_u$ ist das System stabil und oberhalb von $w_u$ ist es labil.

Man nennt diesen Vorgang ein Stabilitätsproblem ohne Verzweigung. Besser wäre der Ausdruck Gleichgewichtsproblem nach Theorie II. Ordnung.

## 1.5 Weitere Stabilitätsprobleme

In den bisherigen Abschnitten wurde nur vom Knicken gesprochen. Gemeint war das Biegeknicken. Das Versagen tritt durch Ausbiegung der Stütze um eine Achse ein.

Der allgemeine Fall hierzu ist das *Biegedrillknicken*. Hierbei tritt neben der Ausbiegung der Stütze noch eine Verdrehung ein. Als Sonderfälle zu dem Biegedrillknicken sind das reine *Drillknicken* und das *Kippen* anzusehen. Es wird auf [15] und [16] verwiesen.

Werden Flächentragwerke durch Druckspannungen oder Schubspannungen instabil, so spricht man von *Beulen*. Diese Stabilitätsprobleme werden im Rahmen dieses Bandes nicht behandelt.

## 1.6 Mathematische Grundlagen

Auf aufwendige mathematische Ableitungen soll verzichtet werden. Der Leser muß die einfache Integralrechnung und die Lösung gewöhnlicher Differentialgleichungen beherrschen.

Diesbezügliche Ableitungen sind jeweils an Ort und Stelle durchgeführt und erläutert.

Um jedoch den zügigen Ablauf des Stoffes nicht durch ständige mathematische Ableitungen zu stören, werden in diesem Abschnitt einige immer wiederkehrende Integrale gelöst. Es handelt sich um die sogenannten Überlagerungsintegrale

$\int_0^l i \cdot k \cdot \mathrm{d}s.$

Die meisten dieser Integrale kann man geeigneten Handbüchern entnehmen. Hier werden jedoch hauptsächlich trigonometrische Funktionen gebraucht und diese Werte findet man nicht in den üblichen Handbüchern.

### 1.6.1 Die Sinuslinie

Die Sinuslinie hat die Funktion $z = i \cdot \sin \pi \xi$ und ist in Abb. (1.6.1) dargestellt. In dieser Abb. sind ebenfalls die virtuellen Funktionen $\bar{z}$ abgebildet.

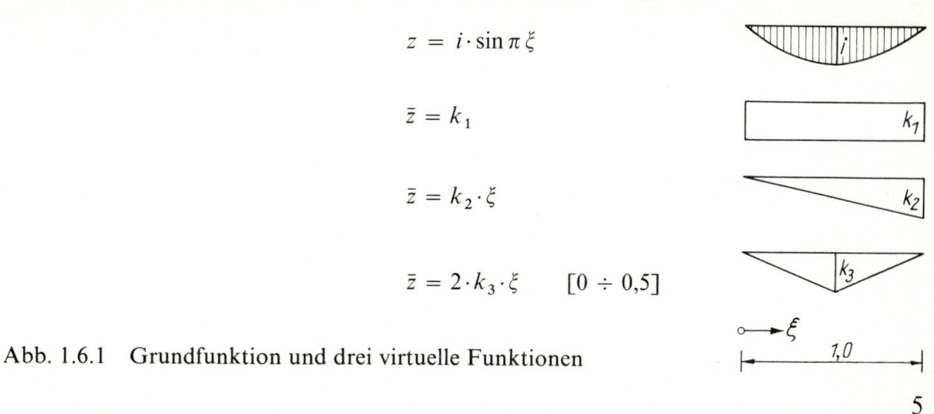


Abb. 1.6.1 Grundfunktion und drei virtuelle Funktionen

Das Überlagerungsintegral der Flächen $i$ und $k_1$ lautet

$$I_1 = \int_0^1 i \cdot k_1 \cdot \sin \pi\xi \cdot d\xi = i \cdot k_1 \cdot \left| -\frac{1}{\pi} \cdot \cos \pi \xi \right|_0^{1,0}$$

$$I_1 = \left[ -\frac{1}{\pi} \cdot \cos \pi - \left( -\frac{1}{\pi} \cdot \cos 0 \right) \right] \cdot i \cdot k_1 = \frac{2}{\pi} \cdot i \cdot k_1 .$$

Das Überlagerungsintegral der Flächen $i$ und $k_2$ lautet

$$I_2 = \int_0^{1,0} i \cdot k_2 \cdot \xi \cdot \sin \pi \xi \cdot d\xi = i \cdot k_2 \cdot \left| \frac{\sin \pi \xi}{\pi^2} - \frac{\xi \cdot \cos \pi \xi}{\pi} \right|_0^1$$

$$I_2 = i \cdot k_2 \cdot \left[ \frac{\sin \pi}{\pi^2} - \frac{1{,}0 \cdot \cos \pi}{\pi} \right] = \frac{1}{\pi} \cdot i \cdot k_2 .$$

Das Überlagerungsintegral der Flächen $i$ und $k_3$ lautet

$$I_3 = 2 \cdot \int_0^{0,5} i \cdot 2 \cdot k_3 \cdot \xi \cdot \sin \pi \xi \cdot d\xi$$

$$I_3 = 4 \cdot i \cdot k_3 \cdot \left| \frac{\sin \pi \xi}{\pi^2} - \frac{\xi \cdot \cos \pi \xi}{\pi} \right|_0^{0,5}$$

$$I_3 = 4 \cdot i \cdot k_3 \cdot \left[ \frac{\sin \pi/2}{\pi^2} - \frac{\frac{1}{2} \cdot \cos \pi/2}{\pi} \right] = \frac{4}{\pi^2} \cdot i \cdot k_3 .$$

### 1.6.2 Die amplitudenverschobene doppelte Cosinuslinie

Für den praktischen Gebrauch benötigt man eine Funktion, deren Werte selbst und deren 1. Ableitungen am Anfang und am Ende des Bereichs Null sind. Eine solche Funktion ist $z = (i/2) \cdot (1 - \cos 2\pi\xi)$. In Abb. (1.6.2.a) ist diese Funktion dargestellt. In dieser Abb. sind ebenfalls die virtuellen Funktionen $\bar{z}$ dargestellt.

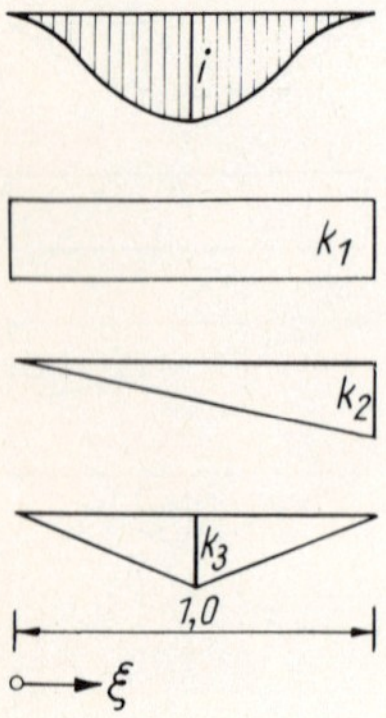

$$z = \frac{1}{2} \cdot i \cdot (1 - \cos 2 \pi \xi)$$

$$\bar{z} = k_1$$

$$\bar{z} = k_2 \cdot \xi$$

$$\bar{z} = 2 \cdot k_3 \cdot \xi \qquad [0 \div 0{,}5]$$

Abb. 1.6.2a Grundfunktion und drei virtuelle Funktionen

Das Überlagerungsintegral der Fläche $i$ mit $k_1$ lautet

$$I_1 = \int_0^{1,0} \cdot \tfrac{1}{2} \cdot i \cdot k_1 \cdot (1 - \cos 2\pi\xi) \cdot d\xi = \tfrac{1}{2} \cdot i \cdot k_1 \int_0^{1,0} (1 - \cos 2\pi\xi) \cdot d\xi$$

$$I_1 = \tfrac{1}{2} \cdot i \cdot k_1 \cdot \left| \xi - \frac{1}{2\pi} \cdot \sin 2\pi \right|_0^{1,0} = \tfrac{1}{2} \cdot i \cdot k_1 .$$

Das Überlagerungsintegral der Fläche $i$ mit $k_2$ lautet

$$I_2 = \int_0^{1,0} \tfrac{1}{2} \cdot i \cdot k_2 \cdot (\xi - \xi \cdot \cos 2\pi\xi) \cdot d\xi$$

$$I_2 = \tfrac{1}{2} \cdot i \cdot k_2 \cdot \left| \frac{1}{2} \cdot \xi^2 - \frac{\cos 2\pi\xi}{4\pi^2} - \frac{\xi \cdot \sin 2\pi\xi}{2\pi} \right|_0^{1,0}$$

$$I_2 = \tfrac{1}{2} \cdot i \cdot k_2 \cdot \left[ \frac{1}{2} - \frac{1}{4\pi} - \left( 0 - \frac{1}{4\pi} \right) \right] = \tfrac{1}{4} \cdot i \cdot k_2 .$$

Das Überlagerungsintegral der Fläche $i$ mit $k_3$ lautet

$$I_3 = 2 \cdot \int_0^{0,5} \tfrac{1}{2} \cdot i \cdot 2 \cdot k_3 \cdot (\xi - \xi \cdot \cos 2\pi\xi) \cdot d\xi$$

$$I_3 = 2 \cdot i \cdot k_3 \cdot \left| \frac{1}{2} \cdot \xi^2 - \frac{\cos 2\pi\xi}{4\pi^2} - \frac{\xi \cdot \sin 2\pi\xi}{2\pi} \right|_0^{0,5}$$

$$I_3 = 2 \cdot i \cdot k_3 \cdot \left[ \frac{1}{2} \cdot \frac{1}{4} - \frac{-1,0}{4\pi^2} - \left( \frac{-1}{4\pi^2} \right) \right]$$

$$I_3 = i \cdot k_3 \cdot \left[ \frac{1}{4} + \frac{1}{\pi^2} \right] = i \cdot k_3 \cdot \frac{\pi^2 + 4}{4 \cdot \pi^2}$$

$$I_3 = \frac{3,4674}{\pi^2} \cdot i \cdot k_3 .$$

In der Abb. (1.6.2b) ist ein noch nicht erfaßter Überlagerungsfall dargestellt. Dieser läßt sich aus den schon berechneten Werten ableiten. Er kann aus der Differenz von Rechteck und Dreieck ermittelt werden. Die Symbole dafür sind ebenfalls in Abb. (1.6.2b) dargestellt.

$$I_4 = \frac{1,4674}{\pi^2} \cdot i \cdot k_4$$

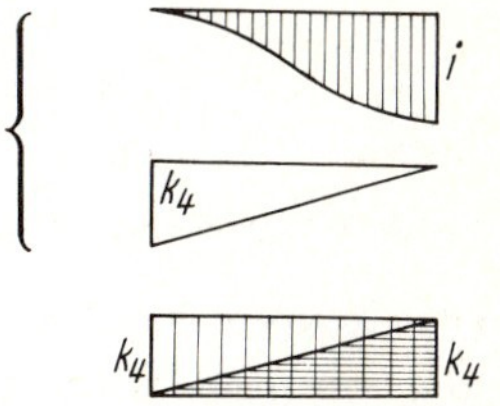

Abb. 1.6.2b Überlagerungsflächen

Die Zahlenwerte hierfür sind

$$\frac{1}{2} - \left(\frac{1}{4} + \frac{1}{\pi^2}\right) = \frac{1}{4} - \frac{1}{\pi^2} = \frac{\pi^2 - 4}{4\pi^2} = \frac{1{,}4674}{\pi^2}.$$

Das Überlagerungsintegral ist dann $I_4 = 1{,}4674/\pi^2 \cdot i \cdot k_4$.

### 1.6.3 Einige Integraltabellen

In Tabelle (1.6.3a) sind die gebräuchlichsten Überlagerungsintegrale noch einmal zusammengestellt. Bis auf Zeile 5 sind es die Ergebnisse der Ableitungen des Abschnittes 1.6.2.

In Tabelle (1.6.3b) ist die Funktion $z = \xi^n \cdot \sin(\pi/2)\,\xi$ mit den jeweiligen virtuellen Funktionen überlagert worden. Für diese beiden Tabellen gilt

$I =$ Vorzahl $\cdot\, l \cdot i \cdot k$, wobei $l$ die Bereichslänge ist.

In Tabelle (1.6.3c) ist die Funktion $z = \xi^n \cdot \cos(\pi/2)\,\xi$ mit den jeweiligen virtuellen Funktionen überlagert worden. Hier ist darauf zu achten, daß bei der Überlagerung der Wert $i$ jeweils durch die Ordinate $z_{max}$ der Einheitsfunktion zu dividieren ist. Die vollständige Gleichung lautet $I =$ Vorzahl $\cdot\, l \cdot (i/z_{max}) \cdot k$, wobei $i/z_{max}$ der Vorfaktor der Funktion $z$ ist.

BEISPIEL

Die in Abb. (1.6.2c) dargestellte Funktionen sollen überlagert werden.

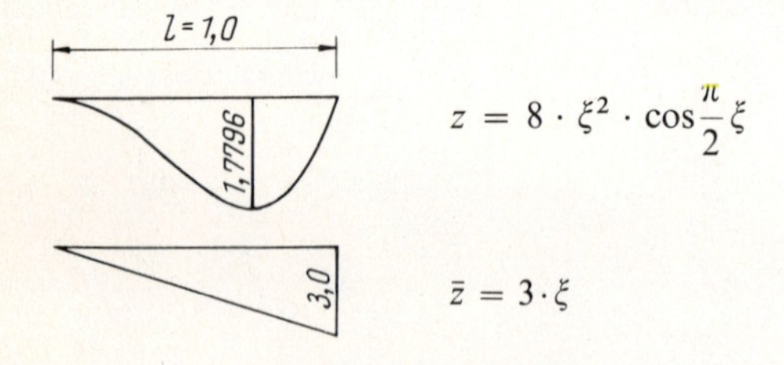


$z = 8 \cdot \xi^2 \cdot \cos\frac{\pi}{2}\xi$

$\bar{z} = 3 \cdot \xi$

Abb. 1.6.2c Funktionen $z$ und $\bar{z}$

Nach Tabelle (1.6.3c) ist

$$I = 0{,}0742 \cdot 1{,}0 \cdot \underbrace{\frac{1{,}7796}{0{,}222}}_{8{,}0} \cdot 3{,}0 = 1{,}7808.$$

Die Werte der Tabellen (1.6.3b) und (1.6.3c) werden selten benötigt, erweisen sich aber doch als recht nützlich.

Tabelle 1.6.3a

| $\bar{z}$ / $z$ | $k$ 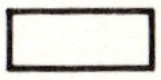 | $k$  | $k$  | $k$  | Funktion $z$ |
|---|---|---|---|---|---|
| $i$  | $\frac{2}{\pi} = \frac{6,283}{\pi^2}$ | $\frac{1}{\pi} = \frac{3,142}{\pi^2}$ | $\frac{1}{\pi} = \frac{3,142}{\pi^2}$ | $\frac{4}{\pi^2}$ | $z = i \cdot \sin \pi \xi$ |
| $i$  | $\frac{1}{2} = \frac{4,935}{\pi^2}$ | $\frac{1}{4} = \frac{2,467}{\pi^2}$ | $\frac{1}{4} = \frac{2,467}{\pi^2}$ | $\frac{3,467}{\pi^2}$ | $z = \frac{i}{2} \cdot (1 - \cos 2\pi \xi)$ |
| $i$  | $\frac{2}{\pi} = \frac{6,283}{\pi^2}$ | $\frac{4}{\pi^2}$ | $\frac{2,283}{\pi^2}$ | | $z = i \cdot \sin \frac{\pi}{2} \xi$ |
| $i$  | $\frac{1}{2} = \frac{4,935}{\pi^2}$ | $\frac{3,467}{\pi^2}$ | $\frac{1,467}{\pi^2}$ | | $z = \frac{i}{2} \cdot (1 - \cos \pi \xi)$ |
| $i$  | $\frac{3,586}{\pi^2}$ | $\frac{2,653}{\pi^2}$ | $\frac{0,934}{\pi^2}$ | | $z = i \cdot (1 - \cos \frac{\pi}{2} \xi)$ |

Tabelle 1.6.3b

| $i$ | $k$ | |
|---|---|---|
| $\xi^0 \cdot \sin \frac{\pi}{2} \xi$ 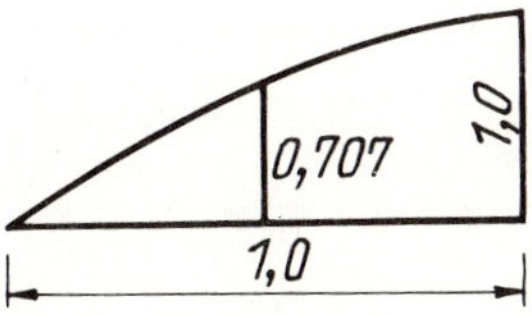 (0,707; 1,0; 1,0) | 1,0 | $0,637 = \frac{6,29}{\pi^2}$ |
| |  1,0 | $0,405 = \frac{4,00}{\pi^2}$ |
| | 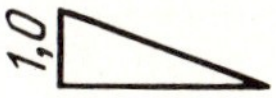 1,0 | $0,232 = \frac{2,29}{\pi^2}$ |
| $\xi^1 \cdot \sin \frac{\pi}{2} \xi$ 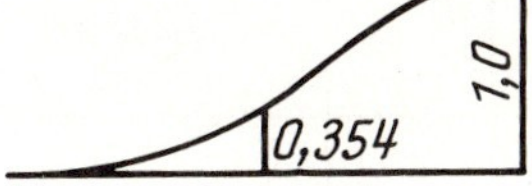 (0,354; 1,0) | 1,0 | $0,405 = \frac{4,00}{\pi^2}$ |
| |  1,0 | $0,294 = \frac{2,90}{\pi^2}$ |
| |  1,0 | $0,111 = \frac{1,10}{\pi^2}$ |
| $\xi^2 \cdot \sin \frac{\pi}{2} \xi$ 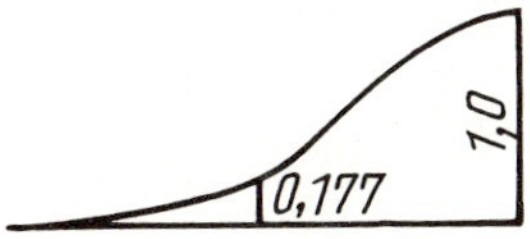 (0,177; 1,0) | 1,0 | $0,294 = \frac{2,90}{\pi^2}$ |
| |  1,0 | $0,229 = \frac{2,26}{\pi^2}$ |
| |  1,0 | $0,065 = \frac{0,64}{\pi^2}$ |

Tabelle 1.6.3b Fortsetzung

| $i$ | $k$ | |
|---|---|---|
| $\xi^3 \cdot \sin\frac{\pi}{2}\xi$ <br> 1,0 <br> 0,0884 | 1,0 | $0{,}229 = \frac{2{,}26}{\pi^2}$ |
| | 1,0 | $0{,}188 = \frac{1{,}86}{\pi^2}$ |
| | 1,0 | $0{,}041 = \frac{0{,}40}{\pi^2}$ |
| $\xi^4 \cdot \sin\frac{\pi}{2}\xi$ <br> 1,0 <br> 0,0442 | 1,0 | $0{,}188 = \frac{1{,}86}{\pi^2}$ |
| | 1,0 | $0{,}159 = \frac{1{,}57}{\pi^2}$ |
| | 1,0 | $0{,}029 = \frac{0{,}29}{\pi^2}$ |
| $\xi^5 \cdot \sin\frac{\pi}{2}\xi$ <br> 1,0 <br> 0,0221 | 1,0 | $0{,}159 = \frac{1{,}57}{\pi^2}$ |
| | 1,0 | $0{,}138 = \frac{1{,}36}{\pi^2}$ |
| | 1,0 | $0{,}021 = \frac{0{,}21}{\pi^2}$ |

Tabelle 1.6.3c

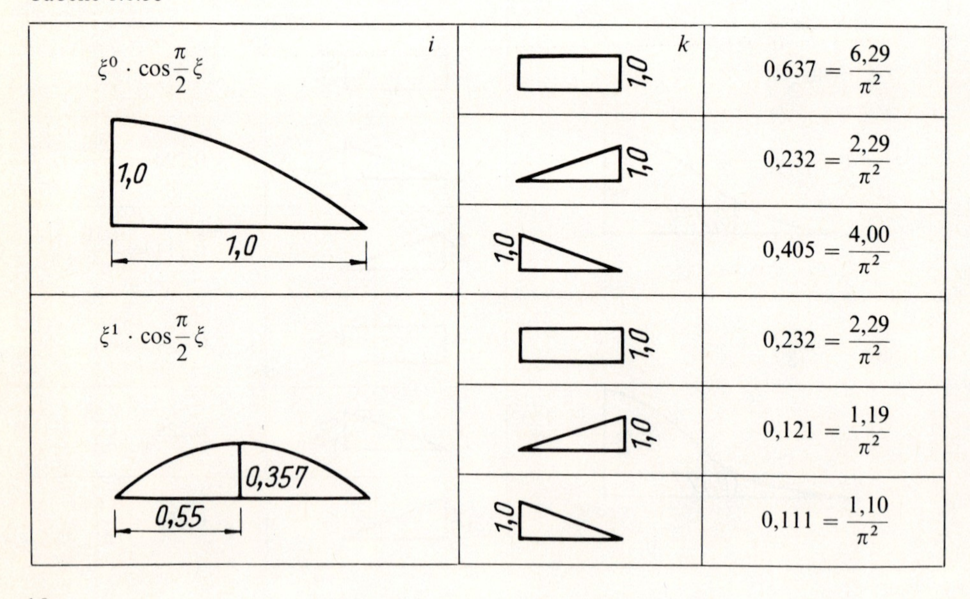

| $i$ | $k$ | |
|---|---|---|
| $\xi^0 \cdot \cos\frac{\pi}{2}\xi$ <br> 1,0 <br> 1,0 | 1,0 | $0{,}637 = \frac{6{,}29}{\pi^2}$ |
| | 1,0 | $0{,}232 = \frac{2{,}29}{\pi^2}$ |
| | 1,0 | $0{,}405 = \frac{4{,}00}{\pi^2}$ |
| $\xi^1 \cdot \cos\frac{\pi}{2}\xi$ <br> 0,357 <br> 0,55 | 1,0 | $0{,}232 = \frac{2{,}29}{\pi^2}$ |
| | 1,0 | $0{,}121 = \frac{1{,}19}{\pi^2}$ |
| | 1,0 | $0{,}111 = \frac{1{,}10}{\pi^2}$ |

Tabelle 1.6.3c Fortsetzung

| *i* | *k* | |
|---|---|---|
| $\xi^2 \cdot \cos\frac{\pi}{2}\xi$ 0,222 0,70 | 1,0 | $0{,}1207 = \frac{1{,}19}{\pi^2}$ |
| | 1,0 | $0{,}0742 = \frac{0{,}73}{\pi^2}$ |
| | 1,0 | $0{,}0465 = \frac{0{,}46}{\pi^2}$ |
| $\xi^3 \cdot \cos\frac{\pi}{2}\xi$ 0,156 0,75 | 1,0 | $0{,}0742 = \frac{0{,}73}{\pi^2}$ |
| | 1,0 | $0{,}0502 = \frac{0{,}50}{\pi^2}$ |
| | 1,0 | $0{,}0240 = \frac{0{,}24}{\pi^2}$ |
| $\xi^4 \cdot \cos\frac{\pi}{2}\xi$ 0,127 0,80 | 1,0 | $0{,}0502 = \frac{0{,}50}{\pi^2}$ |
| | 1,0 | $0{,}0362 = \frac{0{,}36}{\pi^2}$ |
| | 1,0 | $0{,}0140 = \frac{0{,}14}{\pi^2}$ |
| $\xi^5 \cdot \cos\frac{\pi}{2}\xi$ 0,104 0,85 | 1,0 | $0{,}0362 = \frac{0{,}36}{\pi^2}$ |
| | 1,0 | $0{,}0273 = \frac{0{,}27}{\pi^2}$ |
| | 1,0 | $0{,}0089 = \frac{0{,}09}{\pi^2}$ |

### 1.6.4 Numerische Integration

Viele Integrale lassen sich mit einer geschlossenen Integration oder mit den Überlagerungsintegralen nicht mehr oder nur sehr umständlich lösen. Für solche Fälle ist die numerische Integration geeignet. Während man früher für diese Integration schnell konvergierende aber kompliziertere Verfahren gebrauchte, um möglichst wenige Intervalle zu haben, genügt heute für programmgesteuerte Tischrechner die gewöhnliche Trapezregel. Man kann die Fläche nach der Gleichung

$$A = \int_{x1}^{x2} \eta \cdot \mathrm{d}x = \tfrac{1}{2} \cdot \Delta x \cdot (\eta_0 + 2 \cdot \sum \eta_i + \eta_n) \qquad (1.6.4a)$$

ermitteln. Fü1 die praktische Arbeit eignet sich die Schreibweise

$$A = \tfrac{1}{2} \cdot \Delta x \cdot (2 \cdot \sum \eta - \eta_0 - \eta_n) \qquad (1.6.4b)$$

besser.

Setzt man $\Delta x = l/n$, wobei $l$ die Bereichslänge und $n$ die Anzahl der Intervalle sind, so kann man die Gleichung (1.6.4b) auch

$$A = \frac{l}{2 \cdot n} \cdot (2 \cdot \sum \eta - \eta_0 - \eta_n) \qquad (1.6.4c)$$

schreiben.

Den gleichen Genauigkeitsgrad kann man auch mit einer verbesserten Rechteckformel erzielen. Diese lautet allgemein

$$A = \Delta x \cdot \sum_{x_0 + \frac{1}{2}\Delta x}^{x_n - \frac{1}{2}\Delta x} \eta = \frac{l}{n} \cdot \sum_{x_0 + \frac{1}{2}\Delta x}^{x_n - \frac{1}{2}\Delta x} \eta. \qquad (1.6.4d)$$

Die Ordinaten beziehen sich jeweils auf Intervallmitte.

Die Programmierung dieser Form ist einfacher als die der Trapezformel. Mit einem programmgesteuerten Tischrechner kann man in etwa 100 Schritten die meisten numerischen Integrationen erfassen und bei hinreichender Kleinheit der Intervalle mit beliebiger Genauigkeit lösen.

Für den praktisch Gebrauch genügen meistens 10 Intervalle. Eine größerer Anzahl von Intervallen machen dem Rechner zwar keine Schwierigkeiten, steigert aber die Genauigkeit nur wenig. Das folgende Beispiel zeigt ausführlich die verschiedenen Berechnungsmöglichkeiten.

*1.6.4.1 Berechnungsbeispiel* Um einen Vergleich ziehen zu können, soll das Beispiel des Abschnittes 1.6.3 jetzt mit der numerischen Integration ausgewertet werden. Die Funktionen waren $z = 8 \cdot \xi^2 \cdot \cos(\pi/2)\,\xi$ und $\bar{z} = 3 \cdot \xi$. Sie sind in Abb. (1.6.4.1a) nochmals dargestellt.

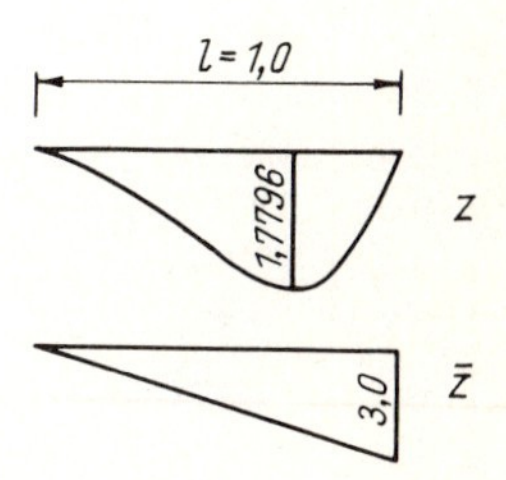


Abb. 1.6.4.1a Funktionen $z$ und $\bar{z}$

1. Um einen Anhalt über die Größe des Ergebnisses zu erhalten, führt man zweckmäßig eine Überlagerung mit ähnlichen, aber bekannten Flächen aus. Die Fläche der Funktion $z$ ist einer Parabel ähnlich. Das Integral ist dann $I \approx \frac{1}{3} \cdot 1{,}0 \cdot 1{,}7796 \cdot 3 = 1{,}78$.

2. Integration nach der Gleichung (1.6.4b). Diese Gleichung lautet für die Grenzen $\xi = 0$ bis $\xi = 1{,}0$

$$I = \tfrac{1}{2} \cdot \Delta\xi \cdot (2 \cdot \textstyle\sum \eta - \eta_0 - \eta_n). \qquad (1.6.4.1.a)$$

Die Funktion $\eta$ wird $\eta = z \cdot \bar{z} = 8 \cdot \xi^2 \cdot \cos(\pi/2)\,\xi \cdot (3 \cdot \xi) = 24 \cdot \xi^3 \cdot \cos(\pi/2)\,\xi$ und ist in Abb. (1.6.4.1b) dargestellt.

$$\eta = z \cdot \bar{z} = 24 \cdot \xi^3 \cdot \cos\frac{\pi}{2}\xi$$

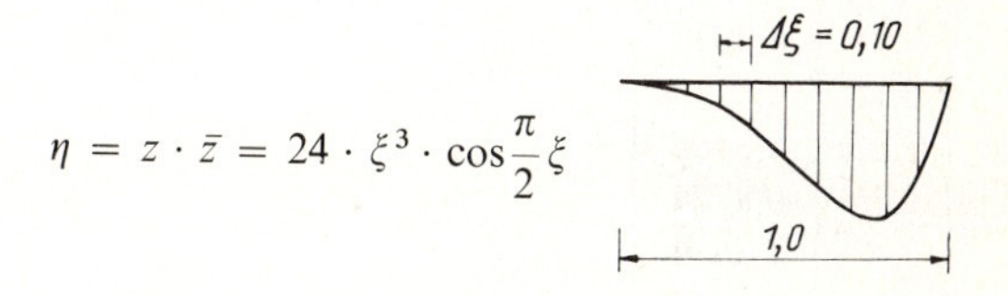


Abb. 1.6.4.1b Funktion $\eta$

In der Tabelle (1.6.4.1a) sind die Funktionswerte der Funktionen $z$, $\bar{z}$ und $\eta$ eingetragen. Der Intervall beträgt $\Delta\xi = 0{,}1$.

Tabelle 1.6.4.1a

| $\xi$ | $z$ | $\bar{z}$ | $\eta$ |
|---|---|---|---|
| 0 | 0 | 0 | 0 |
| 0,1 | 0,0790 | 0,3 | 0,0237 |
| 0,2 | 0,3043 | 0,6 | 0,1826 |
| 0,3 | 0,6415 | 0,9 | 0,5774 |
| 0,4 | 1,0355 | 1,2 | 1,2427 |
| 0,5 | 1,4142 | 1,5 | 2,1213 |
| 0,6 | 1,6928 | 1,8 | 3,0471 |
| 0,7 | 1,7796 | 2,1 | 3,7372 |
| 0,8 | 1,5822 | 2,4 | 3,7972 |
| 0,9 | 1,0137 | 2,7 | 2,7370 |
| 1,0 | 0 | 3,0 | 0 |
| | | | 17,4662 |

Nach Gleichung (1.6.4.1a) wird

$I = \frac{1}{2} \cdot 0{,}10 \cdot (2 \cdot 17{,}4662 - 0 - 0) \approx 1{,}75.$

3. Integration nach Gleichung (1.6.4d). Diese Gleichung lautet für die Grenzen von $\xi = 0$ bis $\xi = 1{,}0$

$$I = \frac{1{,}0}{n} \cdot \sum_{\frac{1}{2}\Delta\xi}^{1-\frac{1}{2}\Delta\xi} \eta. \tag{1.6.4.1b}$$

In Tabelle (1.6.4.1b) sind die Funktionswerte eingetragen. Die Anzahl der Intervalle ist wieder 10.

Tabelle 1.6.4.1b

| $\xi$ | $\eta$ |
|---|---|
| 0,05 | 0,0030 |
| 0,15 | 0,0788 |
| 0,25 | 0,3465 |
| 0,35 | 0,8774 |
| 0,45 | 1,6630 |
| 0,55 | 2,5932 |
| 0,65 | 3,4438 |
| 0,75 | 3,8747 |
| 0,85 | 3,4408 |
| 0,95 | 1,6145 |
| | 17,9355 |

Nach Gleichung (1.6.4.1b) wird $I \approx (1{,}0/10) \cdot 17{,}9355 \approx 1{,}79.$

4. Integration mit einem programmgesteuerten Tischrechner. Für die Berechnung wurde hier der SR 52 der Fa. Texas Instruments benutzt. Bei diesem Rechner sind 224 Programmschritte möglich. Das Programm besteht aus 35 Schritten für die Funktion und 68 Schritten für die numerische Integration, also insgesamt 104 Schritte. In der Tabelle (1.6.4.1c) sind die Ergebnisse mit den Fehlern in Abhängigkeit von den Intervallen zusammengestellt.
   Man sieht, daß der Fehler schon bei 10 Intervallen baupraktisch belanglos ist. Heute haben viele Tischrechner ein fest eingebautes Programm für die numerische Integration, wie z. B. der TI 59, das Nachfolgermodell für den SR 52. Dadurch wird die Auswertung noch einfacher.

Tabelle 1.6.4.1c

| Intervalle | 10 | 20 | 50 | 100 | 200 |
|---|---|---|---|---|---|
| $I$ | 1,7936 | 1,7819 | 1,7786 | 1,7781 | 1,7780 |
| Fehler | 0,88% | 0,22% | 0,04% | 0,01% | 0% |

# 2 Biegeknicken

## 2.1 Der einfache Knickstab<br>Verfahren für die Lösung des Problems

Die wesentlichen Gedankengänge können am klarsten am einfachen Knickstab erläutert werden.

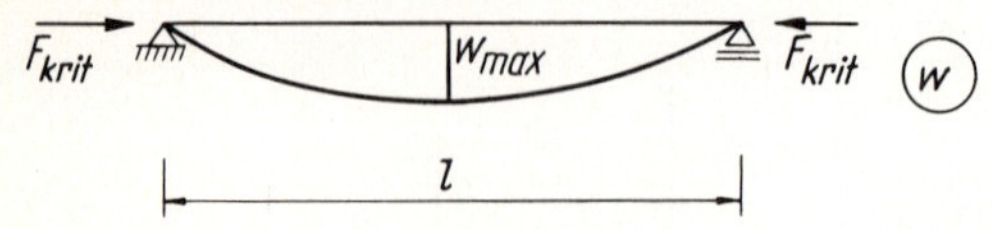


Abb. 2.1 Biegelinie des Knickstabes unter $F_{krit}$

Dargestellt in Abb. 2.1 ist die Biegelinie des ausgeknickten Stabes unter der Last $F_{krit}$. Die Last $F$ wird solange gesteigert, bis eine Auslenkung eintritt. $F_{krit}$ ist gerade die Last, die eine Auslenkung $w$ erzeugt, also den Übergang von der geraden Stabachse in die gekrümmte bewirkt. Man nennt diesen Wert die kritische Last. Die Größe der Auslenkung ist mit den angewandten Methoden nicht zu ermitteln und auch nicht von Interesse. Entscheidend ist nur die Form der Biegelinie.

### Gleichgewichtsbedingungen für das System

Die Schnittgrößen müssen am verformten System angeschrieben werden

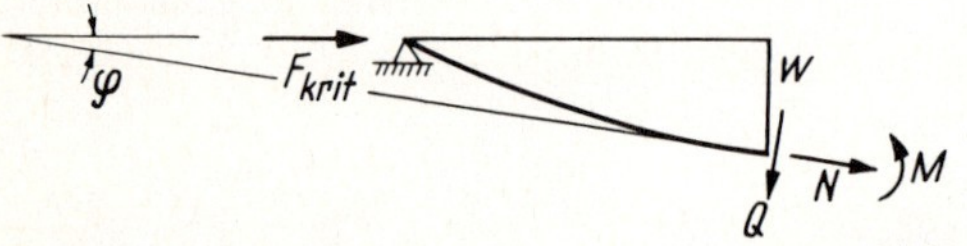


Abb. 2.1a Schnittgrößen am verformten System

$\sum M = 0$

$$F_{krit} \cdot w - M = 0 \qquad M = F \cdot w \tag{2.1a}$$

In der Ableitung der weiteren Gleichungen wird fernerhin $F_{krit}$ nur mit $F$ bezeichnet.

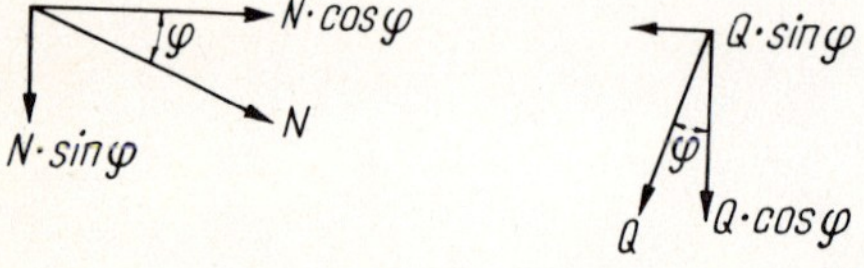


Abb. 2.1b Zerlegung der Schnittkräfte $N$ und $Q$ in die Vertikal- und Horizontalrichtung

$\sum H = 0$

$$F + N \cdot \cos \varphi - Q \cdot \sin \varphi = 0.$$

Laut Voraussetzung ist $\sin\varphi = \tan\varphi = \varphi = w' = \mathrm{d}w/\mathrm{d}x$ und $\cos\varphi = 1$. Damit wird $F + N - Q \cdot w' = 0$. Der dritte Summand kann gegenüber den ersten beiden vernachlässigt werden. Dann ist $N = -F$.

$\sum V = 0$

$$N \cdot \sin\varphi + Q \cdot \cos\varphi = 0 \Rightarrow N \cdot \frac{\mathrm{d}w}{\mathrm{d}x} + Q = 0. \tag{2.1b}$$

Multipliziert man die Gleichung mit $\mathrm{d}x$, so erhält man

$N \cdot \mathrm{d}w + Q \cdot \mathrm{d}x = 0.$

Integriert man beide Seiten, so erhält man

$$\int N \cdot \mathrm{d}w + \int Q \cdot \mathrm{d}x = 0$$

und nach Ausführung der Integration

$-F \cdot w + M = 0 \Rightarrow M = F \cdot w.$

Die Bedingung $\sum V = 0$ wurde auf die Bedingung $\sum M = 0$ zurückgeführt.

Lösungen des Problems

### 2.1.1 Genaues Verfahren durch Aufstellung und Lösung der Differentialgleichung

Nach bekannten Regeln der Festigkeitslehre ist die Krümmung eines Balkens $w'' = -M/EI$ und damit $M = -EI \cdot w''$.

Setzt man diesen Ausdruck in die Gleichung (2.1) ein, so erhält man $F \cdot w - (-EI \cdot w'') = 0$ und nach Umformung

$$EI \cdot w'' + F \cdot w = 0. \tag{2.1c}$$

Teilt man die Gleichung durch $EI$ und setzt $\lambda^2 = F/EI$, so erhält man

$$w'' + \lambda^2 \cdot w = 0. \tag{2.1d}$$

Als Lösungsansatz wählt man $w = e^{a \cdot x}$.

Die zugehörigen Ableitungen sind $w' = a \cdot e^{a \cdot x}$ und $w'' = a^2 \cdot e^{a \cdot x}$. Setzt man diese Ausdrücke in die Differentialgleichung ein, so erhält man $a^2 \cdot e^{a \cdot x} + \lambda^2 e^{a \cdot x} = 0$ und nach Kürzung durch $e^{a \cdot x}$ die charakteristische Gleichung $a^2 + \lambda^2 = 0$.

Die Lösungen dieser Gleichung sind

$$a_1 = +\sqrt{-\lambda^2} = +\sqrt{-1} \cdot \lambda = +i \cdot \lambda$$
$$a_2 = -\sqrt{-\lambda^2} = +\sqrt{-1} \cdot \lambda = -i \cdot \lambda.$$

Die allgemeine Lösung lautet dann

$$w = K_1 \cdot e^{i\lambda x} + K_2 \cdot e^{-i\lambda x}.$$

Mit den *Euler*schen Formeln wird daraus

$$w = K_1 \cdot (\cos \lambda x + i \cdot \sin \lambda x) = K_2 \cdot (\cos \lambda x - i \cdot \sin \lambda x)$$

$$w = (K_1 + K_2) \cdot \cos \lambda x + (K_1 - K_2) \cdot i \cdot \sin \lambda x.$$

Setzt man für $K_1 + K_2 = B$ und für $(K_1 - K_2) \cdot i = A$, so erhält man

$w = A \cdot \sin \lambda x + B \cdot \cos \lambda x$ als Lösung der Differentialgleichung. (2.1e)

Beim Balken auf zwei Stützen müssen die Durchbiegungen am Rande verschwinden. Das bedeutet, die Randbedingung für $x = 0$ ist $w = 0$ und für $x = l$ ist ebenfalls $w = 0$.

Dann wird

$$0 = A \cdot \sin 0 + B \cdot \cos 0 = B \cdot 1 \Rightarrow B = 0$$

und

$$0 = A \cdot \sin \lambda l = 0.$$

Man nennt solche Aufgaben Eigenwertprobleme. Dieses Eigenwertproblem hat nur eine Lösung,

1. wenn $A = 0$ ist. Diese Lösung ist nicht interessant, denn laut Voraussetzung soll eine Auslenkung vorhanden sein. Man nennt sie mathematisch die triviale Lösung.
2. wenn $\sin \lambda l$ zu Null wird. $\sin \lambda l = 0$. Das ist nur möglich, wenn $\lambda l = \pi$ oder ein Vielfaches von $\pi$ ist. Diese Lösungen nennt man Eigenwerte.

Mit $\lambda = n \cdot (\pi/l)$, $\lambda^2 = n^2 \cdot (\pi^2/l^2)$ und $F_{\text{krit}}/EI = \lambda^2$ wird die kritische Last

$$F_{\text{krit}} = \frac{EI \cdot \pi^2}{l^2} \cdot n^2$$

$$F_{\text{krit}\,1} = \frac{EI \cdot \pi^2}{l^2} \qquad F_{\text{krit}\,2} = \frac{EI \cdot \pi^2}{l^2} \cdot 4 \qquad F_{\text{krit}\,3} = \frac{EI \cdot \pi^2}{l^2} \cdot 9.$$

Für die Baupraxis ist selbstverständlich nur der niedrigste Wert wichtig. Die übrigen haben eine rein theoretische Bedeutung. In der Abb. (2.2.1) sind die Eigenfunktionen zu den obigen kritischen Lasten dargestellt.

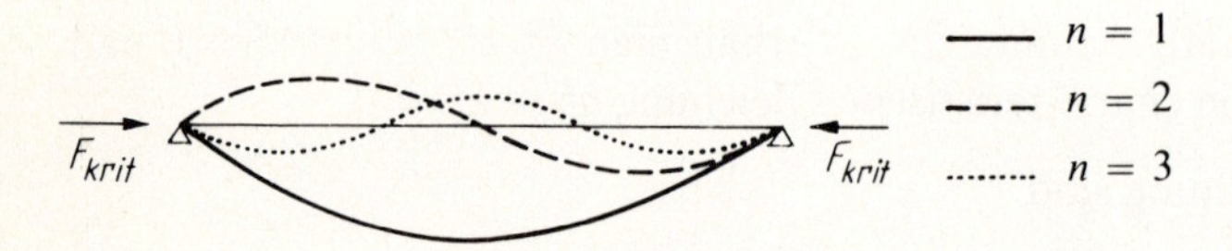


Abb. 2.1.1 Eigenfunktionen für $n = 1, 2$ und $3$

### 2.1.2 Lösen der Differentialgleichung durch Probieren

Bei diesem einfachen Problem kann man die Lösung durch Probieren finden. Probieren heißt hier, daß man Funktionen sucht, die die Randbedingungen erfüllen.

Die Randbedingungen waren hier $x = 0 \Rightarrow w = 0$ und $x = l \Rightarrow w = 0$.

Die gefundene Funktion muß dann die Differentialgleichung erfüllen.

Für viele technische Probleme kann man so die zugehörigen Differentialgleichungen lösen.

In der vorliegenden Differentialgleichung (2.1c) erfüllt der Ansatz $w = w_{max} \cdot \sin\frac{\pi x}{l}$ die Randbedingungen. Diese Funktion hat nämlich die Form einer Biegelinie.

Differenziert man die Funktion zweimal, so erhält man

$$w'' = -w_{max} \cdot \frac{\pi^2}{l^2} \sin \pi \frac{x}{l}.$$

Setzt man diese Werte in die Differentialgleichung (2.1c) ein, so ergibt sich

$$-EI \cdot w_{max} \cdot \frac{\pi^2}{l^2} \sin \pi \frac{x}{l} + F \cdot w_{max} \cdot \sin \pi \frac{x}{l} = 0$$

und nach Ausklammerung

$$w_{max} \cdot \sin \pi \frac{x}{l} \cdot \left( -EI \frac{\pi^2}{l^2} + F \right) = 0.$$

Mit $w = w_{max} \cdot \sin\frac{\pi x}{l}$ wird

$$w \cdot \left( -EI \frac{\pi^2}{l^2} + F \right) = 0.$$

Eine nichttriviale Lösung entsteht nur, wenn der Klammerausdruck zu Null wird.

$$-\frac{EI \cdot \pi^2}{l^2} + F = 0$$

Daraus wird $F_{krit} = EI \cdot \pi^2/l^2$. Das ist die Lösung des Problems. Man nennt diesen Ausdruck auch *Euler*gleichung.

### 2.1.3 Näherungslösung durch Erfüllen der Differentialgleichung an einem markanten Punkt

In den meisten Fällen läßt sich die Differentialgleichung nicht exakt lösen. Man braucht Näherungslösungen. Diese Näherungslösungen sind für baupraktische Bedürfnisse immer hinreichend. Sie erfassen den 1. Eigenwert der Lösung der Differentialgleichung genau genug. Es gibt viele Verfahren für Näherungslösungen. Man muß für das jeweilige Problem die zweckmäßigste Methode heraussuchen.

Hier soll davon ausgegangen werden, daß man eine Biegelinie sucht, die der wirklichen Biegelinie ähnlich ist.

Sie muß die wesentlichen Randbedingungen erfüllen. Wesentliche Randbedingungen sind solche, die die Form der Biegelinie bestimmen. Die Randwerte müssen erfüllt sein. Beim System nach Abb. (2.1) muß für $x = 0$ $w = 0$ und $x = l$ $w = 0$ sein.

Beim eingespannten Balken nach Abb. (2.1.3) muß für $x = 0$ $w = w' = 0$ sein.

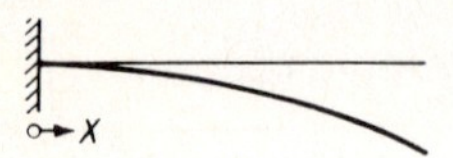


Abb. 2.1.3 Biegelinie eines eingespannten Balkens

Bei dem hier angewandten Näherungsverfahren soll die Differentialgleichung nur an einem markanten Punkt erfüllt werden. Der markante Punkt beim Balken auf zwei Stützen ist die Balkenmitte.

Als Näherungslösung wird eine Parabel angenommen.

$$w = w_{\max} \cdot 4 \cdot (\xi - \xi^2) \quad \text{mit} \quad \xi = \frac{x}{l}$$

$$w' = w_{\max} \cdot \frac{4}{l} \cdot (1 - 2\xi)$$

$$w'' = w_{\max} \cdot \frac{4}{l^2} \cdot (-2).$$

Die wesentlichen Randbedingungen sind erfüllt, denn $w(0) = 0$ und $w(l) = 0$. Die Randbedingunen der Momentenlinie sind schon nicht mehr erfüllt, denn $w''(0) = w''(l) \neq 0$.

Setzt man diese Werte in die Gleichung (2.1c) für $\xi = 0{,}5$ (Balkenmitte) ein, so erhält man

$$EI \cdot w_{\max} \cdot \frac{4}{l^2} \cdot (-2) + F \cdot w_{\max} \cdot 4 \cdot (0{,}5 - 0{,}5^2) = 0.$$

Dividiert man diese Gleichung durch $w_{\max} \cdot 4$ und löst nach $F$ auf, so erhält man

$$F_{\text{krit}} = \frac{8EI}{l^2}.$$

Der Fehler beträgt hier $\Delta\% = [(\pi^2 - 8)/\pi^2] \cdot 100 = 18{,}9\%$.

Er ist zwar ziemlich groß, dürfte für praktische Berechnungen jedoch nicht allzu bedenklich sein.

Eine wesentlich bessere Lösung erhält man mit dem Ansatz einer Parabel 4. Grades

$$w = w_{\max} \cdot 3{,}2 \cdot (\xi - 2\xi^3 + \xi^4)$$

$$w = w_{max} \cdot 3{,}2 \cdot (1 - 6\xi^2 + 4\xi^3) \cdot \frac{1}{l}$$

$$w = w_{max} \cdot 38{,}4 \cdot (-\xi + \xi^2) \cdot \frac{1}{l^2}.$$

Setzt man diese Werte in die Differentialgleichung (2.1c) ein, so erhält man mit $\xi = 0{,}5$

$$EI \cdot w_{max} \cdot \frac{38{,}4}{l^2} \cdot (-0{,}5 + 0{,}25) - F \cdot w_{max} \cdot 3{,}2 \cdot (0{,}5 - 2 \cdot 0{,}125 + 0{,}0625) = 0$$

$$EI \cdot \frac{1}{l^2} \cdot (-9{,}6) = F \cdot 1{,}0 = 0$$

$$F_{krit} = \frac{9{,}6 \cdot EI}{l^2}.$$

Der Fehler beträgt hier $\Delta\% = [(\pi^2 - 9{,}6)/\pi^2] \cdot 100 = 2{,}7\%$.

Das ist für baupraktische Belange ein genauer Wert.

### 2.1.4 Lösung der Differentialgleichung durch einen Reihenansatz

Die Differentialgleichung war nach Gleichung (2.1d) $w'' + \lambda^2 \cdot w = 0$.

Da man jede Funktion durch eine konvergierende Reihe annähern kann, muß auch die Potenzreihe $w = \sum a_i \cdot x^i$ eine Lösung sein.

Die Ableitungen dieser Funktion sind

$$w' = \sum i \cdot a_i \cdot x^{i-1}$$

$$w'' = \sum i \cdot (i-1) \cdot a_i \cdot x^{i-2}.$$

Setzt man die Reihenausdrücke in die Differentialgleichung (2.1d) ein, so erhält man

$$\sum i \cdot (i-1) \cdot a_i \cdot x^{i-2} + \lambda^2 \cdot \sum \cdot a_i \cdot x^i = 0$$

und ausgeschrieben

$$2 \cdot 1 \cdot a_2 + 3 \cdot 2 \cdot a_3 \cdot x + 4 \cdot 3 \cdot a_4 \cdot x^2 + 5 \cdot 4 \cdot a_5 \cdot x^3 + 6 \cdot 5 \cdot a_6 \cdot x^4 + 7 \cdot 6 \cdot a_7 \cdot x^5$$
$$+ 8 \cdot 7 \cdot a_8 \cdot x^6 + 9 \cdot 8 \cdot a_9 \cdot x^7 + \cdots + \lambda^2(a_1 \cdot x + a_2 \cdot x^2 + a_3 \cdot x^3$$
$$+ a_4 \cdot x^4 + a_5 \cdot x^5 + a_6 \cdot x^6 + a_7 \cdot x^7 + \cdots) = 0.$$

Ordnet man diesen Ausdruck nach Potenzen von $x$, so erhält man

$$
\begin{aligned}
&x^0 \cdot (a_0\lambda^2 + \ \ 2a_2) + \\
&x^1 \cdot (a_1\lambda^2 + \ \ 6a_3) + \\
&x^2 \cdot (a_2\lambda^2 + 12a_4) + \\
&x^3 \cdot (a_3\lambda^2 + 20a_5) + \\
&x^4 \cdot (a_4\lambda^2 + 30a_6) + \\
&x^5 \cdot (a_5\lambda^2 + 42a_7) + \\
&x^6 \cdot (a_6\lambda^2 + 56a_8) + \\
&x^7 \cdot (a_7\lambda^2 + 72a_9) + \cdots = 0.
\end{aligned}
$$

Der Gesamtausdruck kann nur zu Null werden, wenn alle Klammerausdrücke Null werden. Damit kann man die Konstanten bestimmen. Sie werden

$$
\begin{aligned}
a_2 &= -\frac{1}{2}\cdot\lambda^2\cdot a_0 &&= -\frac{1}{2!}\cdot\lambda^2\cdot \mathrm{a}_0 \\
a_3 &= -\frac{1}{6}\cdot\lambda^2\cdot a_1 &&= -\frac{1}{3!}\cdot\lambda^2\cdot a_1 \\
a_4 &= -\frac{1}{12}\cdot\lambda^2\cdot a_2 &&= +\frac{1}{24}\cdot\lambda^4\cdot a_0 &&= +\frac{1}{4!}\cdot\lambda^4\cdot a_0 \\
a_5 &= -\frac{1}{20}\cdot\lambda^2\cdot a_3 &&= +\frac{1}{120}\cdot\lambda^4\cdot a_1 &&= +\frac{1}{5!}\cdot\lambda^4\cdot a_1 \\
a_6 &= -\frac{1}{30}\cdot\lambda^2\cdot a_4 &&= -\frac{1}{720}\cdot\lambda^6\cdot a_0 &&= -\frac{1}{6!}\cdot\lambda^6\cdot a_0 \\
a_7 &= -\frac{1}{42}\cdot\lambda^2\cdot a_5 &&= -\frac{1}{5040}\cdot\lambda^6\cdot a_1 &&= -\frac{1}{7!}\cdot\lambda^6\cdot a_1 \\
a_8 &= -\frac{1}{56}\cdot\lambda^2\cdot a_6 &&= +\frac{1}{40320}\cdot\lambda^8\cdot a_0 &&= +\frac{1}{8!}\cdot\lambda^8\cdot a_0 \\
a_9 &= -\frac{1}{72}\cdot\lambda^2\cdot a_7 &&= +\frac{1}{362880}\cdot\lambda^8\cdot a_1 &&= +\frac{1}{9!}\cdot\lambda^8\cdot a_1.
\end{aligned}
$$

Damit wird

$$
\begin{aligned}
w = a_0&\left(1 - \frac{\lambda^2}{2!}\cdot x^2 + \frac{\lambda^4}{4!}\cdot x^4 - \frac{\lambda^6}{6!}\cdot x^6 + \frac{\lambda^8}{8!}\cdot x^8 + \cdots\right) \\
&+ a_1\left(x - \frac{\lambda^2}{3!}\cdot x^3 + \frac{\lambda^4}{5!}\cdot x^5 - \frac{\lambda^6}{7!}\cdot x^7 + \frac{\lambda^8}{9!}\cdot x^9 + \cdots\right).
\end{aligned}
$$

Das sind die Reihen der Cosinus-bzw. die der Sinusfunktionen und damit die richtigen Lösungen der Differentialgleichung.

Bei dem vorliegenden System ist die eine Randbedingung $w(0) = 0$. Daraus wird $0 = a_0 \cdot 1{,}0$ und damit $a_0 = 0$.

Die andere Randbedingung ist $w(l) = 0$. Damit wird

$$a_1 \cdot l \left[ 1 - \frac{(\lambda l)^2}{6} + \frac{(\lambda l)^4}{120} - \frac{(\lambda l)^6}{5040} + \frac{(\lambda l)^8}{362\,880} + \cdots \right].$$

Eine nichttriviale Lösung entsteht, wenn der Klammerausdruck verschwindet.

Die Lösung der Gleichung erfolgt grafisch. Sie kann dann rechnerisch leicht verbessert werden. Um eine brauchbare Näherung zu erhalten muß man mindestens 4 Reihenglieder berücksichtigen.

Bei Berücksichtigung von 4 Reihengliedern ist die Lösung $(\lambda \cdot l)^2 = 9{,}478$, bei 5 Reihengliedern $(\lambda \cdot l)^2 = 9{,}914$ und bei 6 Reihengliedern $(\lambda \cdot l)^2 = 9{,}865$.

Nimmt man weniger Glieder, so kann es vorkommen, daß die Näherungsfunktion keine Nullstelle hat. Eine brauchbare Näherung liegt dann dort, wo die Funktion ihr Minimum hat. Bei drei Reihengliedern ist

$$\frac{\mathrm{d}}{\mathrm{d}(\lambda l)} \left[ 1 - \frac{(\lambda l)^2}{6} + \frac{(\lambda l)^4}{120} \right] = \left[ -\frac{2}{6}(\lambda l) + \frac{4}{120}(\lambda l)^3 \right] = 0.$$

Daraus ergibt sich $(\lambda \cdot l)^2 = 10$, was eine recht brauchbare Näherungslösung ist.

Mit $(\lambda l)^2 = 9{,}865$ und $\lambda^2 = 9{,}865/l^2 = F_{\text{krit}}/EI$ wird

$$F_{\text{krit}} = \frac{EI \cdot 9{,}865}{l^2}.$$

Eine Lösung mit dem Reihenansatz kann bei schwierigen Differentialgleichungen sehr zweckmäßig sein, besonders dann, wenn man sich die gesuchte Funktion anschaulich nicht vorstellen kann. Hat man die Lösung gefunden, so kann man die Funktion zeichnen und daraus eventuell wichtige Schlüsse ziehen.

### 2.1.5 Lösung der Differentialgleichung mit der Differenzenrechnung

Nach *Schulz* [4], Seite 127, ist der einfachste finite Ausdruck für die 2. Ableitung

$$w_i'' = \frac{1}{h^2}(w_{i+1} - 2w_i + w_{i-1}),$$

wenn man $\Delta x = h$ nennt.
Damit wird die Differentialgleichung $w_i'' + \lambda^2 \cdot w_i = 0$ zu

$$\frac{1}{h^2}(w_{i+1} - 2w_i + w_{i-1}) + \lambda^2 \cdot w_i = 0.$$

Nach Umformung erhält man

$$-w_{i-1} + (2 - \delta) \cdot w_i - w_{i+1} = 0,$$

wenn man $\delta = \lambda^2 \cdot h^2$ setzt.

Mit $F_{\text{krit}} \cdot h^2/EI = \delta$ wird

$$F_{\text{krit}} = \frac{EI}{(\Delta x)^2} \cdot \delta. \tag{2.1.5}$$

Als Beispiel wird der Knickstab in 6 gleiche Abschnitte geteilt. $\Delta x = h = \frac{1}{6}$.

In Abb. 2.1.5 ist dieser Knickstab dargestellt.

Abb. 2.1.5 Knickstab mit 6 Abschnitten

Stellt man die Gleichungen für die Punkte $i$ auf, so erhält man

Punkt 1 $\quad (2 - \delta) \cdot w_1 - w_2$
Punkt 2 $\quad -1 \cdot w_1 + (2 - \delta) \cdot w_2 - 1{,}0 \cdot w_3$
Punkt 3 $\quad -2{,}0 \cdot w_2 + (2 - \delta) \cdot w_3 = 0.$

Bei der Aufstellung wurde die Randbedingung $w_0 = 0$ und die Symmetrie von $w_2$ beachtet.

Die Rückwärtsauflösung des Gleichungssystems ergibt

$$\begin{aligned} w_2 &= 0{,}5 \cdot (2 - \delta) \cdot w_3 \\ w_1 &= [(2 - \delta) \cdot (2 - \delta) \cdot 0{,}5 - 1{,}0] \cdot w_3 \\ w_1 &= w_2/(2 - \delta). \end{aligned}$$

Die Bestimmungsgleichung wird

$$[(2 - \delta)^3 \cdot 0{,}5 - (2 - \delta) - 0{,}5 \cdot (2 - \delta)] \cdot w_3 = 0.$$

Nach Umformung wird

$$(2 - \delta) \cdot 0{,}5 \cdot [(2 - \delta)^2 - 3] \cdot w_3 = 0.$$

Der kleinste Eigenwert ergibt sich zu $\delta = 2 - \sqrt{3} = 0{,}2679$.

Setzt man diesen Wert in die Gleichung (2.1.5) ein, so erhält man

$$F_{\text{krit}} = \frac{EI}{(l/6)^2} \cdot 0{,}2679 = \frac{9{,}65 \cdot EI}{l^2}.$$

Setzt man $w_3 = 1{,}0$, so werden

$$\begin{aligned} w_2 &= 0{,}5 \cdot (2 - 0{,}2679) = 0{,}866, \\ w_1 &= 0{,}866/(2 - 0{,}2679) = 0{,}5 \text{ und} \\ w_0 &= 0. \end{aligned}$$

Das sind genau die Werte einer Sinuslinie, der exakten Lösung der Differentialgleichung.

Hat man mehr als drei Punkte, so wird der Aufwand für die Lösung der Determinanten ziemlich unübersichtlich und mühsam. Die Lösung erfolgt dann zweckmäßig durch Iteration mit einem programmgesteuerten Rechenautomaten.

Um die Anzahl der Intervalle klein zu halten, schlägt *Stüssi* [5], vor, die normale Differenzengleichung durch die Differenzengleichung der Seillinie zu ersetzen. Auf der Seite 308 des Werkes findet man

$$-w_{i-1}(1+\gamma) + w_i(2-10\gamma) - w_{i+1}(1+\gamma) = 0 \tag{2.1.5a}$$

mit

$$\gamma = \lambda^2 \cdot \frac{(\Delta x)^2}{12} = \frac{F_{krit}}{EI}\frac{(\Delta x)^2}{12}. \text{ Daraus folgt } F_{krit} = \frac{12 \cdot EI}{(\Delta x)^2} \cdot \gamma.$$

Wählt man vier gleiche Abschnitte, so ist $\Delta x = \frac{1}{4}$.

Wegen der Symmetrie wird

$$w_0 \cdot (1+\gamma) + w_1 \cdot (2 - 10 \cdot \gamma) + w_2(1+\gamma) = 0$$
$$w_1 \cdot (1+\gamma) + w_2 \cdot (2 - 10 \cdot \gamma) + w_3 \cdot (1+\gamma) = 0.$$

Wegen $w_0 = 0$ als Randbedingung wird

$$w_1 \cdot (2 - 10 \cdot \gamma) + w_2 \cdot (1+\gamma) = 0$$
$$2 \cdot w_1 \cdot (1+\gamma) + w_2 \cdot (2 - 10 \cdot \gamma) = 0.$$

Die Lösung des Eigenwertproblems findet man, wenn man die Nennerdeterminante Null setzt.

$$N = (2 - 10 \cdot \gamma)^2 - 2 \cdot (1+\gamma)^2 = 0.$$

Die Lösung ergibt $\gamma = 0{,}051321$ und damit

$$F_{krit} = \frac{0{,}051321 \cdot 12 \cdot EI}{l^2/16} = 9{,}85\frac{EI}{l^2}.$$

Diese Lösung ist sehr genau, doch auch hier sieht man, daß bei einer größeren Anzahl von Punkten die Nennerdeterminante sehr schnell anwächst und numerisch nur noch schwer zu lösen ist.

Schneller führt dann eine Iteration nach dem *Gauß*schen Algorithmus zu Ziel.

Teilt man die Differenzengleichung (2.1.5a) durch $(1 + \gamma)$, so erhält man

$$-w_{i-1} + w_i\frac{2 - 10 \cdot \gamma}{1+\gamma} - w_{i+1} = 0.$$

Der Wert $a = (2 - 10 \cdot \gamma)/(1 + \gamma)$ kann durch eine Vorberechnung geringerer Genauigkeit abgeschätzt werden.

Es ist $\gamma = \bar{\lambda}^2/12 \cdot n^2$, wobei $\bar{\lambda}^2$ der Eigenwert der Vorberechnung und $n$ die Anzahl der neu gewählten Intervalle ist.

Eine solche Berechnung wird für $n = 10$ Teile durchgeführt, wobei die Symmetrie zu berücksichtigen ist.

Mit dem Wert der Vorberechnung $\bar{\lambda}^2 = 9{,}85$ und $n = 10$ wird

$$\gamma = \frac{9{,}85}{12 \cdot 10^2} = 0{,}008208 \quad \text{und} \quad a = \frac{2 - 10\gamma}{1 + \gamma} = 1{,}90.$$

In der Abb. (2.1.5a) ist die Matrix für das Gleichungssystem dargestellt.

| | $w_1$ | $w_2$ | $w_3$ | $w_4$ | $w_5$ |
|---|---|---|---|---|---|
| 1 | $a$ | $-1$ | | | |
| 2 | $-1$ | $a$ | $-1$ | | |
| 3 | | $-1$ | $a$ | $-1$ | |
| 4 | | | $-1$ | $a$ | $-1$ |
| 5 | | | | $-2$ | $a$ |

Abb. 2.1.5a Matrix für das Gleichungssystem

Die Reduktion der Matrix wurde mit einem programmierbaren Minicomputer durchgeführt und ergibt für

$a_1 = 1{,}90 \quad y_1 = -0{,}01060$ und für
$a_2 = 1{,}91 \quad y_2 = +0{,}03868.$

Mit der regula falsi wird dann

$$a_0 = a_1 - \gamma_1 \cdot \frac{a_2 - a_1}{\gamma_2 - \gamma_1} = 1{,}90 + 0{,}0106 \cdot \frac{1{,}91 - 1{,}90}{0{,}03868 + 0{,}0106}$$

$a_0 = 1{,}902$. Mit diesem Wert wird

$$\gamma = \frac{2 - a}{10 + a} = \frac{2 - 1{,}902}{10 + 1{,}902} = 0{,}0082339$$

und

$$F_{\text{krit}} = \frac{12 \cdot EI}{l^2/10^2} \cdot 0{,}0082339 = \frac{EI}{l^2} \cdot 9{,}88.$$

Dieser Wert ist praktisch genau.

Für baupraktische Belange war die erste Näherung schon genau genug. An der durchgeführten Berechnung sollte aber generell einmal der Weg einer solchen Iteration gezeigt werden.

### 2.1.6 Das Verfahren nach *Vianello*

Das Verfahren beruht darauf, daß man eine reduzierte Momentenlinie als Belastung aufbringt und damit die neue Biegelinie berechnet. Prinzipiell entspricht das dem *Mohr*schen Verfahren. Die Differentialgleichung (2.1c) lautet umgeschrieben

$$w''_{i,1} = -w_{i,0} \cdot \frac{F}{EI}.$$

Hat man veränderliche Trägheitsmomente, so ist die Gleichung

$$w''_{i,1} = -\frac{1}{EI} \cdot w_{i,0} \cdot F \cdot \frac{I_k}{I_i}$$

Darin bedeuten $w_{i,0}$ die Ordinaten der alten Biegelinie und $w_{i,1}$ die Ordinaten der neuen Biegelinie.

Um die Schreibweise übersichtlich zu machen, setzt man

$$w''_{i,1} = w''_i \quad \text{und} \quad w_{i,0} \cdot \frac{I_k}{I_i} = \eta_i.$$

Damit wird die Gleichung

$$w''_i = -\eta_i \frac{F_{krit}}{EI}.$$

Der Faktor $F_{krit}/EI$ wird beim Rechenvorgang weggelassen und erst beim Endergebnis wieder eingesetzt. Damit lautet für die Rechnung die Gleichung $w''_i = -\eta_i$.

Mit der Bedingung $w_{i,1} = w_{i,0} = \eta_i/(I_k/I_i)$, d. h. die geschätzte und die errechnete Biegelinie stimmen überein, hat man die Knickbedingung.

Dieser Vorgang kann beliebig oft wiederholt werden. Man kann also jede gewünschte Genauigkeit erreichen.

Anschaulich ist der Rechengang in der Abb. (2.1.6) dargestellt.

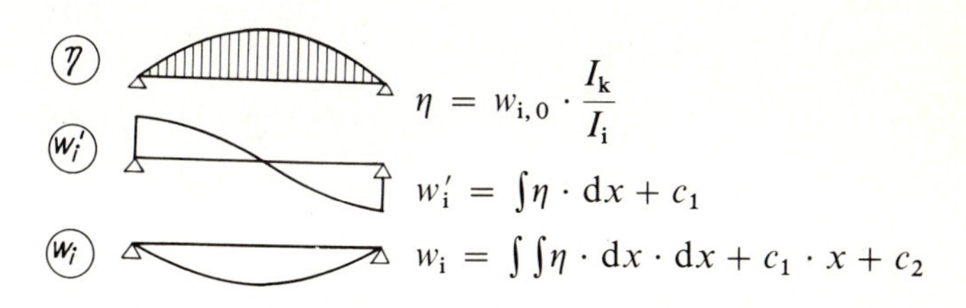


Abb. 2.1.6 Momenten, Verdrehungs-und Biegelinie

Die Konstanten $C_1$ und $C_2$ können aus den Randbedingungen ermittelt werden.

Bei einer symmetrischen Belastung und einem symmetrischen System kann die Randverdrehung $\varphi_0 = w'_0$ direkt ermittelt werden.

Die numerische Integration wird dadurch erheblich erleichtert.

Im nachfolgenden Beispiel wird als Biegelinie eine quadratische Parabel angenommen. Die Berechnung erfolgt tabellarisch. Im Anschluß an die Tabelle werden die einzelnen Schritte, soweit erforderlich, erläutert.

Tabelle 2.1.6 Numerische Integration

| 1 | 2 | 3 | 4 | 5 | 6 | 7 | 8 | 9 |
|---|---|---|---|---|---|---|---|---|
| $x$ | $w_{i,0}$ | $I_k/I_i$ | $\eta$ | $w'$ | $w$ | $w/w_m$ | $\sin \pi \frac{x}{l}$ | Faktor |
| 0 | 0 | 1 | 0 | 6,60 | 0 | 0 | 0 | |
| 1 | 0,36 | 1 | 0,36 | 6,24 | 12,84 | 0,313 | 0,309 | 11,21 |
| 2 | 0,64 | 1 | 0,64 | 5,24 | 24,32 | 0,593 | 0,588 | 10,53 |
| 3 | 0,84 | 1 | 0,84 | 3,76 | 33,32 | 0,813 | 0,809 | 10,08 |
| 4 | 0,96 | 1 | 0,96 | 1,96 | 39,04 | 0,952 | 0,951 | 9,84 |
| $5 = m$ | 1,00 | 1 | 1,00 | 0 | 41,00 | 1,00 | 1,00 | 9,76 |
| | | | 3,80 | | | | | |
| Vorfaktor | $w_{m,0}$ | | $\eta_m$ | $\eta_m \cdot \frac{l}{20}$ | $\eta_m \cdot \frac{l^2}{400}$ | | | |

1. Koordinate $x$. Es wurde $\Delta x = 1{,}0$ gewählt. Dieses Intervall ist für praktische Belange hinreichend genau. Soll die Genauigkeit gesteigert werden, so muß man das Intervall verkleinern.

2. $w_{i,0} = 4 \cdot w_{m,0} \cdot (\xi - \xi^2) \cdot$ Angenommene Biegelinie.

3. $I_k/I_i$. Hiermit wird ein veränderliches Trägheitsmoment berücksichtigt. Im vorliegendem Fall ist das Trägheitsmoment konstant, und damit ist $I_k/I_i = 1{,}0$.

4. $\eta = w_{i,0} \cdot \frac{I_k}{I_i} \cdot$ Reduzierte Lastfunktion.

Da eine symmetrische Belastung vorliegt, kann man die Randverdrehung direkt berechnen.

$$\varphi_0 = w'_0 = \tfrac{1}{2}\Delta x \cdot (2 \cdot \sum \eta - \eta_0 - \eta_n)$$

$$\varphi_0 = w'_0 = \frac{1}{2} \cdot \frac{l}{10} \cdot (2 \cdot \sum \eta - \eta_0 - \eta_n)$$

$$\varphi_0 = w'_0 = \eta_m \cdot \frac{l}{20} \cdot (2 \cdot 3{,}80 - 0 - 1{,}0) = \eta_m \cdot \frac{l}{20} \cdot 6{,}60$$

$$\varphi_0 = w'_0 = \eta_m \cdot \frac{l}{20} \cdot \bar{w}'_0.$$

Der Querstrich über dem Zeichen bedeutet, daß die Konstante ausgeklammert wird und nur der Zahlenwert der Tabelle gemeint ist.

5. $w'_{i+1} = w'_i - \tfrac{1}{2}\Delta x \cdot (\eta_i + \eta_{i+1})$

$$w'_{i+1} = \eta_m \cdot \frac{l}{20} \cdot [\bar{w}'_i - (\bar{\eta}_i + \bar{\eta}_{i+1})].$$

6. $w_{i+1} = w_i + \tfrac{1}{2}\Delta x \cdot (w'_i + w'_{i+1})$

$$w_{i+1} = w_i + \frac{1}{2} \cdot \frac{l}{10} \cdot (w'_i + w'_{i+1})$$

$$w_{i+1} = w_i + \frac{l}{20} \cdot \eta_m \cdot \frac{l}{20} \cdot (\bar{w}'_i + \bar{w}'_{i+1})$$

$$w_{i+1} = \eta_m \cdot \frac{l^2}{400} \cdot [\bar{w}_i + (\bar{w}'_i + \bar{w}'_{i+1})].$$

7. $w/w_m$ Verhältnis der Durchbiegung zur Mitteldurchbiegung.

8. $\sin \pi x/l$. Das wäre die richtige Biegelinie. Ein Vergleich mit der Spalte 7 zeigt, daß die Werte der Sinuslinie überall sehr gut angenähert sind. Man könnte die Berechnung wiederholen und würde dann die Werte denen der Sinuslinie noch mehr annähern. Im vorliegendem Fall würde das jedoch keine Vorteile bringen, denn mit dem gewählten Intervall ist die Genauigkeit der numerischen Integration mit der Trapezregel nicht mehr zu steigern. Die erzielte Ergebnisse sind für die praktische Berechnung jedoch schon voll ausreichend.

Nach der Bedingung $w_{i,1} = w_{i,0} = \eta_i : I_k/I_i$ kann man die Knicklast berechnen. Der Punkt $i$ ist beliebig, jedoch werden Punkte am Rande schlechtere Ergebnisse bringen.

Für Punkt 5 (m) gilt

$$\eta_m \cdot \frac{l^2}{400} \cdot 41{,}0 \cdot \frac{F_{krit}}{EI_k} = \frac{1{,}0 \cdot \eta_m}{1{,}0}.$$

Damit wird

$$F_{krit} = \frac{EI}{l^2} \cdot \frac{400 \cdot 1{,}0}{41} = \frac{EI}{l^2} \cdot 9{,}76.$$

In Spalte 9 der Tabelle (2.1.6) sind die Ergebnisse für alle Punkte $i$ eingetragen. Eine Variante des Verfahrens ist in [16] dargestellt. Hier wird mit Hilfe eines Programmes das Problem gelöst.

### 2.1.7 Lösung des Knickproblems mit der Methode der Integralgleichungen

Alle bisherigen Verfahren gingen davon aus, daß die Differentialgleichung (2.1c) oder (2.1d) gelöst wurde. Bei der Methode der Integralgleichungen, die wohl mehr unter dem Namen Durchbiegeverfahren von *Sattler* [6] bekannt ist, wird die Gleichgewichtsbedingung (2.1a) für einen markanten Punkt erfüllt. Dann ist $M_m = F_{krit} \cdot w_m$, wobei $m$ der markante Punkt ist.

Man wählt eine zweckmäßige Biegelinienfunktion, die die wesentlichen Randbedingungen erfüllt und legt den markanten Punkt fest. Die Momentenlinie $M = F \cdot w$ ist eine affine Abbildung der Biegelinie. Sie enthält mit $M_m = F \cdot w_m$ auch die Durchbiegung des markanten Punktes. Das Arbeitsintegral lautet

$$w_m = \int_0^s \frac{M_{(x)} \cdot \bar{M}}{EI} \cdot ds \tag{2.1.7a}$$

Aus diesem Ansatz läßt sich $F_{krit}$ leicht bestimmen.

Die Durchbiegung selbst fällt bei diesem Eigenwertproblem heraus.

In Abb. (2.1.7) ist die Momentenlinie und die virtuelle Momentenlinie dargestellt.

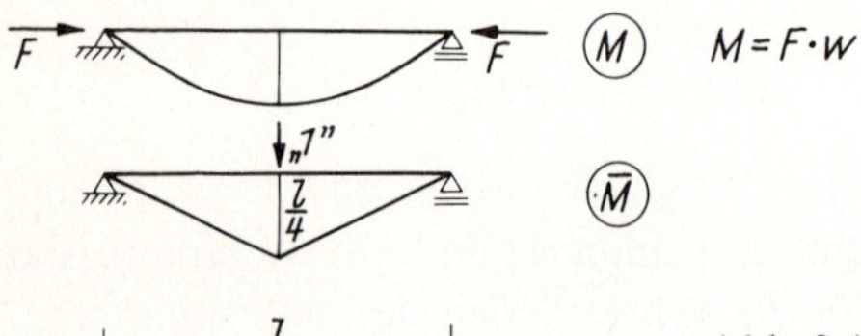


Abb. 2.1.7 Momentenlinien für die Ermittlung von $w_m$

$w_m$ ist die Durchbiegung in der Mitte des Balkens. Das ist bei diesem Beispiel der markante Punkt.

Nimmt man an, die Momentenlinie sei eine Parabel, so ergibt sich mit den bekannten Überlagerungsformeln der Statik

$$w_m = \frac{1}{EI} \cdot \frac{5}{12} \cdot l \cdot F \cdot w_m \cdot \frac{l}{4}.$$

Löst man die Gleichung nach $F_{krit}$ auf, so wird

$$F_{krit} = \frac{9{,}6 \cdot EI}{l^2}.$$

Der Genauigkeitsgrad ist hier schon sehr groß, obleich nur die einfache Parabel als Momentenlinie gewählt wurde.

Nimmt man an, daß die Momentenlinie eine Sinuslinie ist, so heißt die Überlagerungsformel

$$w_m = \frac{1}{EI} \cdot \frac{4}{\pi^2} \cdot l \cdot F \cdot w_m \cdot \frac{l}{4}. \tag{2.1.7b}$$

Daraus wird $F_{krit} = (\pi^2 \cdot EI)/l^2$ was bekanntlich die exakte Lösung ist.

Dieses Verfahren ist wegen der großen Genauigkeit und auch wegen der Verwandschaft mit der Denkweise des Bauingenieurs für die Lösung von Stabilitätsproblemen besonders geeignet.

Es soll für spätere Betrachtungen grundsätzlich benutzt werden und wird noch in vielen Beispielen erläutert werden.

### 2.1.8 Energiemethode

Nach den Regeln vom Minimum der Formänderungsarbeit muß die Arbeit beim Knickvorgang ein Minimum werden. Das bedeutet $H = A_i - A_a =$ Minimum, wobei $A_i$ die innere und $A_a$ die äußere Arbeit ist. Die Minimalbedingung lautet $\partial H/\partial a_i = 0$. Man erhält gerade soviel Gleichungen wie unbekannte Koeffizienten $a_i$. Die Null gesetzte Nennerdeterminante ist die Lösung des Problems. Wesentlich vereinfacht ist die Lösung, wenn nur ein Koffizient $a$ vorhanden ist, denn dann wird $H = 0$ und damit $A_i = A_a$.

Die innere Arbeit ist

$$A_i = \frac{1}{2} \int_0^l \frac{M^2}{EI} \cdot ds$$

und mit $M = -EI \cdot w''$

$$A_i = \frac{1}{2} \int_0^l EI \cdot w''^2 \cdot ds.$$

Die äußere Arbeit ist $A_a = F \cdot u$, wie man aus der Abb. (2.1.8) ablesen kann.

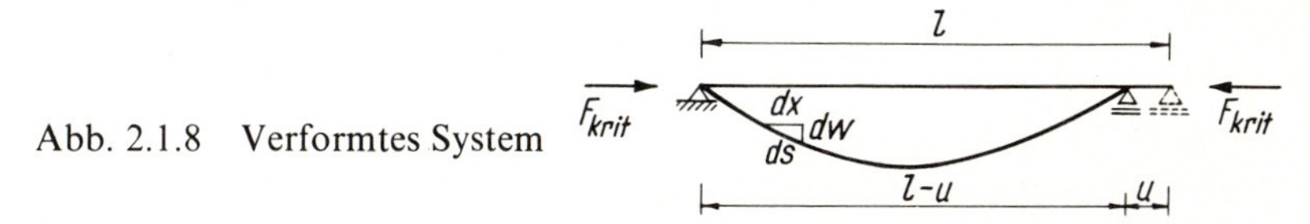

Abb. 2.1.8 Verformtes System

Am Differential gilt

$$ds^2 = dx^2 + dw^2 = dx^2 \cdot \left[1 + \left(\frac{dw}{dx}\right)^2\right] = dx^2 \cdot (1 + w'^2)$$

$$ds = \sqrt{1 + w'^2} \cdot dx.$$

Damit wird die Länge

$$s = \int_0^{l-u} \sqrt{1 + w'^2} \cdot dx.$$

Entwickelt man die Wurzel in eine *MacLaurin*sche Reihe, so erhält man

$$s = \int_0^{l-u} (1 + \tfrac{1}{2}w'^2) \cdot dx = \int_0^{l-u} w \cdot dx + \frac{1}{2}\int_0^{l-u} w'^2 \cdot dx.$$

Nach Auswertung des Integrals wird

$$s = |x|_0^{l-u} + \frac{1}{2}\int_0^{l-u} w'^2 \cdot dx = l - u + \frac{1}{2}\int_0^{l-u} w'^2 \cdot dx.$$

Aus der Bedingung, daß die Stablänge $s$ ebensogroß sein muß wie die Ausgangslänge $l$, ergibt sich

$$u = \frac{1}{2} \cdot \int_0^{l-u} w'^2 \cdot dx$$

$u$ ist additiv im Vergleich zu $l$ klein und kann deshalb bei der Integrationsgrenze vernachlässigt werden. Dann erhält man

$$u = \frac{1}{2}\int_0^{l} w'^2 \cdot dx.$$

Die äußere Arbeit wird damit

$$A_a = \tfrac{1}{2} \cdot F \int_0^{l} w'^2 \cdot dx.$$

Für den Sonderfall $A_i = A_a$ wird dann

$$\frac{1}{2}\int_0^{l} EI \cdot w''^2 \cdot dx = \tfrac{1}{2} \cdot F \cdot \int_0^{l} w'^2 \cdot dx.$$

Die Auflösung nach $F_{krit}$ ergibt

$$F_{krit} = \frac{\int_0^{l} EI \cdot w''^2 \cdot dx}{\int_0^{l} w'^2 \cdot dx}. \qquad (2.1.8)$$

Auch bei diesem Verfahren müssen bei der gewählten Funktion $w$ die wesentlichen Randbedingungen erfüllt sein.

*Die Funktion sei eine Parabel 2. Grades.* $w = a \cdot (\xi - \xi^2)$ Die Ableitungen sind $w' = a/l \cdot (1 - 2 \cdot \xi)$ und $w'' = a/l^2 \cdot (-2)$.

Dann wird

$$F_{\text{krit}} = \frac{\int_0^1 EI \cdot a^2/l^4(-2)^2 \cdot l \cdot d\xi}{\int_0^1 a^2/l^2(1 - 2\xi)^2 \cdot l \cdot d\xi} = \frac{EI}{l^2} \cdot \frac{\int_0^1 4 \cdot d\xi}{\int_0^1 (1 - 2\xi)^2 \cdot d\xi}.$$

Die Auswertung der Integralausdrücke ergibt den Wert 12,00.

Die kritische Last wird damit

$$F_{\text{krit}} = \frac{EI \cdot 12{,}0}{l^2}.$$

*Die Funktion sei jetzt eine Parabel 4. Grades.* Die Funktion und ihre Ableitungen lauten

$$w = a \cdot (\xi - 2\xi^3 + \xi^4)$$
$$w' = a/l \cdot (1 - 6\xi^2 + 4\xi^3)$$
$$w'' = a/l^2 \cdot (-12\xi + 12\xi^2).$$

Für die kritische Last kann man unter Fortlassung einiger Zwischenergebnisse schreiben

$$F_{\text{krit}} = \frac{EI \cdot 144}{l^2} \cdot \frac{\int_0^1 (-\xi + \xi^2)^2 \cdot d\xi}{\int_0^1 (1 - 6\xi^2 + 4\xi^3)^2 \cdot d\xi}$$

und nach Auswertung der Integrale

$$F_{\text{krit}} = \frac{EI}{l^2} \cdot 9{,}88.$$

Dieser Wert ist praktisch genau.

*Als Lösungsansatz wird eine Sinuslinie gewählt.* Die Funktion und ihre Ableitungen sind

$$w = a \cdot \sin \pi \frac{x}{l} = a \cdot \sin \pi \xi$$

$$w' = a \cdot \frac{\pi}{l} \cos \pi \xi$$

$$w'' = -a\frac{\pi^2}{l^2}\sin\pi\xi.$$

Setzt man diese Ausdrücke in die Gleichung (2.1.8) ein so ergibt sich

$$F_{\text{krit}} = \frac{\int_0^1 EI\cdot a\cdot\pi^4/l^4\cdot\sin^2\pi\xi\cdot d\xi}{\int_0^1 a\cdot\pi^2/l^2\cdot\cos^2\pi\xi\cdot d\xi} = \frac{EI\cdot\pi^2}{l^2}\cdot\frac{\int_0^1 \sin^2\pi\xi\cdot d\xi}{\int_0^1 \cos^2\pi\xi\cdot d\xi}.$$

Da das Integral

$$\int_0^1 \sin^2\pi\xi\cdot d\xi = \int_0^1 \cos^2\pi\xi\cdot d\xi = 0{,}5$$

ist, wird

$$F_{\text{krit}} = \frac{EI\cdot\pi^2}{l^2}$$

was bekanntlich der genaue Wert ist.

*Linearansatz für $w''$.* In der Abb. (2.1.8a) ist für $w''$ ein sinnvoller Linearansatz gewählt

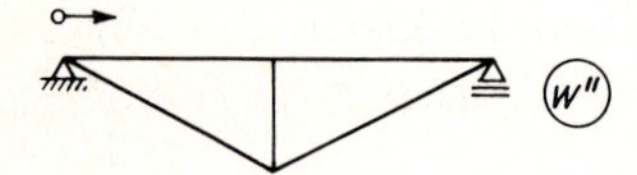


Abb. 2.1.8a Linearansatz für $w''$

$w = a\cdot\xi$ (Gültig von $\xi = 0$ bis $\xi = 0{,}5$).

Integriert man die Gleichung, so ergibt sich

$w' = a\cdot(\frac{1}{2}\xi^2 + c)$.

Aus den Randbedingungen kann man die Konstante bestimmen.

Im vorliegenden Fall ist $w'(0{,}5) = 0$. Damit wird

$0 = a\cdot(\frac{1}{2}\cdot 0{,}5^2 + c) \Rightarrow c = -\frac{1}{8}$.

Die Funktion der ersten Ableitung ist dann

$w' = 0{,}5\cdot a\cdot(\xi^2 - 0{,}25)$.

Setzt man wieder die Ausdrücke in die Gleichung (2.1.8) ein, so wird die kritische Last

$$F_{\text{krit}} = \frac{EI}{l^2} \cdot \frac{\int_0^{0,5} a \cdot \xi^2 \cdot \mathrm{d}\xi}{\int_0^{0,5} 0{,}25^2 \cdot a \cdot (\xi^2 - 0{,}25)^2 \cdot \mathrm{d}\xi}.$$

Wertet man die Integrale aus, so erhält man die für diesen einfachen Ansatz sehr befriedigende Näherung

$$F_{\text{krit}} = \frac{EI}{l^2} \cdot \frac{\frac{1}{3} \cdot \frac{1}{8}}{\frac{1}{4} \cdot \frac{1}{60}} = \frac{EI}{l^2} \cdot 10{,}0.$$

*In Abb. 2.1.8b werden die Werte für die Krümmung w″ sinnvoll angenommen.* Das Intervall wird gewählt.

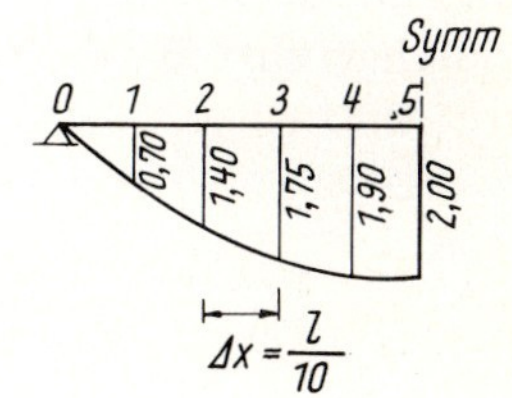


Abb. 2.1.8b Angenommene Krümmung

Nach den Regeln der numerischen Integration gilt wieder

$w'_{i+1} = w'_i - \frac{1}{2} \cdot \Delta x \cdot (w''_i + w''_{i+1})$ und mit

$\Delta x = \frac{1}{10} \cdot l$ ist $w'_{i+1} = w'_i - \frac{1}{20} \cdot l \cdot (w''_i + w''_{i+1})$.

In der Tabelle (2.1.8) ist diese Integration durchgeführt.

Der Querstrich über dem Zeichen bedeutet wieder, daß nur der Zahlenwert in der Tabelle gemeint ist. Die Schritte werden im Anschluß an die Tabelle erläutert.

| 1 | 2 | 3 | 4 | 5 |
|---|---|---|---|---|
| $x$ | $w''$ | $\bar{w}'$ | $w''^2$ | $\bar{w}'^2$ |
| 0 | 0 | 13,5 | 0 | 182,25 |
| 1 | 0,70 | 12,8 | 0,49 | 163,84 |
| 2 | 1,40 | 10,7 | 1,96 | 114,49 |
| 3 | 1,75 | 7,55 | 3,06 | 57,00 |
| 4 | 1,90 | 4,00 | 3,61 | 16,00 |
| 5 | 2,00 | 0 | 4,00 | 0 |
|  | 7,75 |  | 13,12 | 533,58 |

Tabelle 2.1.8 Numerische Integration für 10 Intervalle

3. $\bar{w}'_0 = 2 \cdot \sum w'' - w''_0 - w''_5 = 2 \cdot 7{,}75 - 0 - 2{,}00 = 13{,}5.$

4. $\int_0^5 w''^2 \cdot \mathrm{d}x = \frac{1}{2} \cdot \Delta x \cdot (2 \cdot 13{,}12 - 0 - 4{,}0) = \frac{1}{2}\Delta x \cdot 22{,}24.$

5. $\int_0^5 \bar{w}'^2 \,\mathrm{d}x = \frac{1}{2} \cdot \Delta x \cdot (2 \cdot 533{,}58 - 182{,}25 - 0) = \frac{1}{2}\Delta x \cdot 884{,}91.$

Damit wird die kritische Last nach Gleichung (2.1.8)

$$F_{\text{krit}} = \frac{EI \cdot \frac{1}{2} \cdot \Delta x \cdot 22{,}24}{l^2/400 \cdot \frac{1}{2} \cdot \Delta x \cdot 884{,}91} = \frac{EI \cdot 10{,}05}{l^2}.$$

Das Ergebnis ist recht genau.

In Tabelle (2.1.8a) ist die numerische Integration noch einmal für nur vier Intervalle durchgeführt. $\Delta x = \frac{1}{4} \cdot l$.

Tabelle 2.1.8a Numerische Integration für 4 Intervalle

| 1 | 2 | 3 | 4 | 5 |
|---|---|---|---|---|
| $\xi$ | $w''$ | $\bar{w}'$ | $w''^2$ | $\bar{w}'^2$ |
| 0 | 0 | 5,00 | 0 | 25 |
| 0,25 | 1,5 | −3,50 | 2,25 | 12,25 |
| 0,50 | 2,0 | 0 | 4,00 | 0 |
| | 3,5 | | 6,25 | 37,25 |
| | ⇓ | | ⇓ | ⇓ |
| | 5,00 | | 8,50 | 49,5 |

Die kritische Last wird mit diesen Werten

$$F_{\text{krit}} = \frac{EI \cdot 8{,}5 \cdot 8{,}0^2}{l^2 \cdot 49{,}5} = \frac{EI}{l^2} \cdot 10{,}99.$$

Trotz der geringen Intervallzahl ist die Genauigkeit erstaunlich hoch.

## 2.2 Die Knicklänge $s_K$

Um für die Baupraxis eine möglichst einfache Berechnungsart zu schaffen, wird der Begriff der Knicklänge $s_K$ eingeführt. Alle die Stabilität beeinflussenden Faktoren gehen in die Knicklänge eines gedachten Ersatzstabes ein. Dieser Ersatzstab hat eine konstante Biegesteifigkeit $EI$, ist beidseitig frei drehbar gelagert und mit der Last $F$ belastet.

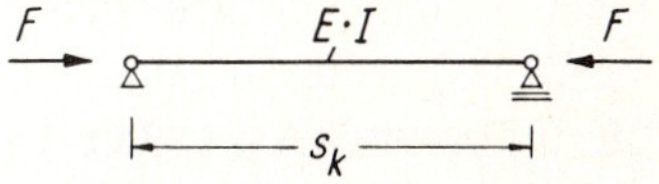

F E·I F
$s_k$

Abb. 2.2a Ersatzstab mit der Knicklänge $s_K$

Mit dem Vergleich

$$F \leqq F_{\text{krit}} = \frac{EI \cdot \pi^2}{s_K^2}$$

ist das Stabilitätsproblem gelöst.

Die Knicklänge wird $s_K = \beta \cdot l$ oder $s_K = \beta \cdot h$, wobei $\beta$ der Knicklängenbeiwert ist.

Der Knicklängenbeiwert kann sich aus verschiedenen Anteilen zusammensetzen.

$\beta = f(\beta_1, \beta_2, \beta_3, \beta_4, \beta_5)$.

Es kann zum Beispiel bedeuten:

$\beta_1$ die Lasteinleitung,
$\beta_2$ die Steifigkeitsverhältnisse der Stütze,
$\beta_3$ die Einspannungsgrade der Stütze,
$\beta_4$ die Koppellasten und
$\beta_5$ das Kriechen.

Die Verknüpfung der einzelnen $\beta$-Werte untereinander kann völlig verschieden sein. Beispiele dieses Buches gehen darauf ein.

Als Erläuterungsbeispiel sei das System der Abb. (2.2b) gewählt.

Es besteht aus einer fest eingespannten Stütze $E$ und einer zu haltenden Pendelstütze 1.

Die Aufgabe besteht nun darin, ein Ersatzsystem nach Abb. (2.2a) zu finden.

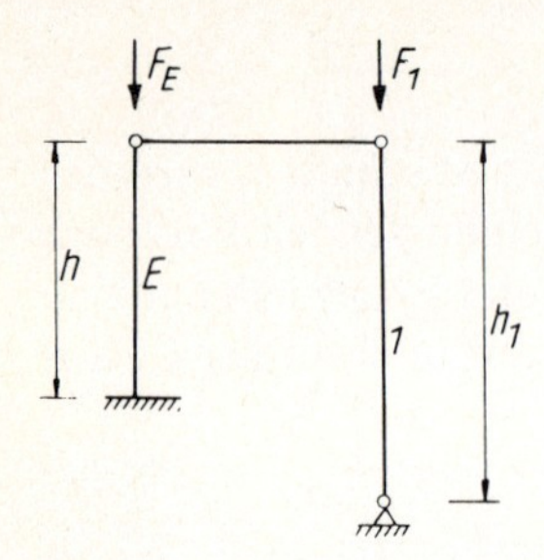

Abb. 2.2b Aussteifungsstütze $E$ mit der zu haltenden Stütze 1

Dazu bedient man sich eines der unter 2.1 beschriebenen Verfahren. Prinzipiell eignen sich alle Verfahren, aber das Verfahren nach 2.1.7., das Durchbiegeverfahren, ist hierfür besonders geeignet. Es kommt der Denkweise des Bauingenieurs am nächsten.

Nimmt man einen sinnvollen Verformungszustand nach Theorie II. Ordnung an, so verformt sich der eingespannte Stab $E$ sinuslinienförmig und der Stab 1 wird sich schräg stellen.

In Abb. (2.2c) ist dieser Verformungszustand dargestellt.

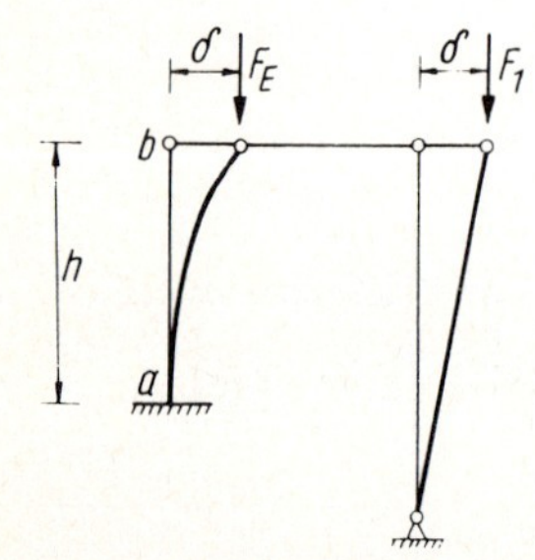

Abb. 2.2c Verformtes System

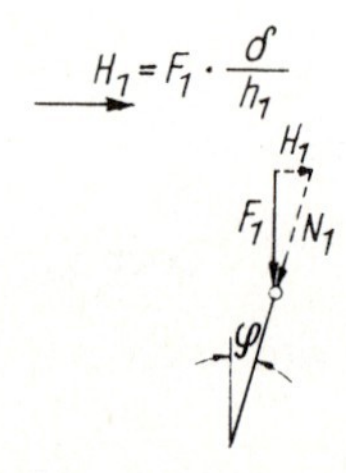

Abb. 2.2d Zerlegung der Kraft

Infolge der Schrägstellung muß eine Horizontalkraft entstehen, da die Pendelstütze nur Normalkräfte aufnehmen kann. In Abb. (2.2d) ist die Kraftzerlegung dargestellt.

$N_1 = F_1/\cos\varphi$ und $H_1 = F_1 \cdot \tan\varphi$.

Da der Winkel $\varphi$ sehr klein ist, wird $\cos\varphi \approx 1$ und damit $N_1 = F_1$.
Mit $\tan\varphi = \delta/h_1$ wird $H_1 = F_1 \cdot \delta/h_1$.

Die Momentenlinie des Stabes $E$ nach Theorie II. Ordnung ist für die Belastung $F_E$ sinuslinienförmig und für die Belastung $H_1$ geradlinig. In Abb. (2.2e) sind diese Momentenlinien und auch die virtuelle Momentenlinie infolge "1" an der Stelle $b$ dargestellt.

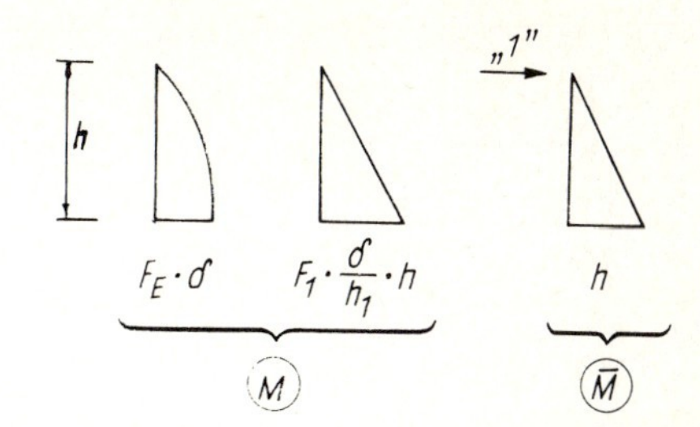


Abb. 2.2e Momentenlinien (M) und ($\bar{M}$)

Mit den bekannten Integrationsformeln erhält man

$$\delta = \frac{1}{EI} \cdot \left( \frac{4}{\pi^2} \cdot h^2 \cdot F_E \cdot \delta + \tfrac{1}{3} \cdot h^2 \cdot F_1 \cdot \frac{\delta}{h_1} \cdot h \right). \tag{2.2}$$

Multipliziert man diese Gleichung mit $(\pi^2 \cdot EI)/(h^2 \cdot \delta)$ so ergibt sich

$$\frac{EI \cdot \pi^2}{h^2} = 4 \cdot F_E + \frac{\pi^2}{3} \cdot F_1 \frac{h}{h_1}. \tag{2.2a}$$

Klammert man $4 \cdot F_E$ aus, so erhält man

$$\frac{EI \cdot \pi^2}{h^2} = F_E \cdot 4 \cdot \left[ 1 + \frac{\pi^2}{12} \cdot \frac{F_1(h/h_1)}{F_E} \right]. \tag{2.2b}$$

Nennt man

$$\beta^2 = 4 \cdot \left[ 1 + \frac{\pi^2}{12} \cdot \frac{F_1 \cdot (h/h_1)}{F_E} \right], \tag{2.2c}$$

so wird aus der Gleichung

$$\frac{EI \cdot \pi^2}{h^2} = \beta^2 \cdot F_E. \tag{2.2d}$$

Dividiert man beide Seiten durch $\beta^2$, so erhält man

$$F_E = \frac{EI \cdot \pi^2}{h^2 \cdot \beta^2}. \tag{2.2e}$$

Mit $s_K = \beta \cdot h$ wird dann

$$F_E \leqq F_{krit} = \frac{EI \cdot \pi^2}{s_K^2}. \tag{2.2f}$$

Man hat das gegebene System auf einen beidseitig gelenkig gelagerten Stab mit der Knicklänge $s_K$, der Biegesteifigkeit $EI$ und der Vergleichslast $F_E$ zurückgeführt. Die Abb. (2.2f) zeigt die Identität des wirklichen Systems mit dem Ersatzstab.

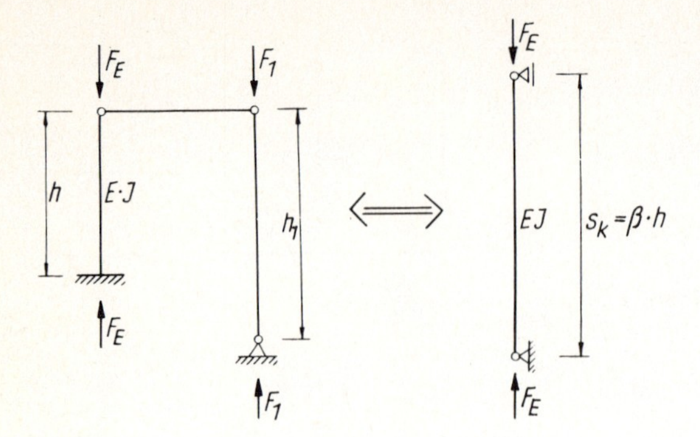


Abb. 2.2f Identität der Systeme

Mit der Bestimmung des Knicklängenbeiwertes $\beta$ ist in der Baupraxis das Stabilitätsproblem gelöst, denn mit $s_K$ kann man nach Gleichung (2.2f) die kritische Last bestimmen und mit der Vergleichslast vergleichen.

Im vorliegenden Fall war die Knicklänge von der Lagerungsart (feste Einspannung) der Aussteifungsstütze und vom Lastverhältnis $F_1/F_E$ abhängig. Man kann hier schreiben $\beta = \beta_1 \cdot \beta_2$, wobei $\beta_1 = 2{,}0$ der Beiwert für die Einspannung und

$$\beta_2 = \sqrt{1 + 0{,}82 \cdot \frac{F_1 \cdot h/h_1}{F_E}}$$

der Koppelfaktor für die Pendelstütze ist.

Aus der Ableitung kann man ersehen, daß die Knicklänge ein relativer Begriff ist und erst einen Sinn gewinnt, wenn die zugehörige Vergleichslast $F$, die Vergleichshöhe $h$ und die zugehörige Biegesteifigkeit $EI$ festgelegt sind.

Die folgenden Betrachtungen sollen das noch einmal erläutern.

Die Gleichung (2.2a) kann z.B. auch nach $F_1$ aufgelöst werden. Sie lautet dann

$$\frac{EI \cdot \pi^2}{h^2} = F_1 \left(4 \cdot \frac{F_E}{F_1} + \frac{\pi^2}{3} \cdot \frac{h}{h_1}\right).$$

Damit wird

$$\beta^2 = 4 \cdot \frac{F_E}{F_1} + \frac{\pi^2}{3} \cdot \frac{h}{h_1}, \tag{2.2g}$$

ein anderer Wert wie Gleichung (2.2c).

Die Vergleichslast ist nun $F_1$ statt $F_E$ und es muß sein

$$F_1 \leqq F_{krit} = \frac{EI \cdot \pi^2}{s_K^2}. \tag{2.2h}$$

Der Knicklängenbeiwert kann auch auf jede beliebige Biegesteifigkeit bezogen werden. Multipliziert man die Gleichung (2.2d) mit $I_i/I$, so erhält man

$$\frac{EI_i}{h^2} \cdot \pi^2 = F_E \cdot \beta^2 \cdot \frac{I_i}{I} = F_E \cdot \beta_i^2.$$

Aus dieser Gleichung kann man die Relation

$$\beta_i^2 = \beta^2 \cdot \frac{I_i}{I} \quad \text{oder} \quad \beta_i = \beta \cdot \sqrt{\frac{I_i}{I}} \tag{2.2i}$$

ablesen.

Ändert sich auch das Material, so wird aus Gleichung (2.2i)

$$\beta_i = \beta \cdot \sqrt{\frac{E_i \cdot I_i}{EI}}. \tag{2.2j}$$

Es sei also noch einmal festgestellt:

Zur eindeutigen Bestimmung der Knicklänge $s_K$ gehören

1. der Knicklängenbeiwert $\beta$,
2. die Bezugshöhe $h$,
3. die gewählte Biegesteifigkeit $EI$ und
4. die Vergleichslast $F$.

Will man aus der zahlreich vorhandenen Literatur fertige Knicklängenbeiwerte entnehmen, so muß man sich über diese vier Punkte im klaren sein.

### 2.2.1 Zahlenbeispiel zum Abschnitt 2.2

Ein Zahlenbeispiel soll die Erkenntnis über die Berechnung von Knicklängenbeiwerten erhärten.

Man muß selbstverständlich davon ausgehen, daß sich die Lasten $F_E$ und $F_1$ proportional ändern.

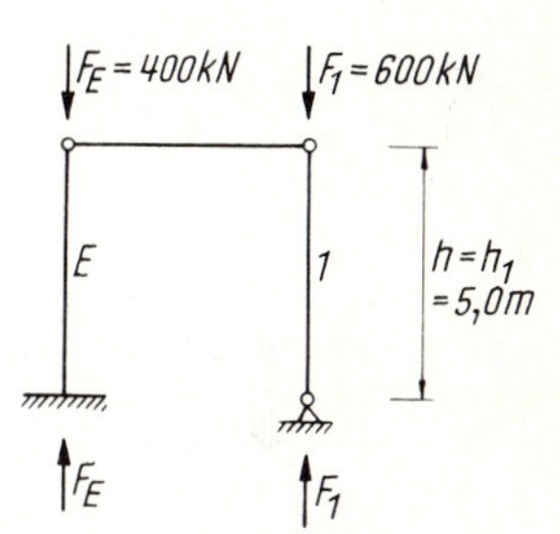


Abb. 2.2.1 System und Belastung

Gegeben sei das in Abb. (2.2.1) dargestellte System. Die Lasten und Abmessungen können dieser Abb. entnommen werden.

Die Stütze $E$ ist ein IPB 200 mit $I = 5700\,\text{cm}^4$ und $E = 2{,}1 \cdot 10^8\,\text{kN/m}^2$.

Damit wird $EI = 2{,}1 \cdot 10^8 \cdot 5{,}7 \cdot 10^{-5} = 11{,}97 \cdot 10^3\,\text{kNm}^2$.

*1. Berechnung nach Gleichung (2.2c)*

$$\beta^2 = 4\left(1 + \frac{\pi^2}{12} \cdot \frac{600}{400}\right) = 8{,}935$$

$$\beta = 2{,}99$$

$$s_K = 2{,}99 \cdot 5{,}0 = 14{,}95\,\text{m}$$

$$F_{krit} = \frac{EI \cdot \pi^2}{s_K^2} = \frac{11{,}97 \cdot 10^3 \cdot \pi^2}{14{,}95^2} = 528{,}6\,\text{kN}$$

$$\frac{F_{krit}}{F_E} = 528{,}6/400 = 1{,}32$$

*2. Berechnung nach Gleichung (2.2g)*

$$\beta^2 = 4 \cdot \frac{400}{600} + \frac{\pi^2}{3} = 5{,}957$$

$$\beta = 2{,}441$$

$$s_K = 2{,}441 \cdot 5{,}0 = 12{,}20\,\text{m}$$

$$F_{krit} = \frac{11{,}97 \cdot 10^3 \cdot \pi^2}{12{,}20^2} = 793{,}3\,\text{kN}$$

$$\frac{F_{krit}}{F_1} = 793{,}3/600 = 1{,}32.$$

*3. Berechnung nach Gleichung (2.2i)*

Das Trägheitsmoment $I_i = 10\,000\,\text{cm}^4$ wird frei gewählt.

Damit ist $EI_i = 2{,}1 \cdot 10^8 \cdot 10 \cdot 10^{-5} \cdot 21 \cdot 10^3\,\text{kNm}^2$

Nach Gleichung (2.2i) wird

$$\beta_i = \beta \cdot \sqrt{\frac{I_i}{I}} = 2{,}99 \cdot \sqrt{\frac{10\,000}{5\,700}} = 3{,}96$$

$$s_K = 3{,}96 \cdot 5{,}0 = 19{,}80\,\text{m}$$

$$F_{krit} = \frac{21 \cdot 10^3 \cdot \pi^2}{19{,}8^2} = 528{,}67\,\text{kN}$$

$$\frac{F_{krit}}{F_E} = 528{,}67/400 = 1{,}32.$$

Die Verhältniszahl ist überall gleich.

Die drei Berechnungen zeigen, daß bei völlig verschiedenen Knicklängen doch die gleichen Ergebnisse herauskommen müssen.

Für die praktische Berechnung wird man sich die jeweils anschaulichste Kombination der vier Größen $\beta$, $h$, $EI$ und $F$ aussuchen. Im durchgerechneten Beispiel ist das die Ermittlung nach Gleichung (2.2c).

## 2.3 Der unten eingespannte Stab

Ein wichtiges Element in der Konstruktion ist der unten eingespannte, als Stütze belastete Stab. Eine solche Stütze muß oft ganze Hallenkonstruktionen aussteifen.

Dieser Fall soll deshalb eingehender betrachtet werden.

In Abb. (2.3) ist eine solche Stütze dargestellt.

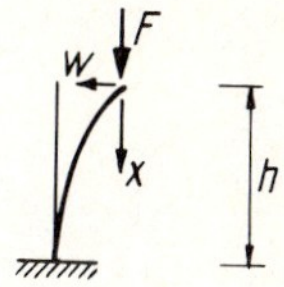

Abb. 2.3 Eingespannte Stütze mit Kopflast

F
w
x
h

### 2.3.1 Allgemeine Lösung mit der Differentialgleichung

Die Lösung kann nach 2.1.1 erfolgen. Dort findet man die Gleichung (2.1d) mit

$w = A \cdot \sin \lambda x + B \cdot \cos \lambda x$.

Die zugehörige 1. Ableitung ist

$w' = A \cdot \lambda \cdot \cos \lambda x - B \cdot \lambda \cdot \sin \lambda x$.

Mit den Bedingungen $w(0) = w'(h) = 0$ erhält man $B = 0$ und $\cos \lambda h = 0$.

Die Funktion $\cos \lambda h$ kann nur zu Null werden, wenn $\lambda \cdot h = \pi/2$ oder ein Vielfaches von $\pi/2$ ist. Mit

$$\lambda^2 = \frac{\pi^2}{2h^2} \quad \text{und} \quad \lambda^2 = \frac{F_{\text{krit}}}{EI}$$

ergibt sich

$$F_{\text{krit}} = \frac{EI \cdot \pi^2}{4h^2}$$

und mit $s_K^2 = 4 \cdot h^2$ wird

$$F_{\text{krit}} = \frac{EI \cdot \pi^2}{s_k^2}.$$

Der Knicklängenbeiwert ist dann $\beta = 2{,}0$.

Die Knicklänge der fest eingespannten Stütze ist gerade doppelt so groß wie ihre Höhe.

Das gleiche Ergebnis kann man aus Abschnitt 2.2 ablesen.

Wenn man in Gleichung (2.2c) $F_1 = 0$ setzt, ergibt sich $\beta^2 = 4$ und $\beta = 2{,}0$.

### 2.3.2 Erfassung von Koppellasten

Soll eine eingespannte Stütze eine oder mehrere Pendelstützen halten, so geht das natürlich in die Knicklänge ein. In Abb. 2.3.2 ist ein solches System dargestellt.

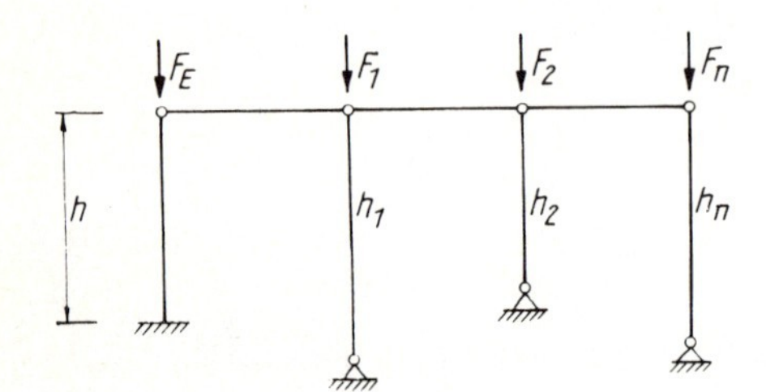


Abb. 2.3.2 Eingespannte Stütze mit Koppellasten

Die Lösung für dieses System wurde schon im Abschnitt 2.2 behandelt.

Ersetzt man in der Gleichung (2.2b) $F_1$ durch $\sum F_i$ und $h_1$ durch $h_i$, so erhält man

$$\beta^2 = 4 \cdot \left(1 + \frac{\pi^2}{12} \cdot \frac{\sum F_i \cdot h/h_i}{F_E}\right).$$

Mit $\pi^2/12 = 0{,}82$ wird dann

$$\beta^2 = 4 \cdot \left(1 + 0{,}82 \frac{\sum F_i \cdot h/h_i}{F_E}\right). \qquad (2.3.2)$$

BEISPIEL

$F_E = 200\,\text{kN}$, $F_1 = 100\,\text{kN}$, $F_2 = 300\,\text{kN}$, $F_3 = 150\,\text{kN}$, $h = 5{,}0\,\text{m}$, $h_1 - 7{,}0\,\text{m}$, $h_2 = 5{,}0\,\text{m}$ und $h_3 = 6{,}0\,\text{m}$.

Nach Gleichung (2.3.2) ergibt sich dann

$$\beta^2 - 4 \cdot \left(1 + 0{,}82 \cdot \frac{100 \cdot 5{,}0/7{,}0 + 300 \cdot 5{,}0/5{,}0 + 150 \cdot 5{,}0/6{,}0}{200}\right) = 12{,}14$$

und $\beta = 3{,}48$.

Die Knicklänge wird dann $s_K = 3{,}48 \cdot 5{,}0 = 17{,}42\,\text{m}$.

Wie man sieht, ist dieser Wert ein Vielfaches der wirklichen Höhe. Die Forderung, daß die eingespannte Stütze das ganze System halten soll, schlägt sich in der großen Knicklänge nieder. Diese ist für die Bemessung maßgebend.

### 2.3.3 Stufenweise eingeleitete Last

Bei Stützen in der Fertigteilbauweise, aber auch bei hohen Austeifungsstützen, wird die Last oft stufenweise eingeleitet.

In Abb. (2.3.3a) ist eine solche Stütze dargestellt.

Abb. 2.3.3a Stufenlast Abb. 2.3.3b Verschmierte Belastung

Hat man viele Lasten, so kann man diesen Lastfall durch eine gleichmäßig verteilte Last ersetzen. Sie ist in Abb. (2.3.3b) dargestellt, lautet $p = F_E/h$(kN/m) und wird verschmierte Last genannt. Die Eigenlast einer Stütze oder Wand ist eine echte verschmierte Last.

Mathematisch läßt sich ein solcher Lastfall leichter behandeln. Er soll deshalb auch den folgenden Ableitungen zugrunde gelegt werden.

In Abb. (2.3.3c) ist die Verformung einer verschmiert belasteten Stütze dargestellt. Die für die Berechnung erforderlichen Koordinatensysteme sind dort festgelegt.

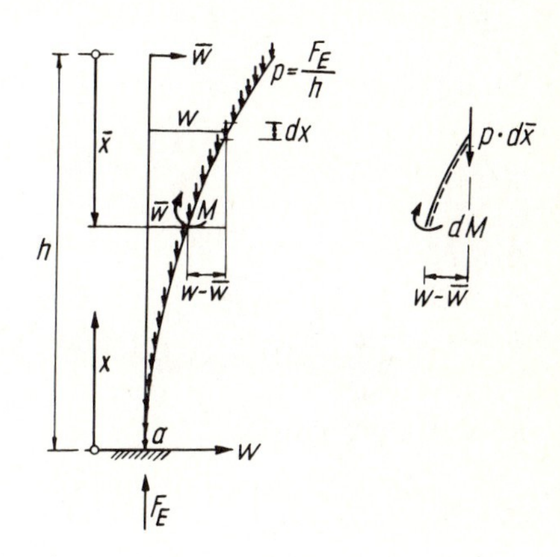


Abb. 2.3.3c Verformte Stütze mit verschmierter Last

Stellt man das Momentengleichgewicht auf, so erhält man
$\mathrm{d}M = -p \cdot \mathrm{d}\bar{x} \cdot (w - \bar{w})$.
Führt man die Integration aus, so wird

$$M = -\int_0^{\bar{x}} p \cdot \mathrm{d}\bar{x}(w - \bar{w}) = -\mathrm{w}\int_0^{\bar{x}} p \cdot \mathrm{d}\bar{x} + \int_0^{\bar{x}} \cdot p \cdot \bar{w} \cdot \mathrm{d}\bar{x}.$$

Für den Fußpunkt der Stütze wird das Moment

$$M_\mathrm{a} = \int_0^h p \cdot \bar{w} \cdot \mathrm{d}\bar{x}. \tag{2.3.3a}$$

Differenziert man $M(x)$ nach $x$, so erhält man

$$\frac{\mathrm{d}M}{\mathrm{d}x} = -\frac{\mathrm{d}w}{\mathrm{d}x} \cdot \int_0^{\bar{x}} p \cdot \mathrm{d}\bar{x}.$$

Mit

$$\frac{\mathrm{d}M}{\mathrm{d}x} = Q, \quad \frac{\mathrm{d}w}{\mathrm{d}x} = w' \quad \text{und} \quad \int_0^{\bar{x}} p \cdot \mathrm{d}\bar{x} = N$$

wird $Q = -w' \cdot N$.

Man kann diese Gleichung auch direkt aus Abschnitt 2.1, Gleichung (2.1 b) ablesen.

Die Normalkraft ist $N(x) = -p \cdot (h - x)$ mit den Randwerten $N(0) = -p \cdot h = -F_\mathrm{E}$ und $N(h) = 0$.

Mit der Beziehung

$$Q = \frac{\mathrm{d}M}{\mathrm{d}x} = -EI \cdot w'''$$

lautet die Differentialgleichung

$$-EI \cdot w''' - w' \cdot p \cdot (h - x) = 0.$$

Multipliziert man mit $-1$ und klammert $h$ aus dem 2. Term aus, so wird

$$EIw''' + w' \cdot p \cdot h\left(1 - \frac{x}{h}\right) = 0.$$

Mit $F_\mathrm{E} = p \cdot h$,

$$\xi = 1 - \frac{x}{h}, \qquad \mathrm{d}\xi = -\frac{\mathrm{d}x}{h} \quad \text{und} \quad \mathrm{d}x = -h \cdot \mathrm{d}\xi$$

wird die Gleichung

$$EI \cdot \frac{\mathrm{d}^3 w}{h^3 \cdot \mathrm{d}\xi^3} + \frac{\mathrm{d}w \cdot F_\mathrm{E}}{h \cdot \mathrm{d}\xi} \cdot \xi = 0.$$

Multipliziert man mit $h^3/EI$, so erhält man

$$\frac{\mathrm{d}^3 w}{\mathrm{d}\xi^3} + \frac{F_\mathrm{E} \cdot h^2}{EI} \cdot \frac{\mathrm{d}w}{\mathrm{d}\xi} \cdot \xi = 0.$$

Mit

$$\frac{\mathrm{d}w}{\mathrm{d}\xi} = \bar{w}' \quad \text{und} \quad \frac{F_{\mathrm{E}} \cdot h^2}{EI} = \lambda^2$$

wird

$$\bar{w}''' + \lambda^2 \cdot \bar{w}' \cdot \xi = 0. \tag{2.3.3b}$$

Die Randbedingungen für $x$ sind $w(0) = w'(0) = 0$ und $w''(h) = 0$. Setzt man $\xi = 1 - (x/h)$, so lauten die Randbedingungen $\bar{w}(1) = \bar{w}'(1) = 0$ und $\bar{w}''(0) = 0$.

Da die Form der Biegelinie nicht bekannt ist, soll die Differentialgleichung mit einem Reihenansatz nach 2.1.4 gelöst werden.

Der Ansatz für die Reihe ist

$$\bar{w} = a_0 + a_1 \cdot \xi + a_2 \cdot \xi^2 + a_3 \cdot \xi^3 + a_4 \cdot \xi^4 + a_5 \cdot \xi^5 + a_6 \cdot \xi^6 + a_7 \cdot \xi^7 + a_8 \cdot \xi^8 \ldots$$

Die Ableitungen sind

$$\begin{aligned}
\bar{w}' &= a_1 + 2a_2 \cdot \xi + 3a_3 \cdot \xi^2 + 4a_4 \cdot \xi^3 + 5a_5 \cdot \xi^4 + 6a_6 \cdot \xi^5 + 7a_7 \cdot \xi^6 + 8a_8 \cdot \xi^7 \ldots \\
\bar{w}'' &= 2 \cdot 1 \cdot a_2 + 3 \cdot 2 \cdot a_3 \cdot \xi + 4 \cdot 3 \cdot a_4 \cdot \xi^2 + 5 \cdot 4 \cdot a_5 \cdot \xi^3 + 6 \cdot 5 \cdot a_6 \cdot \xi^4 + 7 \cdot 6 \cdot a_7 \cdot \xi^5 \\
&\quad + 8 \cdot 7 \cdot a_8 \cdot \xi^7 \ldots \\
\bar{w}''' &= 3 \cdot 2 \cdot 1 \cdot a_3 + 4 \cdot 3 \cdot 2 \cdot a_4 \cdot \xi + 5 \cdot 4 \cdot 3 \cdot a_5 \cdot \xi^2 + 6 \cdot 5 \cdot 4 \cdot a_6 \cdot \xi^3 + 7 \cdot 6 \cdot 5 \cdot a_7 \cdot \xi^4 \\
&\quad + 8 \cdot 7 \cdot 6 \cdot a_8 \cdot \xi^5 + 9 \cdot 8 \cdot 7 \cdot a_9 \cdot \xi^6 + 10 \cdot 9 \cdot 8 \cdot a_{10} \cdot \xi^7 \ldots
\end{aligned}$$

Setzt man die Werte für $\bar{w}'''$ und $\bar{w}'$ in die Differentialgleichung (2.3.3b) ein, so erhält man

$$\begin{aligned}
&3 \cdot 2 \cdot 1 \cdot a_3 + 4 \cdot 3 \cdot 2 \cdot a_4 \cdot \xi + 5 \cdot 4 \cdot 3 \cdot a_5 \cdot \xi^2 + 6 \cdot 5 \cdot 4 \cdot a_6 \cdot \xi^3 \\
&\quad + 7 \cdot 6 \cdot 5 \cdot a_7 \cdot \xi^4 + 8 \cdot 7 \cdot 6 \cdot a_8 \cdot \xi^5 + 9 \cdot 8 \cdot 7 \cdot a_9 \cdot \xi^6 + 10 \cdot 9 \cdot 8 \cdot a_{10} \cdot \xi^2 \ldots \\
&\quad + \lambda^2(a_1 \cdot \xi + 2a_2 \cdot \xi^2 + 3a_3 \cdot \xi^3 + 4a_4 \cdot \xi^4 + 5a_5 \cdot \xi^5 + 6a_6 \cdot \xi^6 \\
&\quad + 7a_7 \cdot \xi^7 + 8a_8 \cdot \xi^8 + 9a_9 \cdot \xi^9 + 10a_{10} \cdot \xi^{10} \ldots) = 0.
\end{aligned}$$

Ordnet man diesen Ausdruck nach Potenzen von $\xi$, so erhält man

$$\begin{aligned}
&\xi_0 \cdot (3 \cdot 2 \cdot 1 \cdot a_3) + \\
&\xi^1 \cdot (4 \cdot 3 \cdot 2 \cdot a_4 + \lambda^2 \cdot a_1) + \\
&\xi^2 \cdot (5 \cdot 4 \cdot 3 \cdot a_5 + \lambda^2 \cdot 2a_2) + \\
&\xi^3 \cdot (6 \cdot 5 \cdot 4 \cdot a_6 + \lambda^2 \cdot 3 \cdot a_3) + \\
&\xi^4 \cdot (7 \cdot 6 \cdot 5 \cdot a_7 + \lambda^2 \cdot 4 \cdot a_4) + \\
&\xi^5 \cdot (8 \cdot 7 \cdot 6 \cdot a_8 + \lambda^2 \cdot 5 \cdot a_5) + \\
&\xi^6 \cdot (9 \cdot 8 \cdot 7 \cdot a_9 + \lambda^2 \cdot 6 \cdot a_6) + \\
&\xi^7 \cdot (10 \cdot 9 \cdot 8 \cdot a_{10} + \lambda^2 \cdot 7 \cdot a_7) + \\
&\xi^8 \cdot (11 \cdot 10 \cdot 9 \cdot a_{11} + \lambda^2 \cdot 8 \cdot a_8) + \cdots = 0.
\end{aligned}$$

Der Gesamtausdruck kann nur Null werden, wenn jeder Klammerausdruck Null wird.

Damit können die Konstanten bestimmt werden.

Sie werden

$$a_3 = 0$$

$$a_4 = -\lambda^2 \cdot \frac{1^2}{4 \cdot 3 \cdot 2 \cdot 1} \cdot a_1 = -\frac{\lambda^2}{4!} \cdot a_1$$

$$a_5 = -\lambda^2 \cdot \frac{2}{5 \cdot 4 \cdot 3} \cdot a_2 = -\frac{\lambda^2}{5!} \cdot 2^2 \cdot a_2$$

$$a_6 = 0$$

$$a_7 = -\lambda^2 \cdot \frac{4}{7 \cdot 6 \cdot 5} \cdot a_4 = +\frac{\lambda^4}{7!} \cdot 4 \cdot a_1$$

$$a_8 = -\lambda^2 \cdot \frac{5}{8 \cdot 7 \cdot 6} \cdot a_5 = +\frac{\lambda^4}{8!} \cdot 2^2 \cdot 5 \cdot a_2$$

$$a_9 = 0$$

$$a_{10} = -\lambda^2 \cdot \frac{7}{10 \cdot 9 \cdot 8} \cdot a_7 = -\frac{\lambda^6}{10!} \cdot 7 \cdot 4 \cdot a_1$$

$$a_{11} = -\lambda^2 \cdot \frac{8}{11 \cdot 10 \cdot 9} \cdot a_8 = -\frac{\lambda^6}{11!} \cdot 2^2 \cdot 5 \cdot 8 \cdot a_2 .$$

Aus den bisherigen Konstanten kann man das Bildungsgesetz erkennen.

$$a_{12} = 0$$

$$a_{13} = +\frac{\lambda^8}{13!} \cdot 10 \cdot 7 \cdot 4 \cdot a_1$$

$$a_{14} = +\frac{\lambda^8}{14!} \cdot 2^2 \cdot 5 \cdot 8 \cdot 11 \cdot a_2 .$$

Mit diesen Werten soll die Reihenentwicklung abgebrochen werden.

Setzt man die Konstanten in die Potenzreihe ein und ordnet nach $a_1$ und $a_2$, so erhält man

$$\bar{w} = a_0 + a_1 \cdot \left( \xi - \frac{1}{4!} \cdot \lambda^2 \cdot \xi^4 + \frac{4}{7!} \cdot \lambda^4 \cdot \xi^7 - \frac{4 \cdot 7}{10!} \lambda^6 \cdot \xi^{10} + \frac{4 \cdot 7 \cdot 10}{13!} \lambda^8 \cdot \xi^{13} \dots \right)$$
$$+ a_2 \cdot \left( \xi^2 - \frac{2^2}{5!} \lambda^2 \cdot \xi^5 + \frac{2^2 \cdot 5}{8!} \lambda^4 \cdot \xi^8 - \frac{2^2 \cdot 5 \cdot 8}{11!} \lambda^6 \cdot \xi^{11} + \frac{2^2 \cdot 5 \cdot 8 \cdot 11}{14!} \lambda^8 \cdot \xi^{14} \dots \right) . \quad (2.3.3c)$$

Die 1. Ableitung wird

$$\bar{w}' = a_1 \cdot \left( 1 - \frac{1}{3!} \cdot \lambda^2 \cdot \xi^3 + \frac{4}{6!} \cdot \lambda^4 \cdot \xi^6 - \frac{4 \cdot 7}{9!} \cdot \lambda^6 \cdot \xi^9 + \frac{4 \cdot 7 \cdot 10}{12!} \cdot \lambda^8 \cdot \xi^{12} \dots \right)$$
$$+ a_2 \left( 2\xi - \frac{2^2}{4!} \lambda^2 \cdot \xi^4 \dots \right) .$$

Die 2. Ableitung wird

$$\bar{w}'' = a_1 \cdot \left( -\frac{1}{2!}\lambda^2 \cdot \xi^2 + \frac{4}{5!}\lambda^4 \cdot \xi^5 - \frac{4 \cdot 7}{8!}\lambda^6 \cdot \xi^8 + \frac{4 \cdot 7 \cdot 10}{11!}\lambda^8 \cdot \xi^{11} \right)$$
$$+ a_2 \cdot \left( 2 - \frac{2^2}{3!}\lambda^2 \cdot \xi^3 \ldots \right).$$

Mit der Randbedingung $\bar{w}''(0)$ wird

$a_2 \cdot 2 = 0 \Rightarrow a_2 = 0.$

Aus den Bedingungen $\bar{w}(1) = 0$ und $\bar{w}'(1) = 0$ werden

$$0 = a_0 + a_1 \cdot \left( 1 - \frac{1}{4!}\lambda^2 + \frac{4}{7!}\lambda^4 - \frac{4 \cdot 7}{10!}\lambda^6 + \frac{4 \cdot 7 \cdot 10}{13!}\lambda^8 \right)$$

und

$$0 = a_1 \cdot \left( 1 - \frac{1}{3!}\lambda^2 + \frac{4}{6!}\lambda^4 - \frac{4 \cdot 7}{9!}\lambda^6 + \frac{4 \cdot 7 \cdot 10}{12!}\lambda^8 \right).$$

Eine nichttriviale Lösung des Gleichungssystems ensteht, wenn der Klammerausdruck der zweiten Gleichung Null wird.

Der Lösungsweg ist in Abschnitt 2.1.4 beschrieben.

Das Ergebnis ist hier $\lambda^2 = 7{,}839$ und $a_0 = a_1 \cdot 0{,}7186$.

Aus $\lambda^2 =: F_E \cdot h^2 / EI$ wird

$$\frac{EI}{h^2} = F_E \cdot \frac{1}{\lambda^2}.$$

Multipliziert man beide Seiten mit $\pi^2$, so erhält man

$$\frac{EI \cdot \pi^2}{h^2} = F_E \cdot \frac{\pi^2}{\lambda^2} = F_E \cdot \beta^2.$$

Nach Gleichung (2.2d) wird dann der Knicklängenbeiwert

$$\beta^2 = \frac{\pi^2}{7{,}839} = 1{,}259 \qquad \beta = 1{,}122.$$

Die Knicklänge eines unten starr eingespannten Stabes mit verschmierter Last ist $s_K = 1{,}122 \cdot h$.

Um den Verlauf der Funktionen kennen zu lernen, sollen sie berechnet und dargestellt werden.

Setzt man die Ergebnisse von $\lambda^2$ und $a_0$ in die Gleichung (2.3.3c) ein, so erhält man

$$\bar{w} = a_1 \cdot (-0{,}7186 + 1{,}0 \cdot \xi - 0{,}326625 \cdot \xi^4 + 0{,}04877 \cdot \xi^7 - 0{,}003717 \cdot \xi^{10}$$
$$+ 0{,}0001698 \cdot \xi^{13}).$$

Man kann diese Gleichung normieren, wenn man $-0{,}7186$ ausklammert und $a = -a_1 \cdot 0{,}7186$ setzt. Dann ergibt sich

$$\bar{w} = a \cdot (1{,}000 - 1{,}3916 \cdot \xi + 0{,}4545 \cdot \xi^4 - 0{,}0679 \cdot \xi^7 + 0{,}0052 \cdot \xi^{10} - 0{,}00024 \cdot \xi^{13}). \tag{2.3.3d}$$

Die Ableitungen sind dann

$$\bar{w}' = a \cdot (-1{,}3916 + 1{,}8181 \cdot \xi^3 - 0{,}4751 \cdot \xi^6 + 0{,}0517 \cdot \xi^9 - 0{,}0031 \cdot \xi^{12})$$
$$\bar{w}'' = a \cdot (5{,}4544 \cdot \xi^2 - 2{,}8505 \cdot \xi^5 + 0{,}4655 \cdot \xi^8 - 0{,}0369 \cdot \xi^{11})$$
$$\bar{w}''' = a \cdot (10{,}909 \cdot \xi - 14{,}2525 \cdot \xi^4 + 3{,}724 \cdot \xi^7 - 0{,}4059 \cdot \xi^{10}).$$
$$\bar{w}'''' = a \cdot (10{,}909 - 57{,}01 \cdot \xi^3 + 26{,}069 \cdot \xi^6 - 4{,}059 \cdot \xi^9).$$

In der Tabelle (2.3.3) sind die Ergebnisse der Auswertung eingetragen und in den Abb. (2.3.3d) sind die Funktionen dargestellt.

Tabelle 2.3.3 Auswertung der Funktionen

| $\xi$ | $w$ | $w'$ | $w''$ | $w'''$ | $w''''$ | $\lambda^2 = -\frac{w'''}{\xi \cdot w'}$ |
|---|---|---|---|---|---|---|
| 0 | 1,0000 | −1,3916 | 0 | 0 | +10,91 | |
| 0,1 | 0,8609 | −1,3903 | 0,0545 | 1,0895 | +10,85 | 7,836 |
| 0,2 | 0,7224 | −1,3809 | 0,2173 | 2,1590 | +10,45 | 7,817 |
| 0,3 | 0,5862 | −1,3553 | 0,4840 | 3,1580 | +9,39 | 7,767 |
| 0,4 | 0,4549 | −1,3056 | 0,8438 | 4,0048 | +7,37 | 7,669 |
| 0,5 | 0,3321 | −1,2236 | 1,2763 | 4,5924 | +4,18 | 7,506 |
| 0,6 | 0,2221 | −1,1001 | 1,7496 | 4,8000 | −0,23 | 7,272 |
| 0,7 | 0,1296 | −0,9289 | 2,2197 | 4,5090 | −5,74 | 6,93 |
| 0,8 | 0,0592 | −0,6973 | 2,6317 | 3,6270 | −11,99 | 6,50 |
| 0,9 | 0,0150 | −0,3934 | 2,9237 | 2,1070 | −18,37 | 5,95 |
| 1,0 | 0 | 0 | 3,0325 | 0 | −24,09 | |

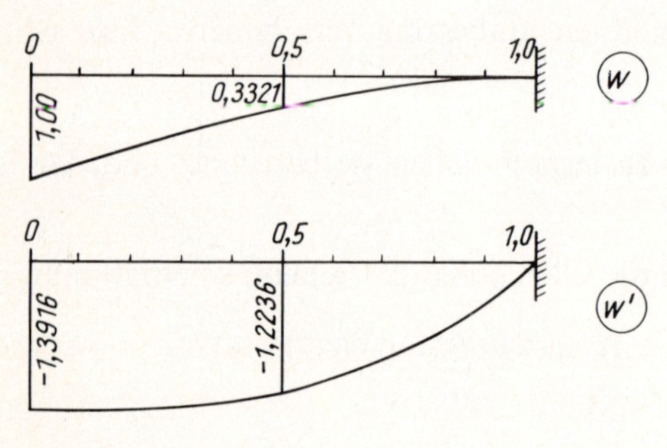

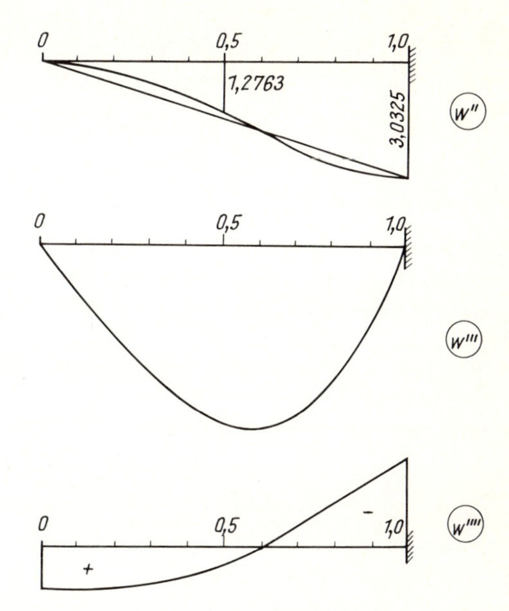

Abb. 2.3.3d Darstellung der Funktionen

Wird die Gleichung (2.3.3b) nach $\lambda^2$ aufgelöst, so lautet sie $\lambda^2 = -w'''/\xi \cdot w'$. Die Ergebnisse sind in der letzten Spalte der Tabelle (2.3.3) eingetragen.

In der Nähe von $\xi = 0$ sind die Werte exakt richtig. Je weiter man sich vom Nullpunkt entfernt, desto ungenauer werden sie. Das liegt an der abgebrochenen Reihenentwicklung, denn für kleine Werte von $\xi$ sind die Reihen am genausten.

Aus der Abb. (2.3.3d) kann man ersehen, daß das Moment ($M \sim w''$) bei diesem Lastfall einen beinahe geradlinigen Verlauf hat.

In der Abb. (2.3.3e) ist das Moment und das virtuelle Moment infolge "1" an der Stabspitze dargestellt.

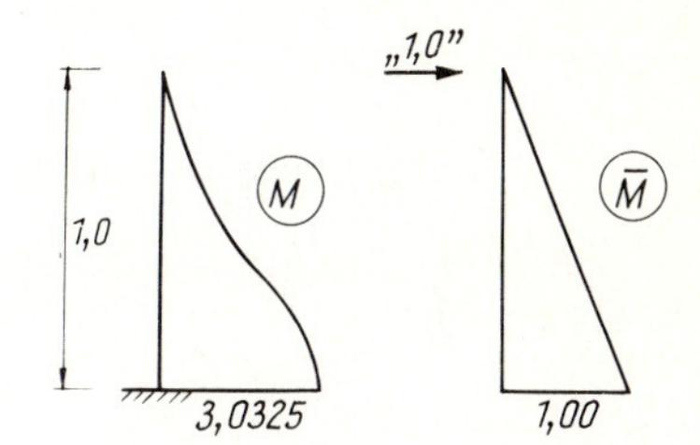

Abb. 2.3.3e Moment und virtuelles Moment

Überlagert man diese beiden Momentenflächen, so muß sich nach Abb. (2.3.3d) die Spitzenverschiebung $w = 1{,}0$ ergeben.

Die Überlagerungsformel lautet allgemein $w = (1/\alpha) \cdot l \cdot i \cdot k$.

Setzt man die Werte ein, so erhält man $1{,}0 = (1/\alpha) \cdot 1{,}0 \cdot 3{,}0325 \cdot 1{,}0$.

Daraus wird $\alpha = 3{,}0325$. Bei einer dreieckförmigen Momentenfläche wäre $\alpha = 3{,}0$.

Kennt man so die Zusammenhänge, dann kann man das vorliegende Problem schneller und einfacher als mit dem Reihenansatz, nach 2.1.7, mit dem Durchbiegeverfahren lösen.

Man nimmt eine sinnvolle Biegelinie an, berechnet das zugehörige Fußmoment nach Gleichung (2.3.3a) und führt die Überlagerung nach Gleichung (2.1.7) aus. Daraus kann der Knicklängenbeiwert nach Gleichung (2.2d) ermittelt werden.

Um einen genauen Vergleich zu haben, wird als Biegelinie die Funktion nach Abschnitt 2.3.3 genommen.

Nach Gleichung (2.3.3a) wird

$$M_a = \int_0^h p \cdot \bar{w} \cdot \bar{x} = \int_0^1 p \cdot h \cdot \bar{w} \cdot d\xi$$

und mit $F_E = p \cdot h,\ M_a = F_E \cdot \int_0^1 \bar{w} \cdot d\xi$.

Führt man die Integration der Gleichung (2.3.3d) aus und setzt die Grenzen ein, so erhält man

$$\int_0^1 \bar{w} \cdot d\xi = a\left(1{,}0 - \frac{1{,}3916}{2} + \frac{0{,}4545}{5} - \frac{0{,}0679}{8} + \frac{0{,}0052}{11} - \frac{0{,}00024}{14}\right) = a \cdot 0{,}3871.$$

Damit wird $M_a = F_E \cdot a \cdot 0{,}3871$.

Analog nach Abb. (2.3.3e) wird dann

$$a = \frac{1}{EI} \cdot \frac{1}{3{,}0325} \cdot h^2 \cdot F_E \cdot 0{,}3871 \cdot a.$$

Multipliziert man diese Gleichung mit $EI \cdot \pi^2/h^2 \cdot a$, so erhält man

$$\frac{EI \cdot \pi^2}{h^2} = \frac{0{,}3871 \cdot \pi^2}{3{,}0325} \cdot F_E.$$

Der Knicklängenbeiwert wird dann

$$\beta^2 = \frac{0{,}3871 \cdot \pi^2}{3{,}0325} \Rightarrow \beta = 1{,}122.$$

Das ist das exakte Ergebnis.

Wird an Stelle der richtigen Funktion die ergänzte Cosinuslinie $w = a \cdot (1 - \cos\frac{\pi}{2}\bar{\xi})$ als Biegelinie angenommen, so ist

$$\int_0^1 w \cdot d\bar{\xi} = a\left(\bar{\xi} - \frac{2}{\pi} \cdot \sin\frac{\pi}{2}\bar{\xi}\right) = a\left(1 - \frac{2}{\pi}\right) = a \cdot 0{,}3634.$$

Dann wird

$$\beta^2 = \frac{0{,}3634 \cdot \pi^2}{3{,}0325} = 1{,}183 \Rightarrow \beta = 1{,}09.$$

Der Fehler ist baupraktisch belanglos.

Ausgehend von diesen Zusammenhängen, hat der Verfasser in seinem Buch Stabilitätsberechnungen im Stahlbetonbau [7] ein Näherungsverfahren für die Berechnung der Knicklängenbeiwerte von stufenweise belasteten, unten eingespannten Stützen entwickelt. Auf Seite 173 dieses Werkes findet man die Gleichung

$$\beta = \sqrt{3{,}73 \cdot \sum_1^n \cdot \alpha_i \left(\frac{h_i}{h}\right)^2}. \tag{2.3.3e}$$

(Gültig für $n \geqq 2$)

In Abb. (2.3.3f) ist eine solche Stütze dargestellt.

Es bedeuten $\alpha_i = F_i/F_E$ und $F_E = \sum_1^n F_i$.

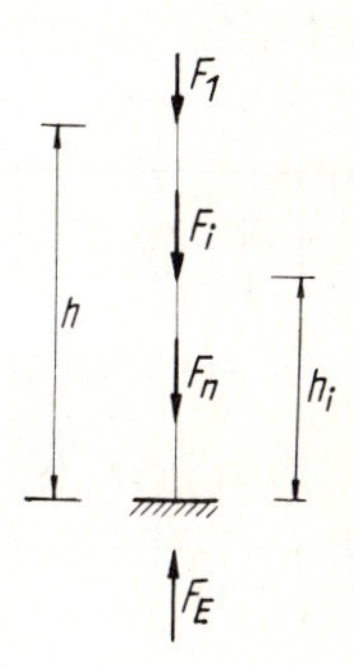


Abb. 2.3.3f Stufenweise belastete Stütze

Beispiel

$F_1 = 400$ kN, $F_2 = 600$ kN, $F_3 = 750$ kN,
$h = 7{,}5$ m, $h_1 = 7{,}5$ m, $h_2 = 5{,}0$ m und $h_3 = 2{,}5$ m.

Mit diesen Zahlen wird

$F_E = 400 + 600 + 750 = 1750$ kN,
$\alpha_1 = 400/1750 = 0{,}229$, $\alpha_2 = 600/1750 = 0{,}343$ und $\alpha_3 = 750/1750 = 0{,}429$.

Dann ist

$$\beta^2 = 3{,}73 \cdot \left[0{,}229 \cdot \left(\frac{7{,}5}{7{,}5}\right)^2 + 0{,}343 \cdot \left(\frac{5{,}0}{7{,}5}\right)^2 + 0{,}429 \cdot \left(\frac{2{,}5}{7{,}5}\right)^2\right]$$

$$\beta^2 = 3{,}73\,(0{,}229 + 0{,}152 + 0{,}048) = 1{,}599 \Rightarrow \beta = 1{,}26$$

und die Knicklänge $s_K = 1{,}26 \cdot 7{,}5 = 9{,}45$ m.

*2.3.3.1 Erfassung weiterer Einflüsse bei stufenweise belasteten Stützen.* Wie bei den am Kopf belasteten Stützen, kann auch bei stufenweise belasteten Stützen der Einfluß der Koppellasten erfaßt werden. Da die Kopplung mehr oder weniger kontinuierlich ist, ist auch die Form der Momentenlinie, die durch die Kopplung ensteht, der Momentenlinie der Aussteifungsstütze ähnlich.

Der Koppelfaktor muß im Gegensatz zu Abschnitt (2.3.2) mit $c_F = 1 + \bar{n}$ statt $c_F = 1 + 0{,}82 \cdot \bar{n}$ angesetzt werden.

Auf eine Ableitung sei an dieser Stelle verzichtet. Es wird auf [7] verwiesen. Der Knicklängenbeiwert ist dann

$$\beta = \sqrt{3{,}73 \cdot \sum_{1}^{n} \alpha_i \cdot \left(\frac{h_i}{h}\right)^2} \cdot \sqrt{1 + \bar{n}} \qquad (2.3.3f)$$

mit $\bar{n} = \sum F_i / F_E$.

$\sum F_i$ ist die Last der auszusteifenden Stützen und $F_E$ ist die Last der Aussteifungsstütze.

Das Beispiel von Seite 53 wird auf Koppellasten erweitert.

In Abb. (2.3.3g) ist ein System mit Koppelstützen dargestellt.

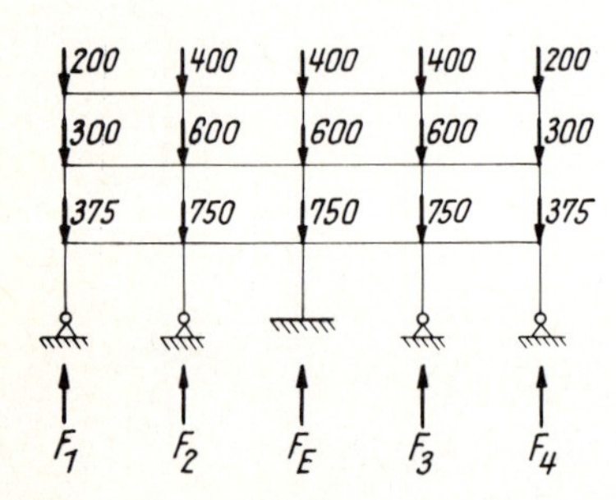


Abb. 2.3.3g System mit Koppelstützen

$F_1 = F_4 = 200 + 300 + 375 = 875\,\text{kN}$
$F_2 = F_3 = 400 + 600 + 750 = 1750\,\text{kN}$
$F_E = 1750\,\text{kN}$
$\sum F_i = 2 \cdot 875 + 2 \cdot 1750 = 5250\,\text{kN}$
$\bar{n} = 5250/1750 = 3{,}0.$

Damit wird der Knicklängenbeiwert

$\beta = 1{,}26 \cdot \sqrt{1 + 3{,}0} = 2{,}52$ und die Knicklänge $s_K = 2{,}52 \cdot 7{,}5 = 18{,}90\,\text{m}$.

Die Gleichung (2.3.3f) ist exakt nur richtig, wenn sich alle Lasten der Koppelstützen im gleichen Verhältnis wie die entsprechenden Lasten der Aussteifungsstütze ändern. Ist das nicht der Fall, so müssen Berichtigungsfaktoren berücksichtigt werden. In [15], Abschnitt 2.3.2 ist ein entsprechendes Verfahren beschrieben worden.

Noch genauer kann man das Problem der stufenweise eingeleiteten Last nach [15], Abschnitt 2.3.3 und 2.3.4 behandeln.

### 2.3.4 Kopflast und Eigenlast

Ein häufiger Lastfall ist eine mäßig belastete Stütze mit einem hohen Anteil an Eigenlast. Für ein solches System soll der Knicklängenbeiwert ermittelt werden. In Abb. (2.3.4a) ist dieses System dargestellt. Die Eigenlast der Stütze ist $G = g \cdot h$.

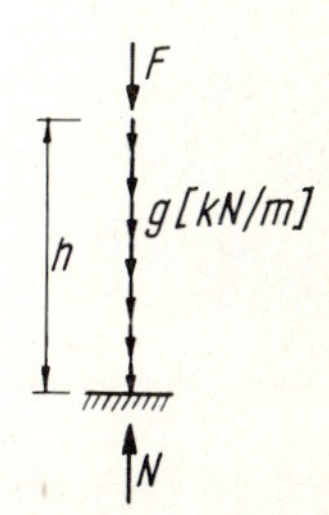


Abb. 2.3.4a Stütze unter Eigenlast und Kopflast

Analog Gleichung (2.2a) kann man aussagen

$$\frac{EI \cdot \pi^2}{h^2} = 1{,}259 \cdot G + 4{,}0 \cdot F,$$

wobei 1,259 das Quadrat des Knicklängenbeiwertes nach Abschnitt 2.3.3 und 4,0 dasjenige nach Abschnitt 2.3.1 ist.

Setzt man $N = G + F$ und klammert $N$ aus, so erhält man

$$\frac{EI \cdot \pi^2}{h^2} = N \cdot \left(1{,}259 \cdot \frac{G}{N} + 4{,}0 \cdot \frac{F}{N}\right).$$

Der Knicklängenbeiwert kann nach dieser Gleichung ermittelt werden.

$$\beta^2 = 1{,}259 \cdot \frac{G}{N} + 4{,}0 \cdot \frac{F}{N}.$$

Die Bezugslast ist $N$.

Setzt man $G = N - F$ in die Gleichung ein, so wird

$$\beta^2 = 1{,}259 + 2{,}741 \cdot \frac{F}{N}. \qquad (2.3.4)$$

Klammert man 4,0 aus, erhält man

$$\beta^2 = 4{,}0 \cdot (0{,}31475 + 0{,}68525 \cdot F/N)$$

und anders geschrieben

$$\beta^2 = 4{,}0 \cdot \frac{1 + 2{,}18 \cdot F/N}{3{,}18}.$$

Diese Gleichung findet man auch, allerdings anders abgeleitet, in [2], Seite 48.

Beispiel

Die in Abb. (2.3.4b) dargestellte Wand ist mit $F = 11$ kN/m belastet. Die Eigenlast der Wand beträgt $G = 0{,}24 \cdot 18 \cdot 3{,}0 = 13$ kN/m. Die Gesamtlast ist dann $N = 11 + 13 = 24$ kN/m.

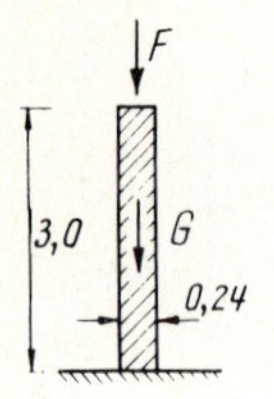


Abb. 2.3.4b Wand mit Kopflast

Nach Gleichung (2.3.4) ist

$\beta^2 = 1{,}259 + 2{,}741 \cdot \frac{11}{24} = 2{,}515$ und $\beta = 1{,}586$.

Die Knicklänge ist dann $s_K = h_K = 1{,}586 \cdot 3{,}0 = 4{,}76$ m.

Die Schlankheit $\lambda' = h_K/d$ wird $\lambda' = 4{,}76/0{,}24 = 19{,}82$.

Mit $\lambda' = 19{,}8 < 20$ darf diese Wand nach DIN 1053, Tabelle 11, mittig belastet werden.

Die Spannungen sind $\sigma = N/A = 24/1{,}0 \cdot 0{,}24 = 100$ kN/m² $= 0{,}1$ MN/m².

Es ist die Steinfestigkeitsklasse 20/III oder 28/II mit $\sigma_{zul} = 0{,}3$ MN/m² erforderlich.

Würde man den Einfluß der Eigenlast auf den Knicklängenbeiwert nicht berücksichtigen, dann wäre $\lambda' = (2{,}0 \cdot 3{,}0)/0{,}24 = 25 > 20$.

Eine Ausführung dieser Wand wäre dann nicht zulässig.

### 2.3.5 Elastisch eingespannte Kragstützen

Die elastische Einspannung solcher Stützen setzt sich meistens aus zwei Anteilen zusammen. Die Stütze kann konstruktiv nicht starr an das Fundament angeschlossen werden, und die Lagerung des Fundaments auf dem Baugrund kann nicht als starr angesehen werden.

Im allgemeinen ist die elastische Lagerung des Fundaments auf dem Baugrund von untergeordneter Bedeutung. Es wird auf [7] verwiesen. Der Verfasser hat sich dort eingehend mit dem Problem befaßt.

Die Herleitung der Formeln für den Knicklängenbeiwert soll nach dem Durchbiegeverfahren, Abschnitt 2.1.7, durchgeführt werden. Der Einfluß der Koppelstützen soll mit erfaßt werden. In der Abb. (2.3.5a) ist ein solches System dargestellt.

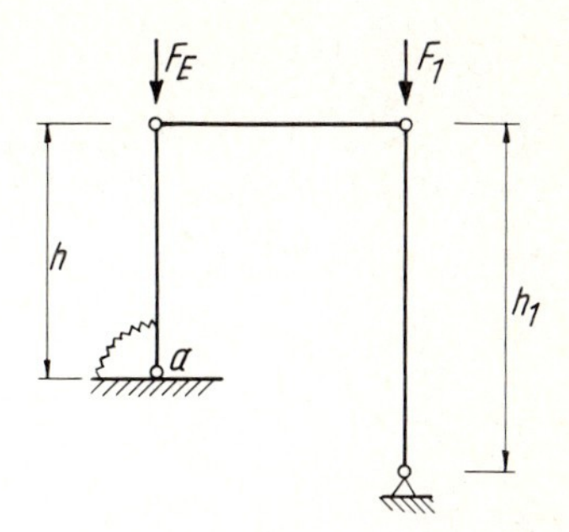


Abb. 2.3.5a
Elastisch eingespannte Stütze
mit Koppelstütze

Die Herleitung des Abschnittes 2.2 kann weitgehend übernommen werden. Sie ist um den Einfluß der Fußverdrehung zu ergänzen. Die Fußverdrehung ist

$$\varphi_a = M_a/c_D,$$

wobei $c_D$ die Federkonstante der elastischen Einspannung ist. In der Abb. (2.3.5b) ist der Verformungszustand nach Theorie II. Ordnung dargestellt.

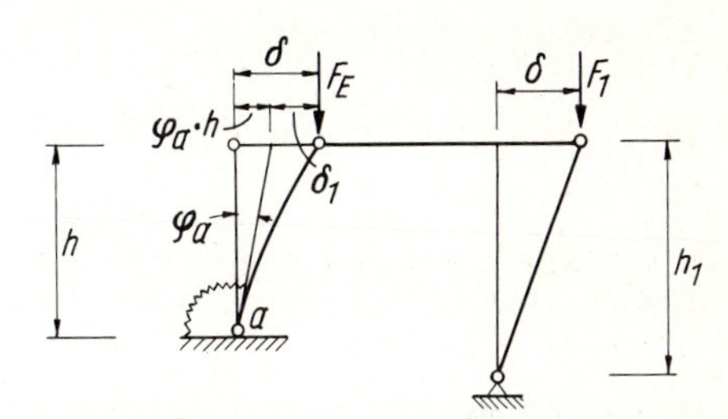


Abb. 2.3.5b
Verformtes System

Die Verformung setzt sich aus dem Linearanteil $\varphi_a \cdot h$ und dem sinusförmigen Anteil $\delta_1$ zusammen.

Vereinfachend und auf der sicheren Seite liegend wird angenommen, daß die Form der Momentenlinie eine Sinuslinie ist. Die Momentenlinien sind in der Abb. (2.3.5c) dargestellt.

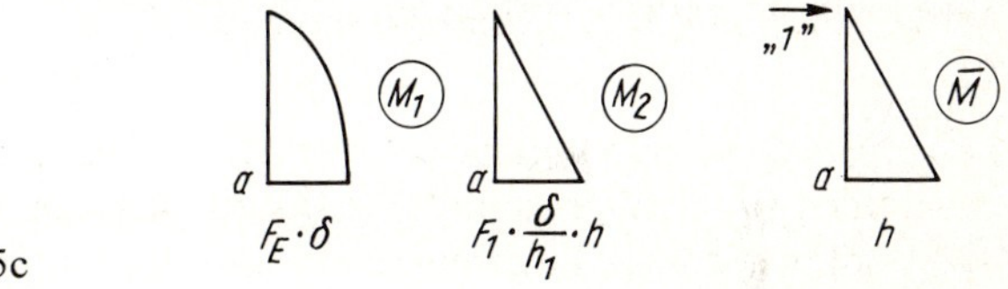


Abb. 2.3.5c

Die Verformungsberechnung muß hier noch um den Anteil der Feder erweitert werden.

$$\delta = \int \frac{M \cdot \bar{M}}{EI} \cdot \mathrm{d}s + \bar{M}_a \cdot \varphi_a$$

mit $\bar{M}_a = h$ und

$$\varphi_a = \frac{F_E \cdot \delta + F_1 \cdot \frac{h}{h_1} \cdot \delta}{c_D}.$$

Mit den bekannten Integrationsformeln erhält man

$$\delta = \frac{1}{EI} \cdot \left(\frac{4}{\pi^2} \cdot h^2 \cdot F_E \cdot \delta + \frac{1}{3} \cdot h^2 \cdot F_1 \cdot \frac{h}{h_1} \cdot \delta\right) + h \cdot \frac{F_E + F_1 \cdot \frac{h}{h_1}}{c_D} \cdot \delta.$$

Multipliziert man die Gleichung mit $\frac{\pi^2 \cdot EI}{h^2 \cdot \delta}$ und klammert $F_E$ aus, so ergibt sich

$$\frac{EI \cdot \pi^2}{h^2} = F_E \cdot \left[4 + \frac{\pi^2}{3} \cdot \frac{F_1 \cdot \frac{h}{h_1}}{F_E} + \frac{EI \cdot \pi^2}{c_D \cdot h} \cdot \left(1 + \frac{F_1 \cdot \frac{h}{h_1}}{F_E}\right)\right].$$

Man kann die Formel verallgemeinern, wenn man für $F_1$ $\sum F_i$ setzt.

Als Abkürzung wird wieder

$$\bar{n} = \frac{\sum F_i \cdot \frac{h}{h_i}}{F_E} \qquad (2.3.5a)$$

gesetzt. Damit kann man den Knicklängenbeiwert aus der Formel

$$\beta^2 = 4 + \frac{\pi^2}{3} \cdot \bar{n} + \frac{EI \cdot \pi^2}{c_D \cdot h} \cdot (1 + \bar{n}) \qquad (2.3.5b)$$

errechnen. Sind keine Koppellasten vorhanden, so wird aus der Gleichung (2.3.5b)

$$\beta^2 = 4 + \frac{EI \cdot \pi^2}{c_D \cdot h}.$$

Diese Formel findet man auch in der Literatur an anderen Stellen, z. B. in [17].

Sind mehrere Federn vorhanden, so addieren sich die Federkonstanten reziprok.

$$\frac{1}{c_D} = \sum \frac{1}{c_{Di}}. \qquad (2.3.5c)$$

### 2.3.5.1 Beispiel für eine elastisch eingespannte Kragstütze

In Abb. (2.3.5d) ist eine elastisch eingespannte Stütze, die zwei Koppelstützen halten muß, dargestellt. Der Knicklängenbeiwert $\beta$ für diese Stütze soll ermittelt werden.

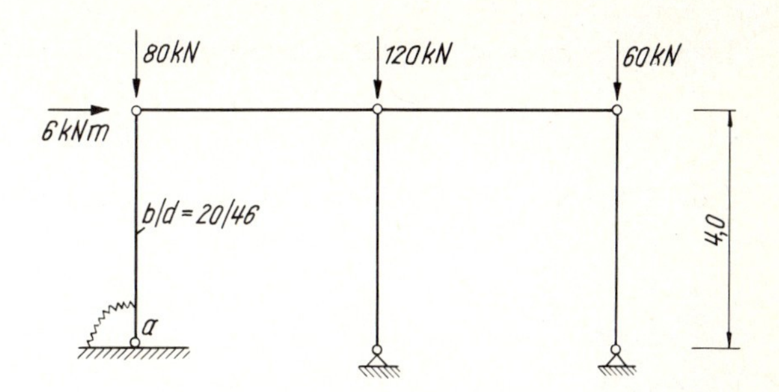


Abb. 2.3.5d

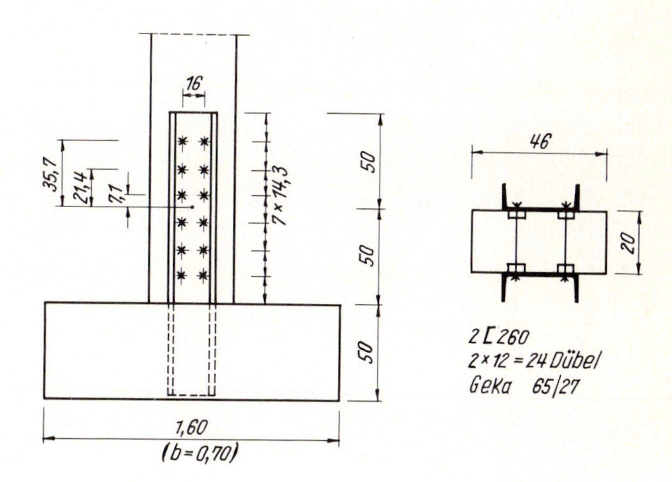


Abb. 2.3.5e

In Abb. (2.3.5e) ist die elastische Einspannung dargestellt. Sie setzt sich aus drei Anteilen zusammen.

1. die Verdrehung des Fundamentes auf der Bodenfuge,
2. die Verdrehung der im Fundament eingespannten Stahlstütze und
3. die Verdrehung durch die Nachgiebigkeit des Dübelanschlusses.

Zu 1.:
Die elastische Bodeneinspannung wird nach [7], Seite 56ff., behandelt.

Danach ist

$$c_{D1} = C_{dyn} \cdot I'_A,$$

wobei

$$C_{dyn} = \frac{4 \cdot E_{dyn}}{\sqrt{A}}$$

die dynamische Bettungsziffer des Bodens ist. In anderer Literatur werden statt der dynamischen Größen $C_{dyn}$ und $E_{dyn}$ die statischen Größen $C_{stat}$ und $E_{stat}$ verwendet. Sie liegen auf der sicheren Seite und sollen im vorliegenden Beispiel auch gebraucht werden. Für mitteldichten Sand wird hier $E_{stat} = 120\,000\,\text{kN/m}^2$ angenommen.

Damit werden nach [7] und der Abb. (2.3.5e)

$$I'_A = f_1 \cdot I_A = 0{,}5 \cdot \frac{1}{12} \cdot 0{,}7 \cdot 1{,}6^3 = 0{,}1195\,\text{m}^4,$$

$$A = 1{,}6 \cdot 0{,}7 = 1{,}12\,\text{m}^2$$

$$C_{\text{stat}} = \frac{4 \cdot E_{\text{stat}}}{\sqrt{A}} = \frac{4 \cdot 120\,000}{\sqrt{1{,}12}} = 4{,}54 \cdot 10^5\,\text{kN/m}^3,$$

und

$$c_{D1} = C_{\text{stat}} \cdot I'_A = 4{,}54 \cdot 10^5 \cdot 0{,}1195 = 54{,}2 \cdot 10^3\,\text{kNm}.$$

Zu 2.:
Die Federkonstante für eine Verdrehung ist allgemein $c = 1/\delta_n$, wobei $\delta_{11}$ die Verdrehung infolge des virtuellen Momentes 1 ist.

In Abb. (2.3.5f) ist das System dargestellt.

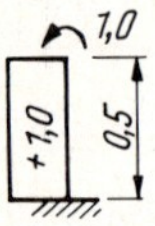

1,0
+1,0
0,5

Abb. 2.3.5f

$$\delta_{11} = \frac{1}{EI} \cdot 0{,}5 \cdot 1{,}0^2 = \frac{0{,}5}{EI}$$

$$c_{D2} = \frac{EI}{0{,}5}\,\text{kNm}$$

$$c_{D2} = \frac{2{,}1 \cdot 10^8 \cdot 2 \cdot 4820 \cdot 10^{-8}}{0{,}5} = 40{,}50\,\text{kNm}.$$

Zu 3.:
Nach [17], Seite 41, ist die Drehfederkonstante für die Nachgiebigkeit eines Dübelanschlusses

$$c_{D3} = C_v \cdot \sum n_i \cdot r_i^2\,[\text{kNm}],$$

wobei $C_V$ der DIN 1052 Teil 1, Tabelle 3, entnommen werden kann.

Für das vorliegende Beispiel ist

$$C_V = 15 \cdot 10^3\,\text{N/mm} = 15 \cdot 10^3\,\text{kNm}.$$

Nach Abb. (2.35c) werden

$$r_1 = \sqrt{35{,}7^2 + 8^2} = 36{,}6\,\text{cm}, \quad r_2 = \sqrt{21{,}4^2 + 8^2} = 22{,}8\,\text{cm},$$

$$r_3 = \sqrt{7{,}1^2 + 8^2} = 10{,}7\,\text{cm} \quad \text{und}$$

$$\sum n_i \cdot r_i^2 = 8 \cdot (0{,}366^2 + 0{,}228^2 + 0{,}107^2) = 1{,}58\,\text{m}^2.$$

Damit wird $c_{D3} = 15 \cdot 10^3 \cdot 1{,}58 = 23{,}7 \cdot 10^3\,\text{kNm}.$

Nach Gl. (2.3.5c) ist die zusammengesetzte Drehsteifigkeit

$$\frac{1}{c_D} = \frac{1}{c_{D1}} + \frac{1}{c_{D2}} + \frac{1}{c_{D3}} = 10^3 \cdot \left(\frac{1}{54{,}2} + \frac{1}{40{,}5} + \frac{1}{23{,}7}\right) = 11{,}72 \cdot 10^3 \,\text{kNm}.$$

Mit

$$E_H \cdot I_H = 0{,}1 \cdot 10^8 \cdot 162\,200 \cdot 10^{-8} = 16\,220 \,\text{kNm}^2,$$

den Gleichungen (2.3.5a) und (2.3.5b) erhält man

$$\bar{n} = \frac{120 + 60}{80} = 2{,}25 \quad \text{und}$$

$$\beta_H^2 = 4 + \frac{\pi^2}{3} \cdot 2{,}25 + \frac{16\,220 \cdot \pi^2}{11{,}72 \cdot 10^3 \cdot 4{,}0} \cdot (1 + 2{,}25) = 4{,}00 + 7{,}40 + 11{,}10$$

$$\beta_H^2 = 22{,}5 \Rightarrow \beta_H = 4{,}74,$$

$$s_K = \beta \cdot h = 4{,}74 \cdot 4{,}0 = 18{,}97 \,\text{m}.$$

Der Anteil durch die elastische Einspannung ist etwa ebensogroß wie die beiden anderen Anteile zusammen.

Die Flächenwerte für die Holzstütze sind $A = 920 \,\text{cm}^2$, $W = 7060 \,\text{cm}^3$, $i_y = 13{,}28 \,\text{cm}$, $\lambda = 18{,}97/0{,}1328 = 142{,}8$ und $\omega = 6{,}13$.

Die Vergleichsspannung ist dann mit $M_a = 6{,}0 \cdot 4{,}00 = 24 \,\text{kNm}$.

$$\sigma = \frac{80 \cdot 6{,}13 \cdot 10}{920} + 0{,}85 \cdot \frac{24 \cdot 1000}{7060}$$

$$\sigma = 5{,}33 + 2{,}89 = 8{,}22 \,\text{N/mm}^2 < 1{,}15 \cdot 8{,}5 = \sigma_{zul}$$

Die Knicklänge, bezogen auf den Stahlquerschnitt, wird nach Gl. (2.2j) mit

$$\beta_i = \beta \cdot \sqrt{\frac{E_i \cdot I_i}{EI}} = 4{,}74 \cdot \sqrt{\frac{2{,}1 \cdot 9640}{16\,220}} = 5{,}30 \Rightarrow$$

$$s_K = 5{,}30 \cdot 4{,}0 = 21{,}18 \,\text{m}.$$

Die Flächenwerte für den Stahlquerschnitt sind $A = 96{,}6 \,\text{cm}^2$, $W_y = 742 \,\text{cm}^3$, $I_y = 9640 \,\text{cm}^4$, $i_y = 9{,}99 \,\text{cm}$, $\lambda = 2118/9{,}99 = 212$ und $\omega = 7{,}59$.

Die Vergleichsspannung ist dann

$$\sigma_w = \frac{80 \cdot 7{,}59 \cdot 10}{96{,}6} + 0{,}9 \cdot \frac{24 \cdot 1000}{742}$$

$$\sigma_w = 62{,}9 + 29{,}1 = 92{,}0 \,\text{N/mm}^2 < 160 = \sigma_{zul}.$$

## 2.4 Statisch unbestimmte Systeme

In den bisherigen Abhandlungen wurden nur statisch bestimmte Systeme behandelt. Als erstes statisch unbestimmtes System soll der einseitig fest eingespannte Balken auf zwei Stützen betrachtet werden. In Abb. (2.4) ist ein solches System dargestellt.

Die Momentengleichung lautet, wenn man das Koordinatensystem in das frei drehbare Lager legt,

$$M = V_a \cdot x + F \cdot w. \tag{2.4}$$

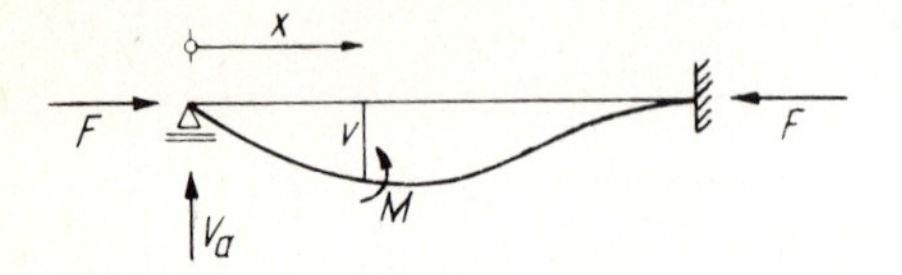


Abb. 2.4 Einseitig fest eingespannter Balken auf zwei Stützen

### 2.4.1 Lösung des Problems mit der zugehörigen Differentialgleichung

Setzt man $M = -EI \cdot w''$, so wird

$$EI \cdot w'' + F \cdot w + V_a \cdot x = 0.$$

Teilt man diese Gleichung durch $EI$, so erhält man

$$w'' + \frac{F}{EI} \cdot w + \frac{V_a}{EI} \cdot x = 0.$$

Mit $\lambda^2 = F/EI$ erhält man die nicht homogene Differentialgleichung

$$w'' + \lambda^2 \cdot w + \lambda^2 \cdot \frac{V_a}{F} \cdot x = 0.$$

Die allgemeine Lösung dieser Gleichung erhält man, wenn man zur Lösung der homogenen Differentialgleichung die partikulare Lösung addiert. Sie lautet

$$w = A \cdot \sin \lambda x + B \cdot \cos \lambda x - \frac{V_a}{F} \cdot x.$$

Mit der Randbedingung $w(0) = 0$ wird $B = 0$.

Die erste Ableitung lautet jetzt

$$w' = A \cdot \lambda \cdot \cos \lambda x - \frac{V_a}{F}.$$

Mit den Randbedingungen $w(l) = 0$ und $w'(l) = 0$ ergeben sich

$$0 = A \cdot \sin \lambda l - \frac{V_a}{F} \cdot l \text{ und } 0 = A \cdot \lambda \cdot \cos \lambda l - \frac{V_a}{F} \cdot 1{,}0.$$

Die Null gesetzte Nennerdeterminante ist

$$\sin \lambda l - \lambda \cdot l \cdot \cos \lambda l = 0.$$

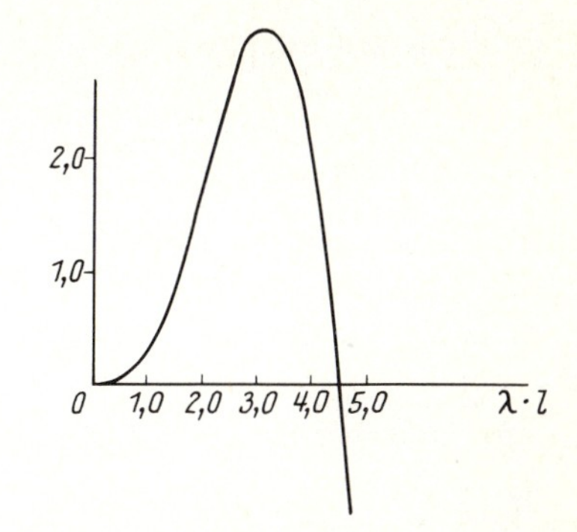


Abb. 2.4.1a Grafische Lösung der Nennerdeterminante

In Abb. (2.4.1a) ist die grafische Lösung der Nennerdeterminante dargestellt. Man kann den Wert $\lambda \cdot l = 4{,}5$ ablesen. Dieser Wert wurde durch Rechnung verbessert und ergibt $\lambda \cdot l = 4{,}4934$.

Damit wird $(\lambda \cdot l)^2 = 20{,}19064$.

Setzt man diesen Wert ein, so erhält man

$$F_{\mathrm{krit}} = \frac{20{,}19064 \cdot EI}{l^2}.$$

Mit $\beta^2 = \pi^2/20{,}19064 = 0{,}488821$

wird der Knicklängenbeiwert $\beta = 0{,}6992$.

### *2.4.1.1 Die Form der Biegelinie und der Momentenlinie*

Aus den Gleichungen, die zur Nennerdeterminante führen, kann man eine der beiden Unbekannten eleminieren.

Wählt man die zweite der beiden Gleichungen, dann erhält man

$$V_a/F = A \cdot \lambda \cdot \cos\lambda l = (A/l) \cdot (\lambda \cdot l) \cdot \cos\lambda l.$$

Mit der Lösung $\lambda \cdot l = 4{,}4934$ wird daraus

$$\frac{V_a}{F} = A \cdot \frac{1}{l} \cdot 4{,}4934 \cdot \cos 4{,}4934 = \frac{A}{l}(-0{,}9762).$$

Setzt man diesen Ausdruck in die Gleichung für $w$ ein, so erhält man

$$w = A \cdot \left(\sin\lambda l\xi + 0{,}9762 \frac{1}{l} \cdot l \cdot \xi\right)$$

$$= A \cdot (\sin\lambda l\xi + 0{,}9762 \cdot \xi).$$

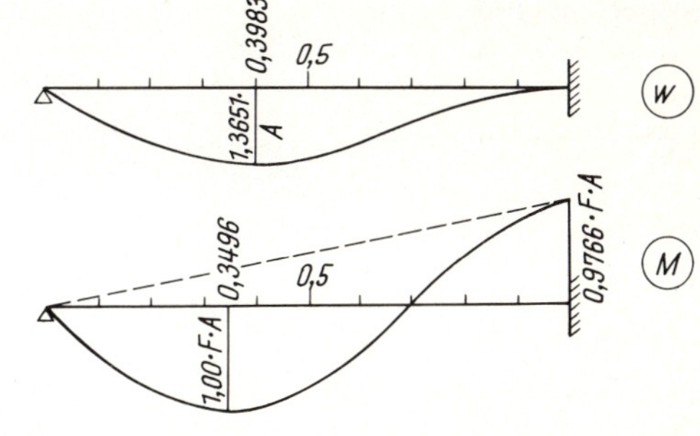


Abb. 2.4.1b Biegelinie und Momentenlinie

Differenziert man zweimal nach $x$, so ergibt sich

$$w'' = A \cdot \frac{1}{l^2}(-\lambda^2 \cdot l^2 \cdot \sin \lambda l \xi).$$

Mit $M = -EI \cdot w''$ erhält man

$$M = \frac{EI}{l^2} \cdot A \cdot \lambda^2 \cdot l^2 \cdot \sin \lambda l \xi = EI \cdot \lambda^2 \cdot A \cdot \sin \lambda l \xi.$$

Setzt man wieder $\lambda^2 = F/EI$, so wird die Momentengleichung

$$M = F \cdot A \cdot \sin \lambda l \xi.$$

In Abb. (2.4.1b) sind die Biegelinie und die Momentenlinie dargestellt.

*2.4.1.2 Formulierung des Problems als statisch unbestimmte Berechnung.*

Wie man aus Abb. 2.4.1b erkennen kann, setzt sich die Momentenlinie aus zwei Anteilen zusammen. Der eine Anteil ist abhängig von der Form der Biegelinie, der andere ist dreieckförmig.

Die Größe der Dreiecksordinate ist von der statisch unbestimmten Lagerung abhängig.

Formt man die Momentengleichung um, so erhält man

$$M = F \cdot [A \cdot (\sin \lambda l \xi + 0{,}9762 \cdot \xi) - A \cdot 0{,}9762 \cdot \xi].$$

Der erste Term der eckigen Klammer ist die Biegelinie $w$.

Damit wird

$$M = F \cdot w - F \cdot A \cdot 0{,}9762 \cdot \xi.$$

Man kann diese Momentenlinie als statisch unbestimmte Berechnung formulieren.

$M = M_0 + X_1 \cdot M_1$, wobei $M_0 = F \cdot w$ der Lastspannungszustand, $M_1 = \xi$ der Eigenspannungszustand, $X_1 = 1$ und $X_1 = -F \cdot A \cdot 0{,}9762$ die statisch Unbestimmten sind.

Zum Beweis für diese Behauptung soll für das vorliegende System eine statisch unbestimmte Berechnung durchgeführt werden.

In Abb. (2.4.1c) sind der Lastspannungszustand $M_0 = F \cdot w$ und der Eigenspannungszustand $X_1 = 1$ am statisch bestimmten Hauptsystem dargestellt.

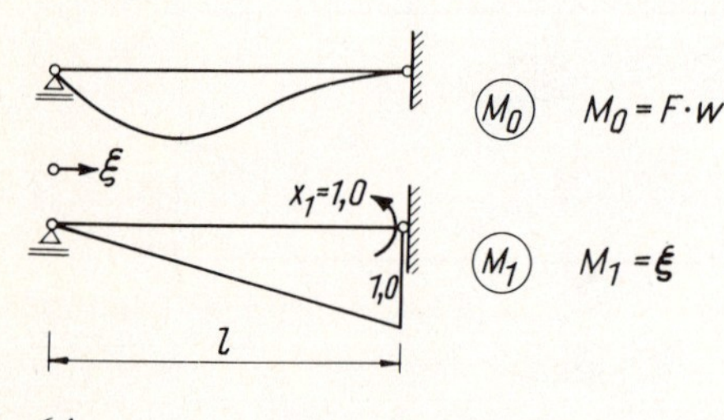


Abb. 2.4.1c Lastspannungszustand und Eigenspannungszustand

Als Biegelinie wird $w = A \cdot (\sin 4{,}4934\xi + 0{,}9762 \cdot \xi)$ angenommen. Die Verschiebungen sind

$$\delta'_{11} = \tfrac{1}{3} \cdot l \cdot 1{,}0^2 = \tfrac{1}{3} \cdot l \quad \text{und}$$

$$\delta'_{10} = F \cdot A \cdot \int_0^l (\xi \cdot \sin \underset{\lambda \cdot l}{\underbrace{4{,}4934}}\ \xi + 0{,}9762\xi^2)\,\mathrm{d}x.$$

Führt man die Integration aus, so erhält man

$$\delta'_{10} = F \cdot A \cdot l \left| \frac{\sin \lambda l \cdot \xi}{\lambda^2 \cdot l^2} - \frac{\xi \cdot \cos \lambda l}{\lambda \cdot l} + \tfrac{1}{3} \cdot 0{,}9762 \cdot \xi^3 \right|_0^1 .$$

Setzt man die Grenzen ein und formt um, so wird

$$\delta'_{10} = F \cdot A \cdot l \cdot \left[ \frac{1}{\lambda^2 l^2} \underbrace{(\sin \lambda l - \lambda l \cdot \cos \lambda l)}_{0} + \tfrac{1}{3} \cdot 0{,}9762 \right].$$

Der erste Term ist die Nennerdeterminante und damit Null. Die Verschiebung wird dann

$$\delta'_{10} = F \cdot A \cdot \tfrac{1}{3} \cdot l \cdot 0{,}9762 \quad \text{und}$$

$$X_1 = -\frac{\delta'_{10}}{\delta'_{11}} = -\frac{F \cdot A \cdot \frac{1}{3} \cdot l \cdot 0{,}9762}{\frac{1}{3} \cdot l} = -F \cdot A \cdot 0{,}9762.$$

Damit wird das Moment, genau wie angenommen,

$$M = F \cdot w - F \cdot A \cdot 0{,}9762 \cdot \xi.$$

Von dieser Formulierung wird im Abschnitt 2.4.3 Gebrauch gemacht werden. Sie eignet sich sehr gut, um bei beliebigen unbestimmten Systemen den Knicklängenbeiwert näherungsweise zu bestimmen.

### 2.4.2 Allgemeine Lösung der Differentialgleichung, dargestellt am beidseitig eingespannten Balken

Differenziert man die Differentialgleichung (2.1 d) zweimal, so erhält man

$$(w'' + \lambda^2 \cdot w)'' = w'''' + (\lambda^2 \cdot w)'' = 0.$$

Ist $EI$ konstant, dann wird

$$w'''' + \lambda^2 \cdot w'' = 0.$$

Die allgemeine Lösung dieser Gleichung ist

$$w = A \cdot \sin \lambda x + B \cdot \cos \lambda x + C \cdot x + D.$$

Die zugehörigen Ableitungen sind

$$w' \;=\; \lambda \cdot A \cdot \cos \lambda x - \lambda \cdot B \cdot \sin \lambda x + C$$

$$w'' \;=\; -\lambda^2 \cdot A \cdot \sin \lambda x - \lambda^2 \cdot B \cdot \cos \lambda x$$

$$w''' \;=\; -\lambda^3 \cdot A \cdot \cos \lambda x + \lambda^3 \cdot B \cdot \sin \lambda x$$

$$w'''' = \lambda^4 \cdot A \cdot \sin \lambda x + \lambda^4 \cdot B \cdot \cos \lambda x.$$

Mit diesen Gleichungen kann man die vier Randbedingungen des allgemeinen Falles erfassen.

Beim Balken auf zwei Stützen wäre

$w(0) = w''(0) = 0 \Rightarrow D = 0$ und $B = 0$.

Für $w(l) = w''(l) = 0$ ergeben sich die Gleichungen

$A \cdot \sin \lambda l + C \cdot l = 0$ und $-\lambda^2 \cdot A \cdot \sin \lambda l = 0$.

Die erste Gleichung ergibt $C = 0$, und die zweite kann nur Null werden, wenn $\sin \lambda l = 0$ ist.

Der weitere Lösungsweg ist aus Abschnitt 2.1.1 zu ersehen.

Beim beidseitig eingespannten Balken sind die Randbedingungen

$w(0) = w'(0) = 0$.

Damit wird

$$A \cdot \sin 0 + B \cdot 1{,}0 + C \cdot 0 + D = 0 \Rightarrow D = -B$$

und

$$A \cdot \lambda \cdot 1{,}0 - B \cdot \lambda \cdot 0 + C = 0 \Rightarrow C = -A \cdot \lambda.$$

Die beiden weiteren Randbedingungen sind $w(l) = w'(l) = 0$.

Diese ergeben die Gleichungen

$A \cdot \sin \lambda l + B \cdot \cos \lambda l + C \cdot l + D = 0$ und

$A \cdot \lambda \cdot \cos \lambda l - B \cdot \lambda \cdot \sin \lambda l + C = 0.$

Setzt man die Ausdrücke für $C$ und $D$ ein, klammert aus und kürzt durch $\lambda$, so erhält man

$A \cdot (\sin \lambda l - \lambda l) + B \cdot (\cos \lambda l - 1) = 0$ und

$A \cdot (\cos \lambda l - 1) - B \cdot (\sin \lambda l) = 0.$

Dieses Gleichungssystem hat nur eine Lösung, wenn die Nennerdeterminante zu Null wird.

Die Null gesetzte Nennerdeterminante lautet

$$(\sin \lambda l - \lambda l) \cdot (\sin \lambda l) + (\cos \lambda l - 1)^2 = 0.$$

Nach Multiplikation und Zusammenfassung erhält man

$\lambda \cdot l \cdot \sin \lambda l + 2 \cdot (\cos \lambda l - 1) = 0.$

In Abb. (2.4.2a) ist die grafische Lösung dieser Gleichung dargestellt.

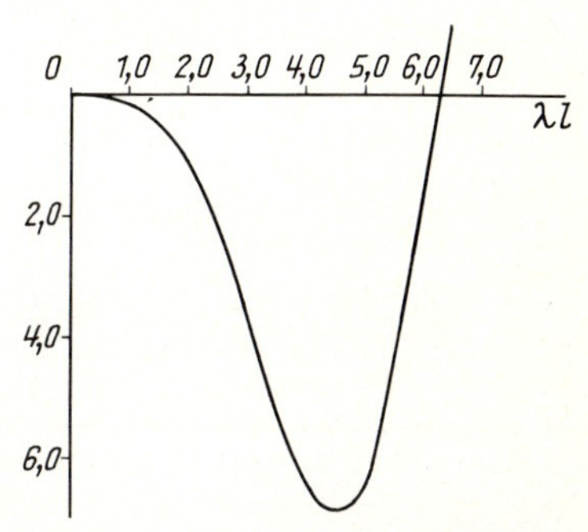


Abb. 2.4.2a Grafische Lösung der Nennerdeterminante

Aus der Kurve kann man bei $\lambda l = 6{,}3$ die Nullstelle ablesen.

Aus dem Aufbau der Nennerdeterminante kann man erkennen, daß der genaue Wert $\lambda l = 2 \cdot \pi$ ist.

Damit wird

$$F_{\text{krit}} = \frac{4 \cdot \pi^2 \cdot EI}{l^2}.$$

Mit $\beta^2 = \dfrac{\pi^2}{4 \cdot \pi^2} = 0{,}25$ ergibt sich $\beta = \sqrt{0{,}25} = 0{,}5$.

*2.4.2.1 Die Form der Biegelinie und der Momentenlinie*

Aus den Gleichungen, die zur Nennerdeterminante führen, kann man wiederum eine Unbekannte eleminieren.

Eleminiert man $B$ aus der ersten Gleichung, so erhält man

$$B = -A \frac{\sin \lambda l - \lambda l}{\cos \lambda l - 1}.$$

Setzt man $\lambda l = 2 \cdot \pi$ ein, dann ergibt sich

$$B = -A \cdot \frac{0 - 2 \cdot \pi}{1 - 1} = \infty.$$

Dieser Ausdruck ist unbrauchbar. Man muß daher $A$ eleminieren.

Dann ergibt sich $A = -\dfrac{B \cdot 0}{2 \cdot \pi} = 0$. Nun ist die Lösung brauchbar und lautet

$w = B \cdot (\cos \lambda l \xi - 1)$ oder als positiver Ausdruck

$w = B \cdot (1 - \cos \lambda l \xi).$

Die Ableitungen sind

$w' = B \cdot \lambda \cdot \sin \lambda l \xi$ und

$w'' = B \cdot \lambda^2 \cdot \cos \lambda l \xi$. Darin ist $\lambda l = 2 \cdot \pi$.

Das Biegemoment wird mit $M = - EI \cdot w''$ und $\lambda^2 = F/EI$

$$M = -EI \cdot B \cdot \frac{F}{EI} \cdot \cos \lambda l \xi = -F \cdot B \cdot \cos 2\pi\xi.$$

Setzt man $\xi = 0$ oder $\xi = 1$ ein, so wird $M_a = M_b = -F \cdot B \cdot 1{,}0$.

Setzt man $\xi = 0{,}5$ ein, so wird das Feldmoment $M_{Feld} = +F \cdot B \cdot 1{,}0$.

Feldmoment und Stützmoment sind absolut gesehen gleich groß.

In Abb. (2.4.2b) sind die Biegelinie und die Momentenlinie dargestellt.

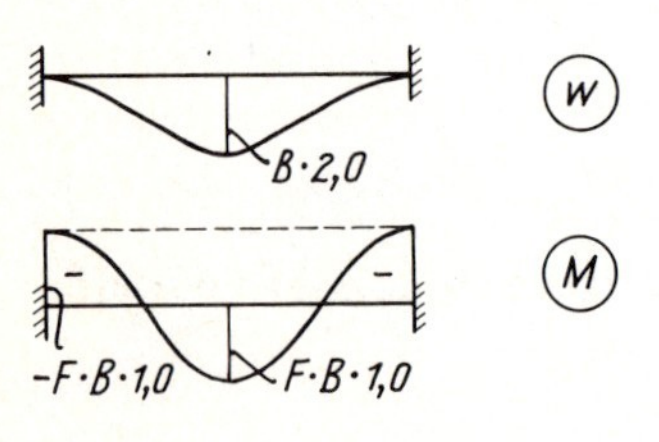


Abb. 2.4.2b Biegelinie und Momentenlinie

*2.4.2.2 Berechnung als unbestimmtes System.* Analog zu 2.4.1.2 ist auch hier eine statisch unbestimmte Berechnung möglich.

In Abb. (2.4.2c) sind der Lastspannungszustand $M_0 = F \cdot w$ und der Eigenspannungszustand $X_1 = 1$ am statisch bestimmten Hauptsystem dargestellt.

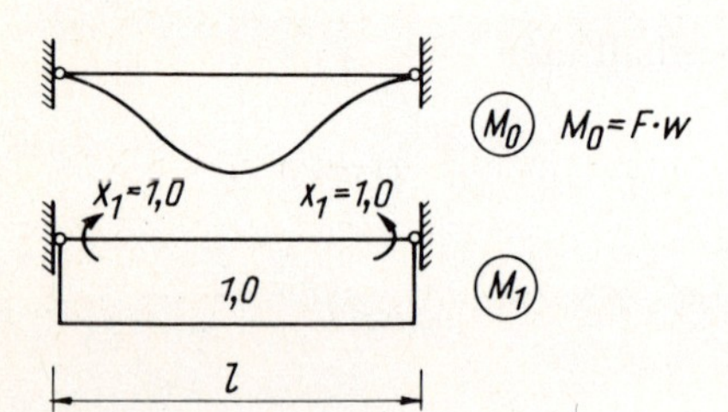


Abb. 2.4.2c Lastspannungszustand und Eigenspannungszustand

Als Biegelinie wird $w = B \cdot (1 - \cos \underbrace{\lambda l}_{2\pi} \xi)$ angenommen.

Die Verschiebungen sind

$$\delta'_{11} = 1{,}0^2 \cdot l \quad \text{und}$$

$$\delta'_{10} = F \cdot B \cdot l \cdot \int_0^1 (1 - \cos 2\pi\,\xi) \cdot d\xi.$$

Führt man die Integration durch, so ergibt sich

$$\delta'_{10} = F \cdot B \cdot l \cdot \left| \xi - \frac{1}{2\pi} \cdot \sin 2\pi\,\xi \right|_0^1.$$

Setzt man die Grenzen ein, so wird, da der Sinusterm Null ist,

$$\delta'_{10} = F \cdot B \cdot l \cdot 1{,}0.$$

Die statische Unbestimmte ist damit

$$X_1 = -\frac{\delta'_{10}}{\delta'_{11}} = -\frac{F \cdot B \cdot l \cdot 1{,}0}{1{,}0 \cdot l} = -F \cdot B \cdot 1{,}0.$$

Die Einspannmomente sind dann $M_a = M_b = -F \cdot B \cdot 1{,}0$ und das Feldmoment $M_{Feld} = -F \cdot B \cdot 1{,}0 + F \cdot B \cdot 2{,}0 = F \cdot B \cdot 1{,}0$.

Das sind die gleichen Werte wie oben.

### 2.4.3 Eine Näherungslösung für statisch unbestimmt gelagerte Knickstäbe mit Hilfe der Integralgleichungen

In Abschnitt 2.4.1.2 und Abschnitt 2.4.2.2 wurde die Momentenlinie des Knickstabes als statisch unbestimmtes Problem formuliert. Ganz allgemein kann man sagen

$M = M_0 + \sum_j X_j \cdot M_j$, wobei $M_0 = F \cdot w$ der Lastspannungszustand, $M_j$ die Eigenspannungszustände $X_j = 1$ und $X_j$ die statisch Unbestimmten sind.

$w$ ist die wirkliche Biegelinie. Da die wirkliche Biegelinie aber erst ein Ergebnis der Lösung des Problems ist, muß sie bei diesem Näherungsverfahren sinnvoll angenommen werden.

Die Randbedingungen der gewählten Funktion müssen möglichst gut mit der Wirklichkeit übereinstimmen.

Analog zu Abschnitt 2.1.7 kann man wieder die Durchbiegung eines markanten Punktes mit dem Integral

$$w_m = \int_0^s \frac{M \cdot \bar{M}}{EI} \cdot ds$$

berechnen. Aus diesem Ansatz läßt sich $F_{krit}$ oder auch $\beta^2$ bestimmen. Die Durchbiegung $w_m$ fällt bei dem Eigenwertproblem heraus.

$M$ und $\bar{M}$ sind die Momentenlinien am statisch unbestimmten System.

Nach dem Reduktionssatz kann man schreiben

$$w_m = \int_0^s \frac{M_0 \cdot \bar{M}}{EI} \cdot ds,$$

wobei $M_0 = F \cdot w$ die Momentenlinie an einem zweckmäßig gewählten statisch bestimmten Hauptsystem und $\bar{M}$ die virtuelle Momentenlinie am unbestimmten System sind.

Diese etwas ungewöhnliche Formulierung des Reduktionssatzes hat den Vorteil, daß die Biegelinie $w$ nicht in die statisch unbestimmte Berechnung eingeht. Die statisch unbestimmte Berechnung ist für die virtuelle Last „1" durchzuführen. Die folgenden Beispiele zeigen den Berechnungsgang.

*2.4.3.1 Näherungslösung für den beidseitig eingespannten Balken auf zwei Stützen*

In Abb. (2.4.3a) ist der beidseitig eingespannte Balken mit der angenommenen Biegelinie dargestellt.

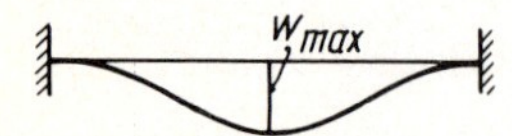


Abb.2.4.3a Beidseitig eingespannter Balken mit angenommener Biegelinie

Als Näherungsfunktion kann man nach Tabelle (1.6.3a)

$$w = \tfrac{1}{2} \cdot w_{max} \cdot \left(1 - \cos 2\pi \frac{x}{l}\right) \text{ annehmen.}$$

In Abb. (2.4.3b) sind die Momentenlinien $M_0 = F \cdot w$ und $\bar{M}$ dargestellt.

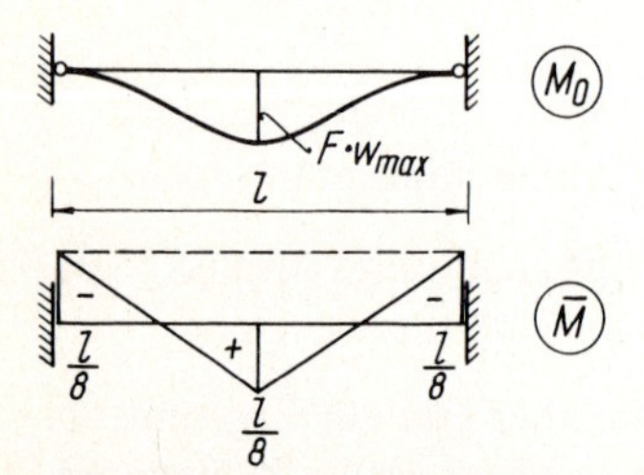


Abb. 2.4.3b $M_0$ und $\bar{M}$

Die Form von $\bar{M}$ kann leicht errechnet oder einem Tabellenwerk entnommen werden.

Die Überlagerung nach Tabelle (1.6.3a) ergibt

$$w_{max} = \frac{1}{EI} \cdot \left(\frac{3{,}47}{\pi^2} \cdot l \cdot F \cdot w_{max} \cdot \frac{l}{4} - \frac{1}{2} \cdot l \cdot F \cdot w_{max} \cdot \frac{l}{8}\right).$$

Multipliziert man die Gleichung mit $(EI \cdot \pi^2)/(w_{max} \cdot l^2)$ und klammert $F$ aus, so erhält man

$$\frac{EI \cdot \pi^2}{l^2} = F \cdot \left(\frac{3{,}47}{4} - \frac{\pi^2}{16}\right) = F \cdot 0{,}25.$$

Analog Gleichung (2.2d) ist dann $\beta^2 = 0{,}25$ und damit $\beta = 0{,}5$.

Das ist der genaue Wert.

### 2.4.3.2 *Näherungslösung für den einseitig eingespannten Balken auf zwei Stützen*

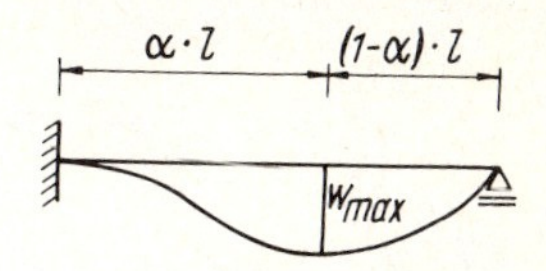


Abb. 2.4.3c
Angenommene Biegelinie des einseitig starr eingespannten Balkens

Als Biegelinie wird im linken Teil die Gleichung nach Tabelle (1.6.3a)

$$w = \tfrac{1}{2} \cdot w_{\text{max}} \cdot \left(1 - \cos\frac{\pi \cdot x}{\alpha \cdot l}\right)$$

und im rechten Teil die Sinuslinie

$$w = w_{\text{max}} \cdot \sin\frac{\pi \cdot x'}{(1-\alpha) \cdot 2 \cdot l}$$

angenommen. Dabei muß der Wert für $\alpha$ geschätzt werden. Es wird hier mit $\alpha = 0{,}6$ gerechnet. Eine genaue Berechnung hat ergeben, daß die Ergebnisse sich in der Spanne von $\alpha = 0{,}55$ bis $\alpha = 0{,}70$ kaum ändern. Die Schätzung für $\alpha$ ist also fehlerunempfindlich.

In Abb. (2.4.3d) sind die Momentenlinie $M_0 = F \cdot w$ und $\bar{M}$ dargestellt. Für das Stützmoment $M_a$ ergibt sich nach einem Tabellenwerk

$$\bar{M}_{\text{a}} = -\frac{a \cdot b}{2 \cdot l}(1 + \beta) = -\frac{0{,}6 \cdot l \cdot 0{,}4 \cdot l}{2 \cdot l} \cdot (1 + 0{,}4) = -0{,}168 \cdot l.$$

Das Feldmoment wird dann

$$\bar{M}_{\text{Feld}} = \frac{1{,}0 \cdot a \cdot b}{l} + M_{\text{a}} \cdot \frac{b}{l} = \frac{1{,}0 \cdot 0{,}6 \cdot l \cdot 0{,}4 \cdot l}{l} - 0{,}168 \cdot l \cdot \frac{0{,}4 \cdot l}{l}$$

$$\bar{M}_{\text{Feld}} = +0{,}1728 \cdot l.$$

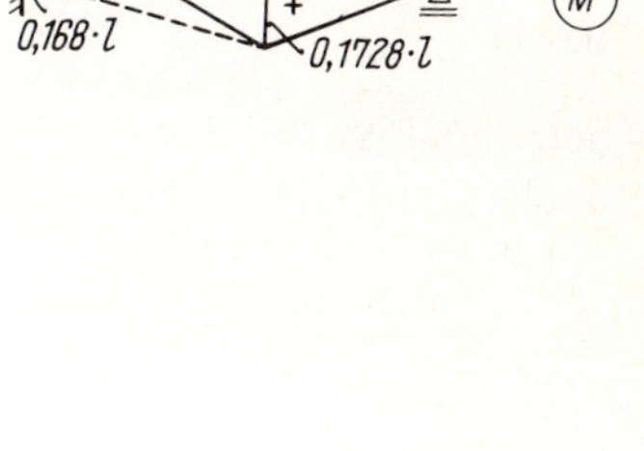

Abb. 2.4.3d $M_0$ und $\bar{M}$

Die Überlagerung ist nach Tabelle (1.6.3a)

$$w_{\text{max}} = \frac{1}{EI} \cdot \left(\frac{3{,}47}{\pi^2} \cdot 0{,}6 \cdot l \cdot F \cdot w_{\text{max}} \cdot 0{,}1728 \cdot l \right.$$

$$- \frac{1{,}47}{\pi^2} \cdot 0{,}6 \cdot l \cdot F \cdot w_{\text{max}} \cdot 0{,}168 \cdot l$$

$$\left. + \frac{4}{\pi^2} \cdot 0{,}4 \cdot l \cdot F \cdot w_{\text{max}} \cdot 0{,}1728 \cdot l\right).$$

Multipliziert man diese Gleichung mit $(EI \cdot \pi^2)/(w_{max} \cdot l^2)$ und klammert $F$ aus, so erhält man

$$\frac{EI \cdot \pi^2}{l^2} = F \cdot (3{,}47 \cdot 0{,}6 \cdot 0{,}1728 - 1{,}47 \cdot 0{,}6 \cdot 0{,}168 + 4{,}0 \cdot 0{,}4 \cdot 0{,}1728)$$

$$\frac{EI \cdot \pi^2}{l^2} = F \cdot 0{,}48807.$$

Damit wird $\beta^2 = 0{,}488$ und $\beta = 0{,}699$.

Dieser Wert ist praktisch genau. (Vergleiche Abschnitt 2.4.1.)

## 2.5 Stützen mit veränderlichem Trägheitsmoment

Sind die Trägheitsmomente der Stütze nicht mehr konstant, so ist eine genaue Lösung der Differentialgleichung nur noch in Sonderfällen möglich. Hier soll auf solche Lösungen verzichtet werden, da sie fast immer kompliziert und unübersichtlich sind. Um das Problem zu erfassen, wird wieder auf das für den Bauingenieur so brauchbare Verfahren der Integralgleichungen zurückgegriffen. In den Abschnitten 2.1.7 und 2.4.3 ist dieses Verfahren beschrieben. Der Lösungsweg ist hier genau so.

Die Integrale lassen sich allerdings meistens nicht mehr mit den Überlagerungsformeln lösen, sondern müssen durch eine numerische Integration ausgewertet werden.

Die numerische Integration ist in Abschnitt 1.6.4 erläutert. Die Fläche kann nach der Gleichung

$$A = \int_{x_0}^{x_n} \eta \cdot \mathrm{d}x = \tfrac{1}{2} \cdot \Delta x \cdot (\eta_0 + 2 \cdot \sum \eta_i + \eta_n) \qquad (2.5a)$$

ermittelt werden. Für die praktische Ausführung eignet sich die Schreibweise

$$A = \tfrac{1}{2} \cdot \Delta x \cdot (2 \cdot \sum \eta - \eta_0 - \eta_n) \qquad (2.5b)$$

besser.

Setzt man $\Delta x = l/n$, wobei $l$ die Bereichslänge ist, so kann man die Gleichung (2.5b) auch

$$A = \frac{l}{2 \cdot n} \cdot (2 \cdot \sum \eta - \eta_0 - \eta_n) \qquad (2.5c)$$

schreiben.

Diese Gleichung wird für die Auswertung im Beispiel des Abschnittes 2.5.1 gebraucht werden.

### 2.5.1 Der einfache Knickstab mit abschnittsweise konstantem Trägheitsmoment

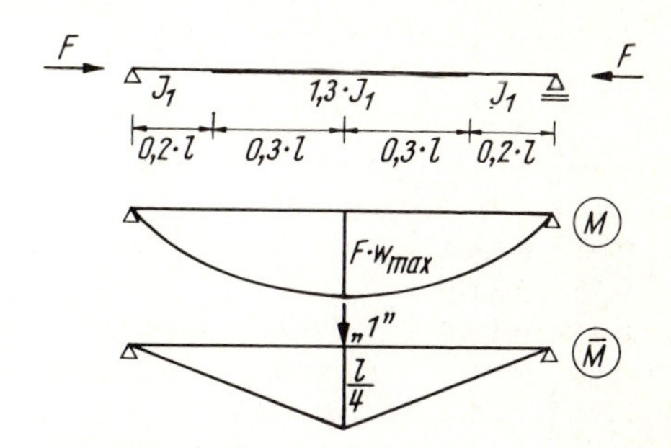


Abb. 2.5.1 Knickstab mit abschnittsweise konstantem Trägheitsmoment und den zugehörigen Momentenlinien (M) und ($\overline{M}$)

In der Abb. 2.5.1 ist ein solcher Knickstab mit den zugehörigen Momentenlinien dargestellt.

Die Momentenlinie wird durch eine Sinuslinie angenähert.

Die Gleichung dieser Linie lautet

$$M = F \cdot w_{\max} \cdot \sin \pi \frac{x}{l}.$$

Die Gleichung der virtuellen Momentlinie ist

$$\overline{M} = 0{,}5 \cdot x.$$

Führt man die dimensionslose Veränderliche $\xi = x/l$ ein, so wird $M = F \cdot w_{\max} \cdot \sin \pi\, \xi$ und $\overline{M} = 0{,}5 \cdot \xi \cdot l$, wobei die letzte Gleichung von $\xi = 0$ bis $\xi = 0{,}5$ gültig ist.

Die Durchbiegung $w_{\max}$ in Stabmitte ist mit diesen Annahmen

$$\tfrac{1}{2} \cdot w_{\max} = \frac{1}{EI_1} \cdot \int_0^{0,2} F \cdot w_{\max} \cdot \sin \pi\xi \cdot (0{,}5 \cdot \xi \cdot l) \cdot l \cdot \mathrm{d}\xi$$
$$+ \frac{1}{1{,}3 \cdot EI_1} \cdot \int_{0,2}^{0,5} F \cdot w_{\max} \cdot \sin \pi\xi \cdot (0{,}5 \cdot \xi \cdot l) \cdot l \cdot \mathrm{d}\xi$$

Multipliziert man diese Gleichung mit $2 \cdot EI_1\, \pi^2/w_{\max} \cdot l^2$ und klammert $F$ aus, so ergibt sich

$$\frac{EI_1 \cdot \pi^2}{l^2} = F \cdot \beta^2 = F \cdot \left[\pi^2 \cdot \left(\int_0^{0,2} \xi \cdot \sin \pi\xi\, \mathrm{d}\xi + \frac{1}{1{,}3} \int_{0,2}^{0,5} \xi \cdot \sin \pi\xi\, \mathrm{d}\xi\right)\right].$$

Die Auswertung der Integrale erfolgt in der Tabelle (2.5.1)

Tabelle 2.5.1

| 1 | 2 | 3 | |
|---|---|---|---|
| $\xi$ | $\sin \pi\xi$ | $\frac{\xi}{1{,}0(1{,}3)} \sin \pi\xi$ | |
| 0 | 0 | 0 | |
| 0,05 | 0,1564 | 0,0078 | |
| 0,10 | 0,3090 | 0,0309 | |
| 0,15 | 0,4540 | 0,0681 | |
| 0,20 | 0,5878 | 0,1176 | $i \cdot M$ |
| 0,20 | 0,5878 | 0,0904 | 0,1040 |
| 0,25 | 0,7071 | 0,1360 | |
| 0,30 | 0,8090 | 0,1867 | |
| 0,35 | 0,8910 | 0,2399 | |
| 0,40 | 0,9511 | 0,2926 | |
| 0,45 | 0,9877 | 0,3419 | |
| 0,50 | 1,0000 | 0,3846 | |
| | | 1,7925 | |

Mit $\Delta\xi = 0{,}05$ ergibt sich nach Gleichung (2.5b)

$$A = \frac{1}{2} \cdot 0{,}05 \cdot (2 \cdot 1{,}7925 - 0 - 0{,}3846) = 0{,}0800.$$

Damit wird $\beta^2 = \pi^2 \cdot 0{,}0800 = 0{,}7896$ und $\beta = 0{,}889$.

Die kritische Last wäre

$$F_{\text{krit}} = \frac{1}{0{,}08} \cdot \frac{EI_1}{l^2} = 12{,}5 \cdot \frac{EI_1}{l^2}.$$

In [5], Seite 312, findet man mit

$F_{\text{krit}} = 12{,}456 \cdot \frac{EI_1}{l^2}$ einen fast identischen Wert.

### 2.5.2 Ein einfach statisch unbestimmtes System mit kontinuierlich veränderlichem Trägheitsmoment

In Abb. (2.5.2a) ist das System mit dem veränderlichem Trägheitsmomentverhältnis dargestellt. Die Veränderlichkeit wird durch die Funktion $I_a/I = 1/(1 - 0{,}5 \cdot \xi^2)$ erfaßt.

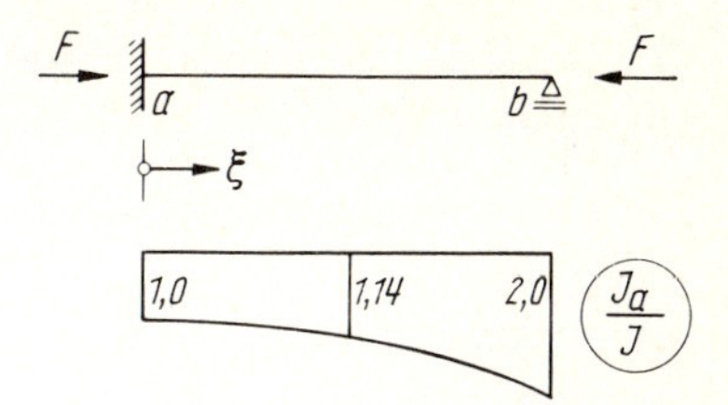


Abb. 2.5.2a System und Trägheitsmomentverhältnis

Gemäß 2.4.3.2 kann die Form der Biegelinie und die Lage des Maximums wieder angenommen werden. Hier wird geschätzt, daß die größte Durchbiegung bei $x = 0{,}65 \cdot l$ liegt.

Danach lauten die Gleichungen der Biegelinie

$$w_{\mathrm{I}} = 0{,}5 \cdot w_{\max} \cdot \left(1 - \cos\frac{\pi \cdot \xi}{0{,}65}\right) \text{ und } w_{\mathrm{II}} = w_{\max} \cdot \sin\frac{\pi \cdot \xi}{2 \cdot 0{,}35}.$$

Die Momente erhält man durch Multiplikation mit $F$.

In Abb. 2.5.2b) sind die Momentenlinie $M_0 = F \cdot w$ und die virtuelle Momentenlinie $\bar{M}$ infolge „1" dargestellt.

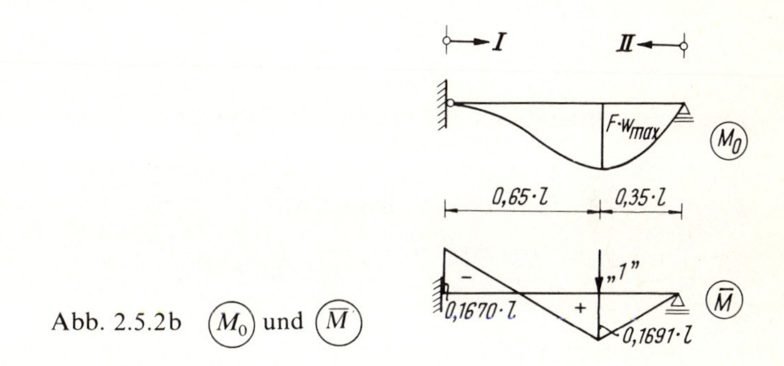


Abb. 2.5.2b $(M_0)$ und $(\bar{M})$

Die Gleichung der Momentenlinie $M_0$ ist

$$M_0^{\mathrm{I}} = F \cdot w_{\max} \cdot \left[0{,}5 \cdot \left(1 - \cos\frac{\pi\xi}{0{,}65}\right)\right] \text{ oder}$$

$$M_0^{\mathrm{II}} = F \cdot w_{\max} \cdot \left[\sin\frac{\pi\xi'}{2 \cdot 0{,}35}\right] \text{ oder allgemein}$$

$M_0 = F \cdot w_{\max} \cdot f$, wobei $f$ für den Klammerinhalt steht.

In Spalte 9 der Tabelle (2.5.2) sind die Zahlenwerte eingetragen.

Um die virtuelle Momentenlinie zu erhalten, ist eine statisch unbestimmte Berechnung durchzuführen. Da das Trägheitsmoment veränderlich ist, führt man die unbestimmte Berechnung am zweckmäßigsten mit der numerischen Integration durch. In Abb.

(2.5.2c) sind der Lastspannungszustand der virtuellen Last “1” und der Eigenspannungszustand $X_1 - 1$ dargestellt.

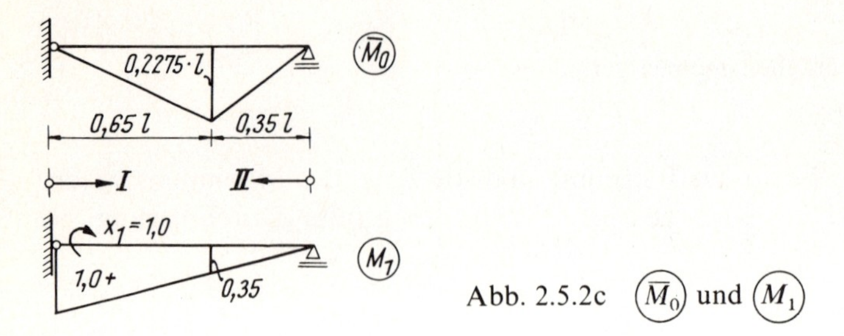


Abb. 2.5.2c $(\overline{M}_0)$ und $(M_1)$

Die Verschiebungen sind

$$\delta_{10} = \int_0^l \frac{\overline{M}_0 \cdot M_1}{EI} \cdot \mathrm{d}s \quad \text{und} \quad \delta_{11} = \int_0^l \frac{M_1^2}{EI} \cdot \mathrm{d}s.$$

Multipliziert man diese Gleichungen mit $EI_a$ und setzt $\mathrm{d}s = l \cdot \mathrm{d}\xi$, so erhält man

$$EI_a \cdot \delta_{10} = l \cdot \int_0^1 \overline{M}_0 \cdot M_1 \cdot \frac{I_a}{I} \cdot \mathrm{d}\xi \quad \text{und} \quad EI_a \cdot \delta_{11} = l \cdot \int_0^1 \cdot M_1^2 \frac{I_a}{I} \cdot \mathrm{d}\xi.$$

Die Auswertung dieser Integrale ist in Tabelle (2.5.2) durchgeführt.

Aus der Tabelle und den zugehörigen Erläuterungen kann man $\delta'_{10} = 0{,}05916 \cdot l^2$ und $\delta'_{11} = 0{,}35432 \cdot l$ entnehmen. Damit wird

$$X_1 = -\frac{\delta'_{10}}{\delta'_{11}} = -\frac{0{,}05916 \cdot l^2}{0{,}35432 \cdot l} = -0{,}1670 \cdot l.$$

Die Momente am unbestimmten System werden nach der Gleichung $\overline{M} = \overline{M}_0 + X_1 \cdot M_1$ berechnet. Sie sind in Spalte 8 der Tabelle (2.5.2) eingetragen und in Abb. (2.5.2b) dargestellt.

Die maximale Durchbiegung ist

$$w_{\max} = \int_0^l \frac{M_0 \cdot \overline{M}}{EI} \cdot \mathrm{d}x.$$

Mit $M_0 = F \cdot w = F \cdot w_{\max} \cdot f$, $\mathrm{d}x = l \cdot \mathrm{d}\xi$ und Multiplikation mit $EI_a$ wird

$$EI_a \cdot w_{\max} = F \cdot w_{\max} \cdot l \int_0^l f \cdot \overline{M} \cdot \frac{I_a}{I} \cdot \mathrm{d}\xi.$$

Multipliziert man diese Gleichung mit $\pi^2 / w_{\max} \cdot l^2$, so erhält man

$$\frac{EI_a \cdot \pi^2}{l^2} = F \cdot \frac{\pi^2}{l} \int_0^l f \cdot \overline{M} \cdot \frac{I_a}{I} \cdot \mathrm{d}\xi.$$

Den Wert des Integrals kann man aus der Erläuterung der Spalte 10 der Tabelle (2.5.2) entnehmen. Er ist $A_{10} = 0{,}06081$. Damit wird

$$\beta_a^2 = \frac{\pi^2}{l} \cdot l \cdot 0{,}06081 \quad \text{und} \quad \beta_a = 0{,}775.$$

Die kritische Last wäre

$$F_{\text{krit}} = \frac{1}{0{,}06081} \cdot \frac{EI_a \cdot \pi^2}{l^2} = 16{,}44 \cdot \frac{EI_a}{l^2}.$$

Würde man den Knicklängenbeiwert auf $b$ beziehen, so wäre

$$\beta_b = \beta_a \cdot \sqrt{\frac{I_b}{I_a}} = \beta_a \cdot \sqrt{\frac{0{,}5}{1{,}0}} = 0{,}775 \cdot \sqrt{0{,}5} = 0{,}548.$$

Die zugehörige kritische Last ist dann

$$F_{\text{krit}} = \frac{\pi^2}{\beta_b^2} \cdot \frac{EI_b}{l^2} = \left(\frac{\pi}{0{,}548}\right)^2 \cdot \frac{EI_b}{l^2} = 32{,}86 \cdot \frac{EI_b}{l^2}.$$

Erläuterung der Tabelle (2.5.2)

In der Tabelle bedeuten:

1. $\xi = x/l \qquad \Delta\xi = 0{,}05 = \frac{1}{20}$.
2. $\overline{M}_0 = 0{,}35 \cdot \xi \cdot l$ (0 bis 0,65)
   $\overline{M}_0 = 0{,}65 \cdot (1 - \xi) \cdot l$ (0,65 bis 1,00)
   Virtuelles Moment am statisch bestimmten Hauptsystem.
   (Lastspannungszustand)
3. $M_1 = 1 - \xi$ Eigenspannungszustand $X_1 = 1$.
4. $M_1 \cdot I_a/I$.
5. $I_a/I = 1/(1 - 0{,}5 \cdot \xi^2)$ Verhältnis der Trägheitsmomente, bezogen auf $I_a$.
6. $\eta_6 = \frac{\overline{M}_0}{l} \cdot M_1 \cdot \frac{I_a}{I}$.

Auswertung nach der Gleichung (2.5c)

$$A = \frac{l}{2n}(2 \cdot \sum \eta - \eta_0 - \eta_n)$$

$$A_6 = \frac{1}{2 \cdot 20}(2 \cdot 1{,}1832 - 0 - 0) = 0{,}05916.$$

Dann ist $EI_a \cdot \delta_{10} = l^2 \cdot 0{,}05916$.

Tabelle 2.5.2.

| 1 | 2 | 3 | 4 | 5 | 6 | 7 | 8 | 9 | 10 |
|---|---|---|---|---|---|---|---|---|---|
| $\xi$ | $\frac{\bar{M}_0}{l}$ | $M_1$ | $M_1 \cdot \frac{I_a}{I}$ | $\frac{I_a}{I}$ | $\frac{\bar{M}_0}{l} \cdot M_1 \cdot \frac{I_a}{I}$ | $M_1^2 \cdot \frac{I_a}{I}$ | $\frac{\bar{M}}{l}$ | $f$ | $f \cdot \frac{\bar{M}}{l} \cdot \frac{I_a}{I}$ |
| 0 | 0 | 1,00 | 1,0000 | 1,0000 | 0 | 1,0000 | −0,1670 | 0 | 0 |
| 0,05 | 0,0175 | 0,95 | 0,9512 | 1,0010 | 0,0166 | 0,9036 | −0,1412 | 0,0145 | −0,0020 |
| 0,10 | 0,0350 | 0,90 | 0,9045 | 1,0050 | 0,0317 | 0,8141 | −0,1153 | 0,0573 | −0,0066 |
| 0,15 | 0,0525 | 0,85 | 0,8797 | 1,0113 | 0,0462 | 0,7477 | −0,0895 | 0,1257 | −0,0114 |
| 0,20 | 0,0700 | 0,80 | 0,8163 | 1,0204 | 0,0571 | 0,6530 | −0,0636 | 0,2160 | −0,0140 |
| 0,25 | 0,0875 | 0,75 | 0,7742 | 1,0323 | 0,0677 | 0,5807 | −0,0378 | 0,3229 | −0,0126 |
| 0,30 | 0,1050 | 0,70 | 0,7330 | 1,0471 | 0,0770 | 0,5131 | −0,0119 | 0,4397 | −0,0055 |
| 0,35 | 0,1225 | 0,65 | 0,6924 | 1,0652 | 0,0848 | 0,4500 | +0,0140 | 0,5603 | +0,0083 |
| 0,40 | 0,1400 | 0,60 | 0,6522 | 1,0870 | 0,0913 | 0,3913 | 0,0398 | 0,6773 | 0,0293 |
| 0,45 | 0,1575 | 0,55 | 0,6120 | 1,1126 | 0,0964 | 0,3366 | 0,0657 | 0,7840 | 0,0573 |
| 0,50 | 0,1750 | 0,50 | 0,5714 | 1,1429 | 0,1000 | 0,2857 | 0,0915 | 0,8743 | 0,0914 |
| 0,55 | 0,1925 | 0,45 | 0,5302 | 1,1782 | 0,1021 | 0,2386 | 0,1174 | 0,9427 | 0,1303 |
| 0,60 | 0,2100 | 0,40 | 0,4878 | 1,2195 | 0,1024 | 0,1951 | 0,1432 | 0,9855 | 0,1721 |
| 0,65 | 0,2275 | 0,35 | 0,4437 | 1,2678 | 0,1009 | 0,1553 | 0,1691 | 1,0000 | 0,2143 |
| 0,70 | 0,1950 | 0,30 | 0,3974 | 1,3245 | 0,0775 | 0,1192 | 0,1449 | 0,9749 | 0,1871 |
| 0,75 | 0,1625 | 0,25 | 0,3478 | 1,3913 | 0,0565 | 0,0870 | 0,1208 | 0,9010 | 0,1514 |
| 0,80 | 0,1300 | 0,20 | 0,2941 | 1,4706 | 0,0382 | 0,0588 | 0,0966 | 0,7818 | 0,1111 |
| 0,85 | 0,0975 | 0,15 | 0,2348 | 1,5656 | 0,0229 | 0,0352 | 0,0725 | 0,6235 | 0,0707 |
| 0,90 | 0,0650 | 0,10 | 0,1681 | 1,6807 | 0,0109 | 0,0168 | 0,0483 | 0,4339 | 0,0352 |
| 0,95 | 0,0325 | 0,05 | 0,0911 | 1,8223 | 0,0030 | 0,0046 | 0,0242 | 0,2225 | 0,0098 |
| 1,00 | 0 | 0 | 0 | 2,0000 | 0 | 0 | 0 | 0 | 0 |
| | | | | | 1,1832 | 7,5864 | | | 1,2162 |

7. $\eta_7 = M_1^2 \cdot \frac{I_a}{I}$

$$A_7 = \frac{1}{2 \cdot 20}(2 \cdot 7{,}5864 - 1{,}0 - 0) = 0{,}35432$$

$$EI_a \cdot \delta_{11} = l^2 \cdot 0{,}35432.$$

$$X_1 = -\frac{EI_a \cdot \delta_{10}}{EI_a \cdot \delta_{11}} = -\frac{l^2 \cdot 0{,}05916}{l^2 \cdot 0{,}35432} = -0{,}1670$$

8. $\bar{M} = \bar{M}_0 + X_1 \cdot M_1 = \bar{M}_0 - 0{,}1670 \cdot M_1.$

9. $f = 0{,}5 \cdot \left(1 - \cos\frac{\pi\xi}{0{,}65}\right)$ oder $f = \sin\frac{\pi\xi'}{2 \cdot 0{,}35}.$

10. $\eta_{10} = f \cdot \frac{\bar{M}}{l} \cdot \frac{I_a}{I}$

$$A_{10} = \frac{1}{2 \cdot 20}(2 \cdot 1{,}2162 - 0 - 0) = 0{,}06081.$$

### 2.5.3 Stütze und Kragarm mit verschiedenen Trägheitsmomenten

Ein häufig vorkommendes System in der Baupraxis ist eine Stütze mit einer Auskragung. An diesem System sollen die Probleme, die bei der nicht mehr ganz einfachen Stabilitätsberechnung auftreten, behandelt werden.

In der Abb. (2.5.3a) ist ein solches System mit der angenommenen Knickbiegelinie $w$ und den Momentenlinien $M$, $\bar{M}_1$ und $\bar{M}_2$ dargestellt.

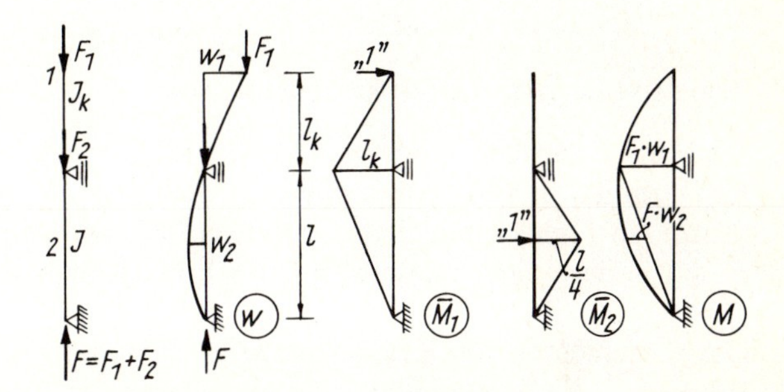


Abb. 2.5.3a System mit Belastung und den Momentenlinien

Es gibt zwei Möglichkeiten für die Ermittlung einer kritischen Last.

1. Der elastisch eingespannte Kragarm knickt aus. Als kritische Last ergibt sich $F_{1\,\mathrm{krit}}$ und als Knicklängenbeiwert $\beta_1$.
2. Die untere Stütze knickt aus. Als kritische Last würde sich $F_{\mathrm{krit}}$ und als Knicklängenbeiwert $\beta_2$ ergeben.

Beide Systeme sind gekoppelt und von allen Parametern abhängig. Man kann jedoch eine getrennte Berechnung durchführen, wenn man bestimmte Zusammenhänge zwischen den Durchbiegungen $w_1$ und $w_2$ annimmt.

Nimmt man als Ersatz für die Knickbiegelinie die Biegelinie infolge $\bar{M}_1$ an, so sind nach dem Arbeitssatz

$$w_1 = \int \frac{\bar{M}_1^2}{EI} \mathrm{d}s \quad \text{und} \quad w_2 = \int \frac{\bar{M}_1 \cdot \bar{M}_2}{EI} \mathrm{d}s.$$

Setzt man die Bezeichnungen der Abb. (2.5.3a) ein, dann ergeben sich

$$w_1 = \frac{1}{EI_k} \cdot \frac{1}{3} \cdot l_k^3 + \frac{1}{EI} \cdot \frac{1}{3} \cdot l \cdot l_k^2 \text{ und } w_2 = \frac{1}{EI} \cdot \frac{1}{4} \cdot l \cdot l_k \cdot \frac{l}{4}.$$

Setzt man $\xi = l_k/l$ und $c = I_k \cdot l/I \cdot l_k = I_k/I \cdot \xi$, so werden

$$w_1 = \frac{l_k^3}{3 \cdot EI_k}(1 + c) \text{ und } w_2 = \frac{l^3 \cdot \xi}{16 \cdot EI}.$$

Bildet man das zugehörige Verhältnis, so wird

$$\frac{w_2}{w_1} = \frac{l^3 \cdot \xi}{16 \cdot EI \cdot \frac{l^3 \cdot \xi^3}{3 \cdot EI_k}(1 + c)} = \frac{1}{\frac{16}{3} \cdot \frac{I \cdot \xi}{I_k} \cdot \xi \cdot (1 + c)} = \frac{1}{\frac{16 \cdot (1 + c)}{3 \cdot c} \cdot \xi}.$$

Dieses Verhältnis ist bei der Ermittlung der Knicklängenbeiwerte zu berücksichtigen.

### Berechnung der Knicklängenbeiwerte

Über die Form der Momentenlinie werden zweckmäßige Annahmen gemacht. Im Kragarm ist die Momentenlinie eine Cosinuslinie mit dem Fußwert $F_1 \cdot w_1$, in der Stütze ein Dreieck mit dem Grundwert $F_1 \cdot w_1$ und eine Sinuslinie mit dem Wert $F \cdot w_2$ in der Mitte. Diese Momentenlinie ist in Abb. (2.5.3a) dargestellt.

Die Verschiebung am Kragarmende ist dann nach Abb. (2.5.3a)

$$w_1 = \frac{1}{EI_k} \cdot \left[\frac{4}{\pi^2} \cdot l_k \cdot F_1 \cdot w_1 \cdot l_k + \frac{1}{3} \cdot l \cdot F_1 \cdot w_1 \cdot l_k \cdot \frac{I_k}{I} + \frac{1}{\pi} \cdot l \cdot F \cdot w_2 \cdot l_k \cdot \frac{I_k}{I}\right].$$

Multipliziert man diese Gleichung mit $EI_k \cdot \pi^2/l_k^2 \cdot w_1$ und klammert $F_1$ aus, so erhält man

$$\frac{EI_k \cdot \pi^2}{l_k^2} = F_1 \cdot \left[4 + \frac{\pi^2}{3} \cdot \frac{l}{l_k} \cdot \frac{I_k}{I} + \pi \cdot \frac{I_k}{I} \cdot \frac{l}{l_k} \cdot \frac{F}{F_1} \cdot \frac{w_2}{w_1}\right].$$

Mit den Abkürzungen

$$c = I_k \cdot l/I \cdot l_k \quad \text{und} \quad n = \frac{F_1}{F_1 + F_2} = \frac{F_1}{F}$$

wird

$$\frac{EI_k \cdot \pi^2}{l_k^2} = F_1 \cdot \left[4 + \frac{\pi^2}{3} \cdot c + \pi \cdot c \cdot \frac{1}{n} \cdot \frac{w_2}{w_1}\right] = F_1 \cdot \beta_1^2.$$

Das Verhältnis der Verschiebungen kann näherungsweise

$$\frac{w_2}{w_1} = \frac{1}{\frac{16 \cdot (1 + c)}{3 \cdot c} \cdot \xi}$$ angenommen werden.

Setzt man diesen Ausdruck ein, so wird

$$\beta_1^2 = 4 + \frac{\pi^2}{3} \cdot c + \frac{\pi \cdot c}{n} \cdot \frac{c}{\frac{16}{3} \cdot (1 + c) \cdot \xi}.$$

Rechnet man die Zahlenwerte aus, so lautet die Gleichung

$$\beta_1^2 = 4 + 3{,}29 \cdot c + 0{,}59 \frac{c^2}{n(1 + c) \cdot \xi}. \tag{2.5.3a}$$

Die Ersatzstablänge für den Kragarm ist dann $s_{K1} = \beta_1 \cdot l_k$ und die Bemessungslast $F_1$.

Die Verschiebung in der Mitte ist nach Abb. (2.5.3a)

$$w_2 = \frac{1}{EI} \cdot \left[\frac{4}{\pi^2} \cdot l \cdot F \cdot w_2 \cdot \frac{l}{4} + \frac{1}{4} \cdot l \cdot F_1 \cdot w_1 \cdot \frac{l}{4}\right].$$

Multipliziert man die Gleichung mit $EI \cdot \pi^2/l^2 \cdot w_2$ und klammert $F$ aus, so ergibt sich

$$\frac{EI \cdot \pi^2}{l^2} = F \cdot \left[1 + \frac{\pi^2}{16} \cdot \frac{F_1}{F} \cdot \frac{w_1}{w_2}\right] = F \cdot \beta_2^2.$$

Mit den oben definierten Abkürzungen und

$$\frac{w_1}{w_2} = \frac{16}{3} \cdot \frac{1 + c}{c} \cdot \xi$$ wird

$$\beta_2^2 = 1 + \frac{\pi^2}{16} \cdot n \cdot \frac{16}{3} \cdot \frac{1 + c}{c} \cdot \xi = 1 + 3{,}29 \cdot n \cdot \xi \cdot \frac{1 + c}{c}. \tag{2.5.3b}$$

Die Ersatzstablänge für die Stütze ist $s_{K2} = \beta_2 \cdot l$ und die Bemessungslast $F$.

Will man die kritischen Lasten ausrechnen, so ergeben sich hierfür die Ausdrücke

$$F_{1\,\text{krit}} = \frac{\pi^2}{\beta_1^2} \cdot \frac{EI_k}{l_k^2} \quad \text{und} \quad F_{\text{krit}} = \frac{\pi^2}{\beta_2^2} \cdot \frac{EI}{l^2}.$$

Setzt man für $F_{1\,\text{krit}} = n \cdot F_{\text{krit}}$, so wird

$$F_{\text{krit}} = \frac{\pi^2}{\beta_1^2} \cdot \frac{EI_k}{l_k^2} \cdot \frac{1}{n} = \frac{\pi^2}{\beta_2^2} \cdot \frac{EI}{l^2}.$$

Bildet man das Verhältnis der Knicklängenbeiwerte, so ist

$$\frac{\beta_1^2}{\beta_2^2} = \frac{EI_k \cdot l^2}{l_k^2 \cdot n \cdot EI} = \frac{I_k \cdot l}{I \cdot l_k} \cdot \frac{1}{l_k/l} \cdot \frac{1}{n} = \frac{c}{\xi \cdot n}$$

und damit

$$\frac{\beta_1}{\beta_2} = \sqrt{\frac{c}{\xi \cdot n}} \quad \text{oder} \quad \frac{\beta_2}{\beta_1} = \sqrt{\frac{\xi \cdot n}{c}}. \qquad (2.5.3c)$$

In Wirklichkeit handelt es sich beim Kragarm und bei der Stütze um ein und dasselbe Stabilitätsproblem. Es ist nur jeweils anders formuliert.

ZAHLENBEISPIEL

Für das in Abb. (5.2.3b) dargestellte System sollen die Knicklängenbeiwerte ermittelt werden.

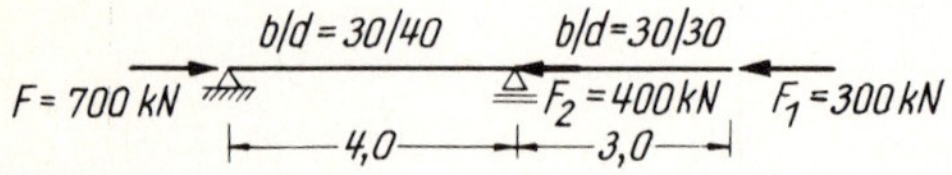

b/d = 30/40 b/d = 30/30
F = 700 kN $F_2$ = 400 kN $F_1$ = 300 kN
4,0 3,0

Abb. 2.5.3b System mit Belastung

Die Parameter sind

$\xi = l_k/l = \frac{3}{4} = 0{,}75, \qquad n = F_1/F = 300/700 = 0{,}429,$
$I_k \sim 3^3 = 27, \qquad I \sim 4^3 = 64 \quad \text{und} \quad c = I_k/I \cdot \xi = 27/64 \cdot 0{,}75 = 0{,}5625.$

Damit wird

$$\beta_1^2 = 4{,}00 + 3{,}29 \cdot 0{,}5625 + 0{,}59 \cdot \frac{0{,}5625^2}{0{,}429 \cdot (1 + 0{,}5625) \cdot 0{,}75}$$

$$\beta_1^2 = 4{,}00 + 1{,}85 + 0{,}37 = 6{,}22 \quad \text{und} \quad \beta_1 = 2{,}49.$$

Die kritische Last ist dann

$$F_{1\,\text{krit}} = \frac{\pi^2}{6{,}22} \cdot \frac{EI_k}{l_k^2} = 1{,}59 \cdot \frac{EI_k}{l_k^2}.$$

Weiter ist

$$\beta_2^2 = 1 + 3{,}29 \cdot 0{,}429 \cdot 0{,}75 \cdot \frac{1 + 0{,}5625}{0{,}5625} = 3{,}94 \quad \text{und} \quad \beta_2 = 1{,}99.$$

Die kritische Last ist dann

$$F_{\text{krit}} = \frac{\pi^2}{3{,}94} \cdot \frac{EI}{l^2} = 2{,}50 \cdot \frac{EI}{l^2}.$$

Das Verhältnis der Knicklängenbeiwerte wird $\beta_2/\beta_1 = 1{,}99/2{,}49 = 0{,}799$. Berechnet man dieses Verhältnis nach Gleichung (2.5.3c), so ist

$$\frac{\beta_2}{\beta_1} = \sqrt{\frac{0{,}75 \cdot 0{,}429}{0{,}5625}} = 0{,}756.$$

Beide Werte stimmen fast überein. Der Unterschied beträgt nur 5%.

### 2.5.4 Eine abgestufte Stütze mit abschnittsweiser Lasteinleitung

In der Literatur findet man für dieses Problem zahlreiche Veröffentlichungen. Verwiesen sei auf den Artikel von *Eibl* [8] und auf die TGL 0–1045 der DDR.

Hier soll das Problem nicht allgemein gelöst werden. Es wird an einem Einzelfall gezeigt, wie man relativ komplizierte Formeln durch Beschränkung auf ein Zahlenbeispiel überschaubar behandeln kann. Ähnliche Aufgaben können dann analog erfaßt werden.

*Folgender Lösungsweg wird beschritten*

Man nimmt die Momentenlinie gemäß Abb. (2.5.4a) an und berechnet sie in der dort angegebenen Art. Die Momentenlinien haben einen gemischt linear-parabolischen Verlauf. Wie groß die einzelnen Anteile sind, kann man nicht sagen. Die Überlagerungsfaktoren können aber abgeschätzt werden. Auf der sicheren Seite befindet man sich, wenn man einen echt parabolischen Verlauf annimmt.

In Abb. (2.5.4a) sind die Annahme der Momentenform und die Form der Berechnungsmöglichkeit dargestellt.

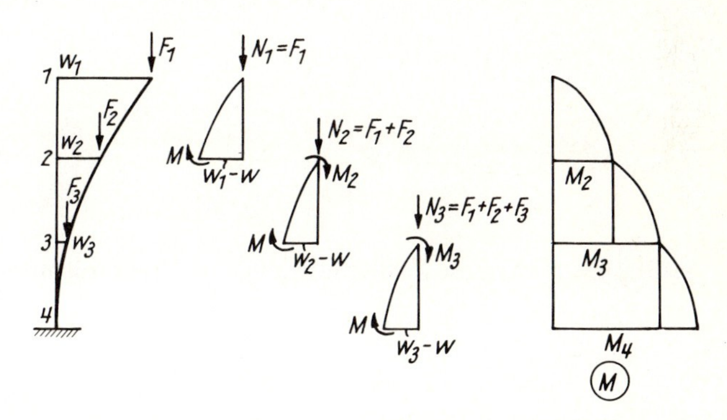


Abb. 2.5.4a Form der Momentenlinie und Berechnungsmöglichkeit

In Abb. (2.5.4b) ist eine einfach abgestufte Stütze mit der zugehörigen Biegelinie, Momentenlinie und den beiden virtuellen Momentenlinien dargestellt.

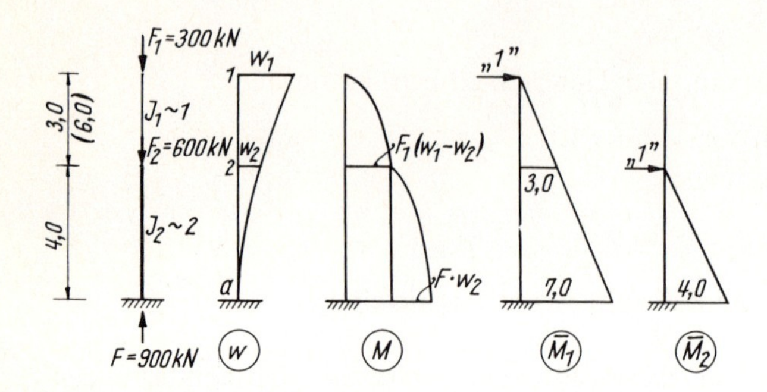


Abb. 2.5.4b System mit den Zustandslinien

Die Verschiebung $w_1$ und $w_2$ können durch Überlagerung der Momentenfläche mit den virtuellen Momentenflächen $\bar{M}_1$ und $\bar{M}_2$ bestimmt werden.

$$w_1 = \int \frac{M\bar{M}_1}{EI} \mathrm{d}s \qquad w_2 = \int \frac{M \cdot \bar{M}_2}{EI} \mathrm{d}s.$$

Für die Überlagerung braucht man die Parameter $F_1 = 0{,}333 \cdot F$, $F_2 = 0{,}6666 \cdot F$ und $I_2/I_1 = 2{,}0$. Damit wird $h_0' = 3 \cdot 2{,}0 = 6{,}0\,\mathrm{m}$.

Mit diesen Werten und den Angaben der Abb. (2.5.4b) erhält man mit gemittelten Überlagerungsvorzahlen

$$\begin{aligned} EI_2 \cdot w &= \frac{1}{2{,}67} \cdot 6{,}0 \cdot 0{,}333 \cdot F \cdot (w_1 - w_2) \cdot 3{,}0 \\ &\quad + \tfrac{1}{2} \cdot 4{,}0 \cdot 0{,}333 \cdot F \cdot (w_1 - w_2) \cdot (3{,}0 + 7{,}0) \\ &\quad + \tfrac{1}{6} \cdot 4{,}0 \cdot F \cdot w_2 \cdot (2{,}25 \cdot 7{,}0 + 1{,}25 \cdot 3{,}0). \\ EI_2 \cdot w_2 &= \tfrac{1}{2} \cdot 4{,}0 \cdot 0{,}333 \cdot F \cdot (w_1 - w_2) \cdot 4{,}0 \\ &\quad + \frac{1}{2{,}67} \cdot 4{,}0 \cdot F \cdot w_2 \cdot 4{,}0. \end{aligned}$$

Multipliziert man die Zahlenwerte aus und faßt zusammen, so wird

$EI_2 \cdot w_1 = (8{,}92 \cdot w_1 + 4{,}08 \cdot w_2) \cdot F$ und $EI_2 \cdot w_2 = (2{,}67 \cdot w_1 + 3{,}32 \cdot w_2) \cdot F$.

Dividiert man die Gleichungen durch $EI_2$ und setzt $\lambda^2 = F/EI_2$ so erhält man

$w_1 = \lambda^2 \cdot 8{,}92 \cdot w_1 + \lambda^2 \cdot 4{,}08 \cdot w_2$ und $w_2 = \lambda^2 \cdot 2{,}67 \cdot w_1 + \lambda^2 \cdot 3{,}32 \cdot w_2$.

Ordnet man nach den Unbekannten, so lauten die Gleichungen

$w_1 \cdot (1 - 8{,}92 \cdot \lambda^2) - w_2 \cdot 4{,}08 \cdot \lambda^2 = 0$ und $w_1 \cdot 2{,}67 \cdot \lambda^2 - w_2 \cdot (1 - 3{,}32 \cdot \lambda^2) = 0.$

Eine nicht triviale Lösung entsteht nur, wenn die Nennerdeterminante Null wird. Sie lautet

$$(1 - 8{,}92 \cdot \lambda^2) \cdot (1 - 3{,}32 \cdot \lambda^2) - 2{,}67 \cdot 4{,}08 \cdot \lambda^4 = 0.$$

Faßt man die Werte zusammen, so erhält man die quadratische Gleichung

$$18{,}72 \cdot \lambda^4 - 12{,}24 \cdot \lambda^2 + 1 = 0.$$

Die Lösung dieser Gleichung ergibt als niedrigsten Eigenwert $\lambda^2 = 0{,}0957$.

Mit $F/EI_2 = \lambda^2 = 0{,}0957$ und Erweiterung mit $h^2 = 7{,}0^2$ wird

$$F_{\text{krit}} = 0{,}0957 \cdot \frac{7^2}{h^2} \cdot EI_2 = 4{,}69 \cdot \frac{EI_2}{h^2}.$$

Der zugehörige Knicklängenbeiwert, bezogen auf $F$, $I_2$ und $h = 7{,}0$ ist

$$\beta_2 = \frac{\pi^2}{4{,}69} = 2{,}10 \quad \text{und} \quad \beta_2 = 1{,}45.$$

Bezieht man den Knicklängenbeiwert auf $F_1$, $I_1$ und $h_0$, so wird mit $F = F_1/0{,}3333$ und $I_2 = 2 \cdot I_1$

$$\frac{F}{EI_2} = 0{,}0957 = \frac{F_1}{0{,}333 \cdot E \cdot 2 \cdot I_1}.$$

Erweitert man mit $h_0^2 = 3{,}0^2$, so ergibt sich

$$F_{1\,\text{krit}} = 0{,}0957 \cdot 0{,}333 \cdot 2{,}0 \cdot \frac{3^2}{h_0^2} \cdot EI_1 = 0{,}574 \cdot \frac{EI_1}{h_0^2}.$$

Weiter wird dann

$$\beta_1^2 = \frac{\pi^2}{0{,}574} = 17{,}19 \quad \text{und} \quad \beta_1 = 4{,}15.$$

*2.5.4.1 Betrachtungen zur Biegelinie und Momentenlinie.* Aus den zu den Nennerdeterminanten führenden Gleichungen kann man das Verhältnis der Verschiebungen $w_2/w_1$ errechnen. Das Verhältnis ist

$$\frac{w_2}{w_1} = \frac{1 - 8{,}92 \cdot \lambda^2}{4{,}08 \cdot \lambda^2} = \frac{1 - 8{,}92 \cdot 0{,}0957}{4{,}08 \cdot 0{,}0957} = 0{,}3748$$

oder

$$\frac{w_2}{w_1} = \frac{2{,}67 \cdot \lambda^2}{1 - 3{,}32 \cdot \lambda^2} = \frac{2{,}67 \cdot 0{,}0957}{1 - 3{,}32 \cdot 0{,}0957} = 0{,}3745.$$

In der Abb. (2.5.4c) ist die Biegelinie dargestellt. Sie kann mit großer Näherung durch die Funktion $w = w_1 \cdot \xi^n$ erfaßt werden.

Der Exponent $n$ wird durch die Logarithmengleichung $\ln 0{,}375 = \ln 1 + n \cdot \ln \frac{4}{7}$ bestimmt. Die Auflösung dieser Gleichung ist

$$n = \frac{\ln 0{,}375 - \ln 1}{\ln 0{,}5714} = 1{,}7527.$$

Damit wird $w = w_1 \cdot \xi^{1,7527}$.

Mit dieser Funktion soll die zugehörige Momentenlinie berechnet werden.

Die Momentenlinie im oberen Stützenbereich ist

$$M = F_1 \cdot (w_1 - w) = 0{,}3333 \cdot F \cdot w_1 \cdot (1 - \xi^{1,7527}).$$

Im unteren Stützenbereich ist

$$\begin{aligned} M &= M_2 + F \cdot (0{,}375 \cdot w_1 - w) \\ &= 0{,}333 \cdot F \cdot w_1 \cdot (1 - 0{,}375) + F \cdot w_1 (0{,}375 - \xi^{1,7527}) \end{aligned}$$

$$M = F \cdot w_1 \cdot (0{,}5833 - \xi^{1,7527}).$$

In Abb. (2.5.4c) ist diese Momentenlinie dargestellt. In Tabelle (2.5.4) sind die errechneten Ordinaten zusammengestellt.

Tabelle 2.5.4

| $\xi$ | $M$ |
|---|---|
| 1,0 | 0 |
| 0,9 | 0,0562 |
| 0,8 | 0,1079 |
| 0,7 | 0,1549 |
| 0,6 | 0,1972 |
| 0,5714 | 0,2083 |
| 0,5 | 0,2866 |
| 0,4 | 0,3826 |
| 0,3 | 0,4621 |
| 0,2 | 0,5237 |
| 0,1 | 0,5656 |
| 0,0 | 0,5833 |

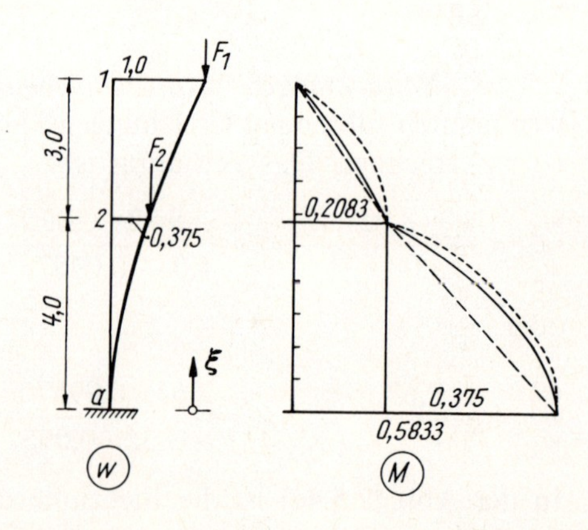


Abb. 2.5.4c Biegelinie und Momentenlinie

Aus den Gleichungen der Momentenlinie kann man ersehen, daß mit $\xi^{1,7527}$ eine Funktion zwischen einer Geraden ($\xi^1$) und einer Parabel ($\xi^2$) vorliegt. Zum Vergleich sind gestrichelt der geradlinige und der parabolische Verlauf dargestellt.

*2.5.4.2 Vergleichsrechnung für den Knicklängenbeiwert durch Abschätzung des Verhältnisses $w_2/w_1$.* Gemäß 2.5.3 kann das Verhältnis der Verschiebungen $w_2/w_1$ vor der eigentlichen Berechnung abgeschätzt werden.

Für die Abschätzung wählt man als Ersatz für die wirkliche Momentenlinie die Momentenlinie infolge der virtuellen Last "1" in Punkt 1.

Dann ist nach Abb. (2.5.4b)

$$\delta'_{11} = \tfrac{1}{3}\cdot 6\cdot 3{,}0^2 + \tfrac{1}{3}\cdot 4\cdot(3{,}0^2 + 3{,}0\cdot 7{,}0 + 7{,}0^2) = 123{,}3$$

und

$$\delta'_{21} = \tfrac{1}{6}\cdot 4{,}0^2(2\cdot 7 + 3) = 45{,}33.$$

Das Verhältnis der Durchbiegungen ist dann angenähert

$$\frac{w_2}{w_1} \approx \frac{\delta'_{21}}{\delta'_{11}} = \frac{45{,}33}{123{,}33} = 0{,}3676.$$

Die Momente der Abb. (2.5.4b) vereinfachen sich mit diesen Werten zu

$$M_2 = F_1 \cdot w_1 \cdot (1 - 0{,}3676) = F \cdot w_1 \cdot 0{,}3333 \cdot 0{,}6324 = F \cdot w_1 \cdot 0{,}2108$$

$$M_a = F \cdot w_1 \cdot 0{,}2108 + F \cdot w_1 \cdot 0{,}3676 = F \cdot w_1 \cdot 0{,}5784.$$

Sie sind mit den Werten der Tabelle (2.5.4) fast identisch.

In Abb. (2.5.4d) sind die Momentenlinie und die virtuelle Momentenlinie noch einmal dargestellt.

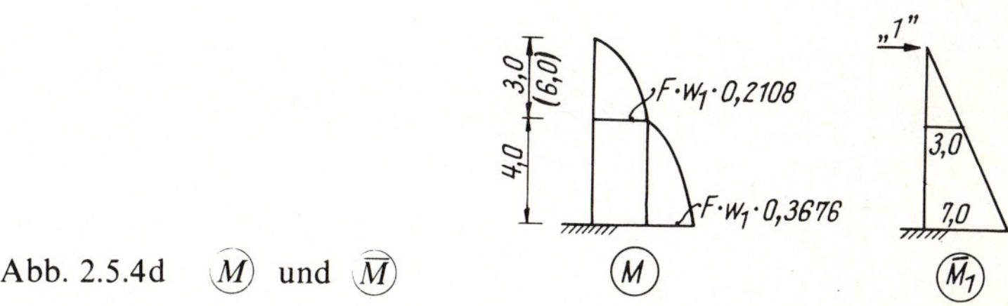


Abb. 2.5.4d (M) und (M̄)

Die Überlagerung erfolgt nach den gleichen Annahmen wie in Abschnitt 2.4.5

$$\begin{aligned} EI_2 \cdot w_1 = {} & \frac{1}{2{,}67} \cdot 6{,}0 \cdot F \cdot w_1 \cdot 0{,}2108 \cdot 3{,}0 \\ & + \tfrac{1}{2} \cdot 4{,}0 \cdot F \cdot w_1 \cdot 0{,}2108 \cdot (3{,}0 + 7{,}0) \\ & + \tfrac{1}{6} \cdot 4{,}0 \cdot F \cdot w_1 \cdot 0{,}3676 \cdot (2{,}25 \cdot 7{,}0 + 1{,}25 \cdot 3{,}0) \end{aligned}$$

$$EI_2 \cdot w_1 = 10{,}415 \cdot F \cdot w_1.$$

Löst man die Gleichung nach $F$ auf und erweitert mit $h^2$, so erhält man

$$F_{\text{krit}} = \frac{7{,}0^2}{10{,}17} \cdot \frac{EI_2}{h^2} = 4{,}705 \cdot \frac{EI_2}{h^2}.$$

Der zugehörige Knicklängenbeiwert ist

$$\beta^2 = \frac{\pi^2}{4{,}705} = 2{,}098 \quad \text{und} \quad \beta_2 = 1{,}45.$$

Die Werte nach 2.5.4 und 2.5.4.2 sind praktisch identisch.

Aus dem Beispiel kann man wieder ersehen, daß sinnvolle Annahmen komplizierte Berechnungen erheblich vereinfachen können.

## 2.6 Rahmen

Die bisher zusammengestellten Erkenntnisse lassen sich auf Rahmensysteme übertragen. Das Verfahren der Integralgleichungen erweist sich auch für die Berechnung der Rahmen als sehr zweckmäßig. Die Verformungsbilder müssen wieder sinnvoll angenommen werden. In der Abb. (2.6) sind die beiden vorkommenden Systeme, der Zweigelenkrahmen und der eingespannte Rahmen, im verformten Zustand dargestellt.

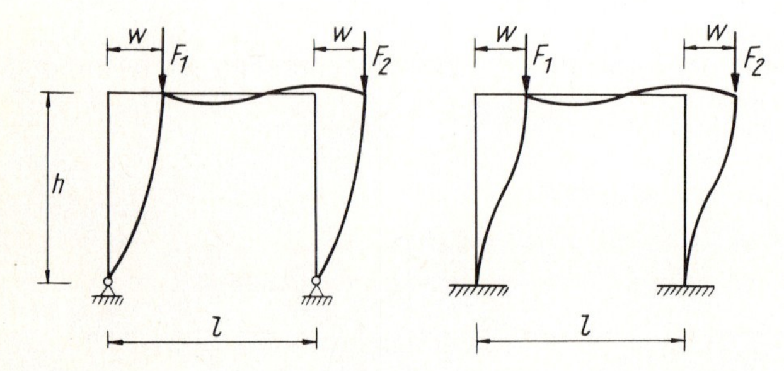


Abb. 2.6 Zweigelenkrahmen und eingespannter Rahmen im verformten Zustand

### 2.6.1 Erläuterung der Probleme an einem Zweigelenkrahmen

An einem Zweigelenkrahmen werden die bei Rahmen auftretenden Probleme erläutert. Im Abschnitt 2.4, insbesondere 2.4.1.2, 2.4.2.2 und 2.4.3 wurde der Lastspannungszustand definiert. Dieser muß auch hier ermittelt werden. In Abb. (2.6.1a) ist ein für die Berechnung zweckmäßiges Hauptsystem dargestellt. Dieses System wird nach der Theorie II. Ordnung berechnet.

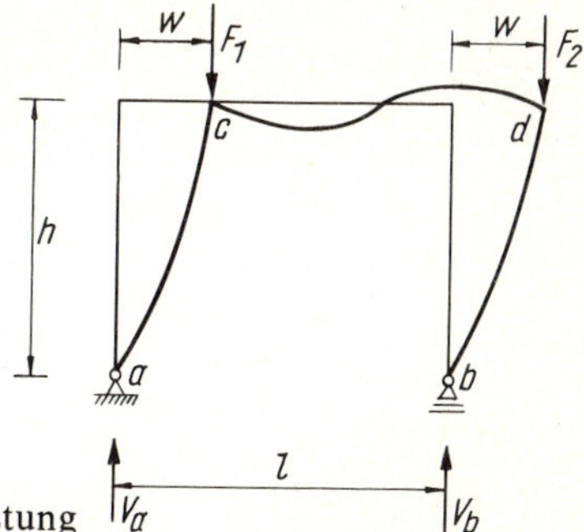


Abb. 2.6.1a Statisch bestimmtes Hauptsystem mit Belastung

*Berechnung der Auflagerkräfte*

$\sum M_b = 0$

$$V_a \cdot l - F_1 \cdot (l - w) + F_2 \cdot w = 0$$

$$V_a = \frac{1}{l} \cdot (F_1 \cdot l - F_1 \cdot w - F_2 \cdot w)$$

$$V_a = F_1 - \frac{w}{l} \cdot (F_1 + F_2).$$

Aus $\sum V = 0$ ergibt sich $V_b = F_2 + \frac{w}{l} \cdot (F_1 + F_2)$.

*Berechnung der Eckmomente*

Berechnet man die Eckmomente, so erhält man

$M_c = V_a \cdot w \approx F_1 \cdot w$ und $M_d = -V_b \cdot w \approx -F_2 \cdot w$,

wenn Glieder 3. Ordnung vernachlässigt werden.

*Berechnung der Riegelmomente*

In Abb. (2.6.1b) ist der Riegel mit den Randschnittgrößen dargestellt.

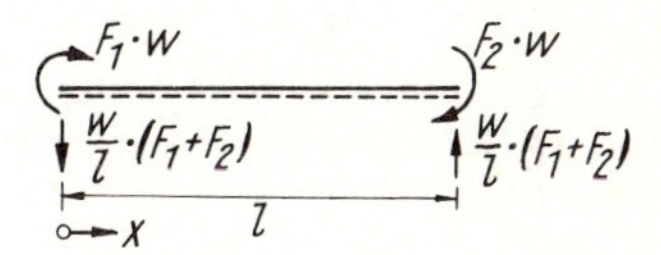


Abb. 2.6.1b Riegel mit den Randschnittgrößen

Stellt man die Gleichung der Momentenlinie auf, so erhält man

$$M = F_1 \cdot w - \frac{w}{l} \cdot (F_1 + F_2) \cdot x.$$

Das ist eine lineare Funktion.

In Abb. (2.6.1c) ist die gesuchte Momentenlinie $M_0$ dargestellt.

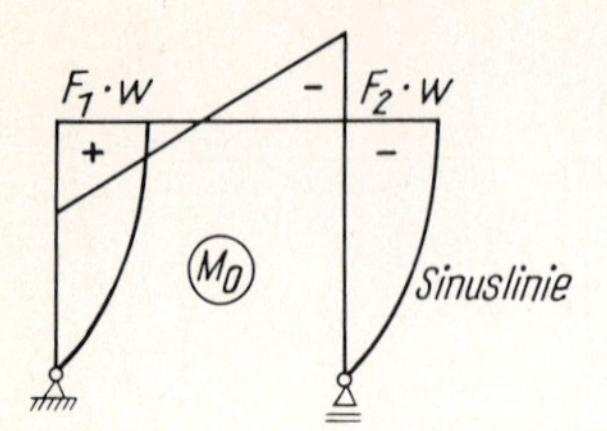


Abb. 2.6.1c Lastspannungszustand $M_0$

Die Stielmomente sind affine Abbildungen der angenommenen Verformungslinien, die Riegelmomente sind Linearfunktionen.

*Ermittlung der virtuellen Momentenlinie am statisch unbestimmten System*

Ist das System hinsichtlich der Stielsteifigkeiten unsymmetrisch, so muß hierfür eine statisch unbestimmte Berechnung durchgeführt werden. Hier wird gleiche Stielsteifigkeit angenommen. Die Momente können direkt hingeschrieben werden und sind $\overline{M}_c = -\overline{M}_d = \frac{1}{2} \cdot h$. In der Abb. (2.6.1d) ist diese Momentenlinie dargestellt.

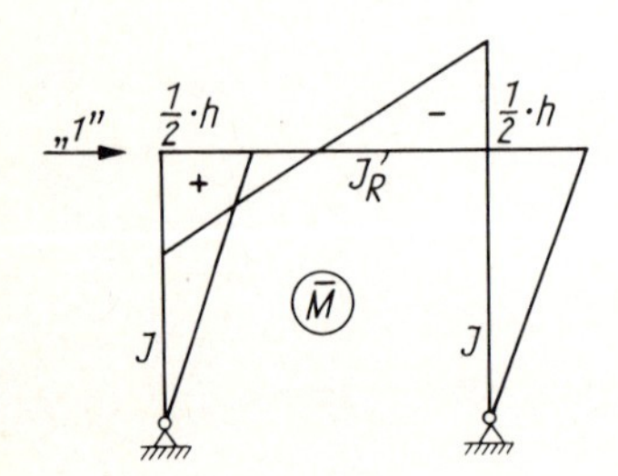


Abb. 2.6.1d Virtuelle Momentenlinie $\overline{M}$ am statisch unbestimmten System

Die Seitenverschiebung $w$ kann man aus der Überlagerung der Momentenfläche $M_0$ und $\overline{M}$ ermitteln.

Sie wird

$$w = \frac{1}{EI} \cdot \frac{4}{\pi^2} \cdot h \cdot \left(F_1 \cdot w \cdot \frac{h}{2} + F_2 \cdot w \cdot \frac{h}{2}\right)$$

$$+ \frac{1}{EI_R} \cdot \frac{1}{6} \cdot l \cdot \left(F_1 \cdot w \cdot \frac{1}{2} \cdot h + F_2 \cdot w \cdot \frac{1}{2} \cdot h\right). \tag{2.6.1a}$$

Multipliziert man diese Gleichung mit $(\pi^2 \cdot EI)/(w \cdot h^2)$, so erhält man

$$\frac{EI \cdot \pi^2}{h^2} = 4 \cdot \frac{F_1 + F_2}{2} + \frac{\pi^2}{6} \cdot \frac{F_1 + F_2}{2} \cdot \frac{I \cdot l}{I_R \cdot h}.$$

Setzt man $c = I \cdot l / I_R \cdot h$ und klammert $\frac{1}{2} \cdot (F_1 + F_2)$ aus, so wird

$$\frac{EI \cdot \pi^2}{h^2} = \tfrac{1}{2} \cdot (F_1 + F_2) \cdot (4 + 1{,}64 \cdot c).$$

Klammert man $F_1$ aus und nennt $m = F_2/F_1$, so ergibt sich

$$\frac{EI \cdot \pi^2}{h^2} = F_1 \cdot \frac{1 + m}{2} \cdot (4 + 1{,}64 \cdot c).$$

Damit wird

$$\beta^2 = \frac{1 + m}{2} \cdot (4 + 1{,}64 \cdot c). \tag{2.6.1b}$$

*Die TGL der DDR gibt als Gleichung*
$\beta^2 = [(1 + m)/2] \cdot (4 + 1{,}7 \cdot c)$ und die DIN 4114 unter Blatt 1, 14.3 bei Vernachlässigung der Längskräfte $\beta^2 = [(1 + m)/2] \cdot (4 + 1{,}4 \cdot c + 0{,}02 \cdot c^2)$ an.

Ein Unterschied in den Werten besteht praktisch nicht.

Komplizierte Systeme kann man analog behandeln. Sie sind, abgesehen von einer größeren Rechenarbeit, nicht schwieriger zu erfassen.

Nimmt man eine elastische Eckverbindung gemäß Abb. (2.6.1e) an, so muß die Gleichung (2.6.1a) um den Term $\varphi_a \cdot h = \frac{F_1 + F_2}{c_D} \cdot w \cdot h$ erweitert werden. $c_D$ ist die Verdrehung einer Ecke durch die Nachgiebigkeit der Verbindungsmittel und kann wie im Abschnitt 2.3.5.1 berechnet werden. Die Gleichung (2.6.1b) wird dann zu

$$\beta^2 = \frac{1 + m}{2} \cdot \left(4 + 1{,}64 \cdot c + \frac{EI \cdot \pi^2}{c_D \cdot h}\right) \tag{2.6.1c}$$

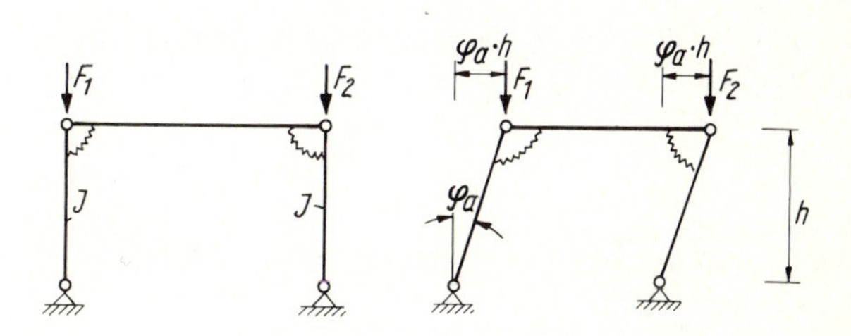


Abb. 2.6.1e Zweigelenkrahmen mit elastischen Eckverbindungen

*2.6.1.1 Der trapezförmige Zweigelenk- oder Dreigelenkrahmen*

In der Abb. (2.6.1f) sind ein trapezförmiger Zweigelenkrahmen und ein trapezförmiger Dreigelenkrahmen dargestellt.

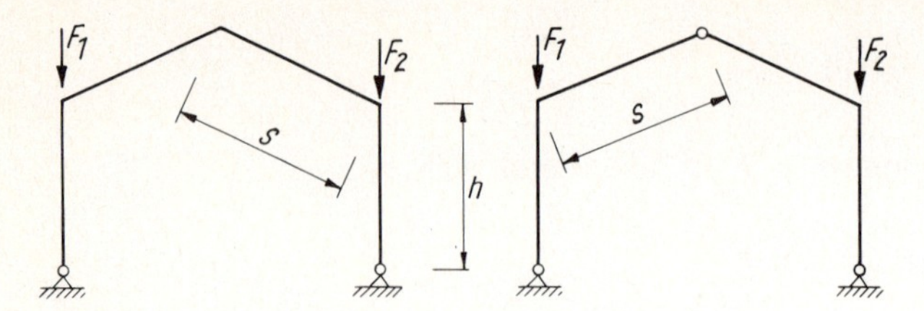


Abb. 2.6.1f Zweigelenk- und Dreigelnkrahmen

Hinsichtlich der Stabilität können beide Rahmen gleich behandelt werden, denn die Knickbiegelinie bei einem symmetrischen Zweigelenkrahmen ist so gestaltet, daß in der Mitte ein Gelenk angenommen werden kann.

Die Gleichung (2.6.1c) kann direkt übernommen werden, wenn man in der Formel $c = I \cdot l/I_R \cdot h$ $l$ durch $2 \cdot s$ ersetzt. Dann ist $c = I \cdot 2 \cdot s/I_R \cdot h$ und der Knicklängenbeiwert wird damit

$$\beta^2 = \frac{1+m}{2} \cdot \left(4 + \frac{\pi^2}{3} \cdot \tilde{c} + \frac{EI \cdot \pi^2}{c_D \cdot h}\right) \qquad (2.6.1d)$$

mit $\tilde{c} = I \cdot s/I_R \cdot h$ (2.6.1f)

Die gleiche Formel findet man, anders hergeleitet und mit $m = 1{,}0$, in [17], Seite 21.

Erweiterung auf Koppellasten

Ein häufig vorkommendes System im Hallenbau ist der trapezförmige Zwei- oder Dreigelenkrahmen mit innenliegenden Koppelstützen. In Abb. (2.6.1g) ist ein solcher Rahmen dargestellt.

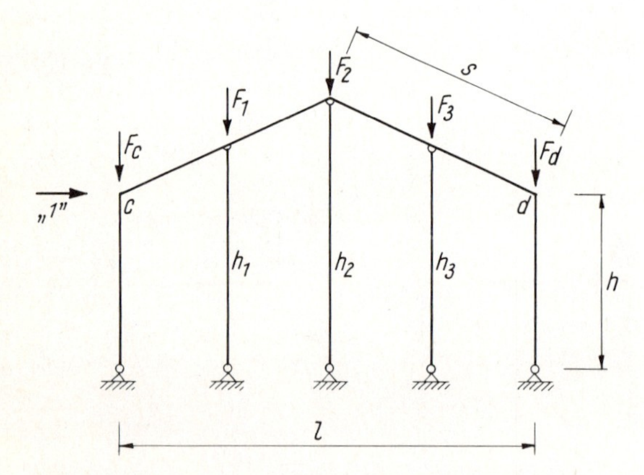


Abb. 2.6.1g Trapezrahmen mit Koppelstützen

Für ein solches System soll der Knicklängenbeiwert $\beta$, bezogen auf die Randstütze, berechnet werden. Das virtuelle Moment $\bar{M}$ wird diesmal aus Gründen der Zweckmäßigkeit am statisch unbestimmten System ermittelt. Das Eckmoment ist, gleichgültig wieviel Pendelstützen zwischen den Randstützen stehen, immer $\bar{M}_c = -\bar{M}_d = 0{,}5 \cdot h$. Die Momentenlinie zwischen diesen beiden Randmomenten kann nach dem Festpunktverfahren oder auch nach dem Drehwinkelverfahren leicht ermittelt werden. In der Abb. (2.6.1h) sind die Momentenflächen für $n = 1$ bis $n = 6$ bei einem Randmoment von $\pm 1{,}0$ dargestellt. Aus Gründen der Vereinfachung ist dabei der Rahmenriegel als gerade Linie gezeichnet. $n$ ist die Anzahl der Felder.

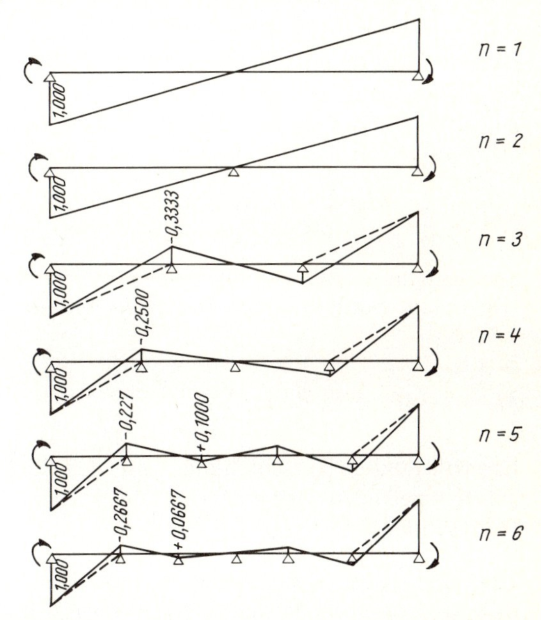


Abb. 2.6.1h Verteilung der virtuellen Momente im Riegel in Abhängigkeit von der Feldzahl $n$

Das Moment des Lastzustandes $M_0$ entspricht der Abb. (2.6.1c). In Näherung kann man die virtuelle Momentenlinie durch die gestrichelte Linie der Abb. (2.6.1h) erfassen. Die Nichtberücksichtigung der Momentenanteile in Riegelmitte werden das Ergebnis kaum beeinflussen. In Abb. (2.6.1i) sind die für die Überlagerung benötigten Riegelmomente $M_0$ und $\bar{M}$ dargestellt. Die Momentenlinie $M_0$ kann man in einem antimetrischen und einen symmetrischen Anteil zerlegen. Bei der Überlagerung mit $\bar{M}$ fällt dann der symmetrische Anteil heraus.

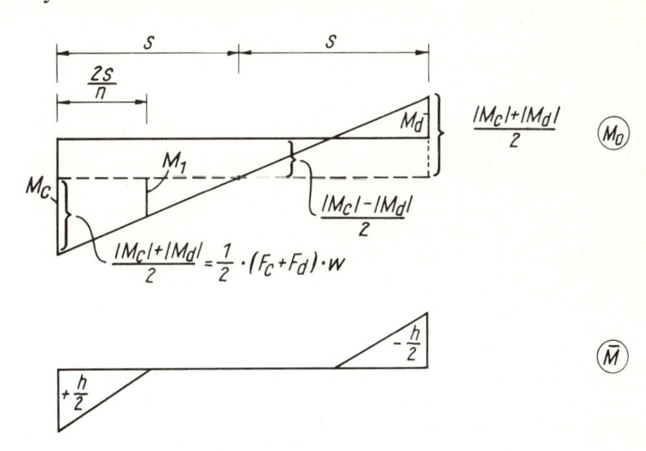


Abb. 2.6.1i Riegelmomente

Aus der Abb. (2.6.1i) kann $M_1$ ermittelt werden.

$$M_1 = \frac{1}{2} \cdot (F_c + F_d) \cdot w \cdot \frac{s - \frac{2s}{n}}{s} = \frac{1}{2} \cdot (F_c + F_d) \cdot \left(1 - \frac{2}{n}\right) \cdot w.$$

Der Überlagerungsanteil des Riegels ist dann

$$\Delta w = 2 \cdot \frac{1}{6 \cdot EI_R} \cdot \frac{2s}{n} \cdot \frac{h}{2} \cdot \left(2 \cdot \frac{1}{2}(F_c + F_d) \cdot w + \frac{1}{2} \cdot (F_c + F_d) \cdot \left(1 - \frac{2}{n}\right) \cdot w\right]$$

$$\Delta w = \frac{s \cdot h}{3 \cdot EI_R} \cdot \frac{1}{2}(F_c + F_d) \cdot \frac{3n - 2}{n^2} \cdot w$$

Die Eckmomente aus den Koppellasten sind analog zu den Abschnitten 2.2 und 2.3.2

$$M_c = -M_d = \pm \frac{1}{2} \cdot h \cdot \sum F_i \cdot \frac{w}{h_i}.$$

Die vollständige Verschiebung $w$ mit den Stielanteilen, dem Verdrehungsanteil und den Koppellasten wird nach den Gleichungen des Abschnittes 2.3.5, nach Gleichung (2.6.1a) und Gleichung (2.6.1c)

$$w = \frac{1}{EI} \cdot \left(\frac{4}{\pi^2} \cdot h \cdot F_c \cdot w \cdot \frac{h}{2} + \frac{4}{\pi^2} \cdot h \cdot F_d \cdot w \cdot \frac{h}{2} + 2 \cdot \frac{1}{3} \cdot h \cdot \frac{1}{2} \cdot h \cdot \sum F_i \cdot \frac{w}{h_i} \cdot \frac{h}{2}\right)$$
$$+ \frac{0{,}5 \cdot (F_c + F_d) + 0{,}5 \cdot \sum F_i \frac{h}{h_i}}{c_d} \cdot w \cdot h$$
$$+ \frac{s \cdot h}{3 \cdot EI_R} \cdot \frac{1}{2} \cdot \left(F_c + F_d + \sum F_i \cdot \frac{h}{h_i}\right) \cdot \frac{3n - 2}{n^2} \cdot w.$$

Multipliziert man diese Gleichung mit $EI \cdot \pi^2/h^2 \cdot w$, so erhält man

$$\frac{EI \cdot \pi^2}{h^2} = 4 \cdot \frac{F_c + F_d}{2} + \frac{\pi^2}{6} \cdot \sum F_i \cdot \frac{h}{h_i}$$
$$+ \frac{EI \cdot \pi^2}{h \cdot c_d} \cdot \frac{1}{2} \cdot \left(F_c + F_d + \sum F_i \frac{h}{h_i}\right)$$
$$+ \frac{\pi^2 \cdot s \cdot I}{3 \cdot h \cdot I_R} \cdot \frac{1}{2} \cdot \left(F_c + F_d + \sum F_i \cdot \frac{h}{h_i}\right) \cdot \frac{3n - 2}{n^2}.$$

Setzt man $m = F_d/F_c$, $\bar{\bar{n}} = \sum F_i \cdot \frac{h}{h_i}/(F_c + F_d)$ und $\tilde{c} = \frac{s \cdot I}{h \cdot I_R}$ so erhält man nach einigen Umformungen

$$\frac{EI \cdot \pi^2}{h^2} = F_c \cdot \frac{1+m}{2} \cdot \left[4 \cdot (1 + 0{,}82 \cdot \bar{\bar{n}}) + \frac{EI \cdot \pi^2}{h \cdot c_d} \cdot (1 + \bar{\bar{n}}) + \frac{\pi^2}{3} \cdot \tilde{c} \cdot (1 + \bar{\bar{n}}) \cdot \frac{3n-2}{n^2}\right].$$

Der Knicklängenbeiwert für die Parameter der Stütze $c$ ist dann

$$\beta = \sqrt{\frac{1+m}{2} \cdot \left[4 \cdot (1 + 0{,}82 \cdot \bar{\bar{n}}) + \frac{EI \cdot \pi^2}{h \cdot c_d} \cdot (1 + \bar{\bar{n}}) + \frac{\pi^2}{3} \cdot \tilde{c} \cdot (1 + \bar{\bar{n}}) \cdot \frac{3n-2}{n^2}\right]}. \tag{2.6.1g}$$

Beispiel

Die Knicklänge des Rahmenstieles $a$–$c$ des in Abb. (2.6.1j) skizzierten Boxenstalles aus Holz soll ermittelt werden.

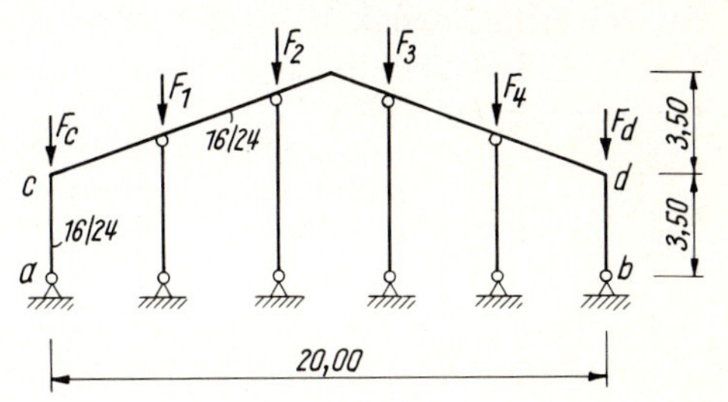


Abb. 2.6.1j Boxenstall aus Holz

$F_c = F_d = 15\,\text{kN}$, $F_1 = F_2 = F_3 = F_4 = 30\,\text{kN}$, $h_1 = h_4 = 4{,}9\,\text{m}$,
$h_2 = h_3 = 6{,}3\,\text{m}$, $s = \sqrt{10^2 + 3{,}5^2} = 10{,}59\,\text{m}$.

Die elastische Eckeinspannung wurde mit
$c_d = 15 \cdot 10^3\,\text{kN/m} \cdot 0{,}2\,\text{m}^2 = 3000\,\text{kNm}$ angenommen.

$I = I_R = 18\,432\,\text{cm}^4$, $E_H I_H = 0{,}1 \cdot 18\,432 = 1843{,}2\,\text{kNm}^2$,

$$\tilde{c} = \frac{10{,}59 \cdot I}{3{,}5 \cdot I_R} = 3{,}026, \quad m = 1{,}0, \quad n = 5 \text{ (Anzahl der Felder)},$$

$$\bar{\bar{n}} = \frac{2 \cdot 30 \cdot \frac{3{,}5}{4{,}9} + 2 \cdot 30 \cdot \frac{3{,}5}{6{,}3}}{15 + 15} = 2{,}54.$$

Damit wird

$$\beta^2 = 4 \cdot (1 + 0{,}82 \cdot 2{,}54) + \frac{1843{,}2 \cdot \pi^2}{3{,}5 \cdot 3000} \cdot (1 + 2{,}54) + \frac{\pi^2}{3} \cdot 3{,}026 \cdot 3{,}54 \cdot \frac{3{,}5 - 2}{5^2}$$

$$\beta^2 = 12{,}33 + 6{,}13 + 18{,}33 = 36{,}79$$
$$\beta = 6{,}07$$

und die Knicklänge $s_K = \beta \cdot h = 6{,}07 \cdot 3{,}5 = 21{,}25\,\text{m}$.

Der Schlankheitsgrad ist dann $\lambda = s_K/i = 2125/6{,}93 = 306{,}6$.

Das System ist viel zu weich. Der Riegel müßte steifer ausgebildet werden. Der Einfluß der elastischen Eckeinspannung ist relativ gering.

### 2.6.2 Der eingespannte Rahmen

Beim eingespannten Rahmen kann man analog zu Abschnitt 2.6.1 vorgehen. Die Biegelinie der Stiele wird gemäß Tabelle (1.6.3a) als Funktion $\frac{1}{2}\cdot[1 - \cos(\pi \cdot x)/h]$ angenommen. In Abb. (2.6.2a) ist der Lastspannungszustand dargestellt. Er unterscheidet sich von der Abb. (2.6.1c) nur durch die Form der Stielmomente.

Der Einfachheit halber wird $F_1 = F_2 = F$ gesetzt.

Ist die Stielsteifigkeit unsymmetrisch, so muß die virtuelle Momentenlinie $\overline{M}$ durch eine statisch unbestimmte Berechnung ermittelt werden. Hier wird wieder für die Stiele gleiche Steifigkeit angenommen. Die Werte für die Eckmomente können dann einem Rahmenhandbuch entnommen werden. Sie lauten, wenn man $c = I \cdot l / I_R \cdot h$ als Parameter einführt

$$\overline{M}_a = -\overline{M}_b = -\frac{h}{2}\cdot\frac{3+c}{6+c}$$

und

$$\overline{M}_c = -\overline{M}_d = +\frac{h}{2}\cdot\frac{3}{6+c}.$$

Ist der Riegel unendlich starr, so wird $c = 0$ und die Momente $|\overline{M}_a| = |\overline{M}_b| = |\overline{M}_c| = |\overline{M}_d| = \frac{1}{4}\cdot h$. Sie verteilen sich gleichmäßig auf alle Stielenden.

Ist der Riegel unendlich weich, so wird $c = \infty$.

Dann werden $|\overline{M}_a| = |\overline{M}_b| = \frac{1}{2}\cdot h$ und $\overline{M}_c = \overline{M}_d = 0$.

Der Rahmen entartet in zwei unten eingespannte Kragstützen, die je das halbe Gesamtmoment aufnehmen.

In Abb. (2.6.2b) ist die virtuelle Momentenlinie $\overline{M}$ dargestellt.

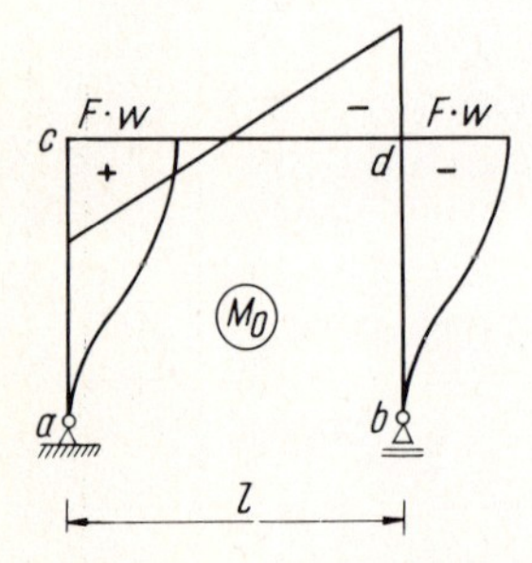


Abb. 2.6.2a Lastspannungszustand $M_0$ am geeigneten Hauptsystem

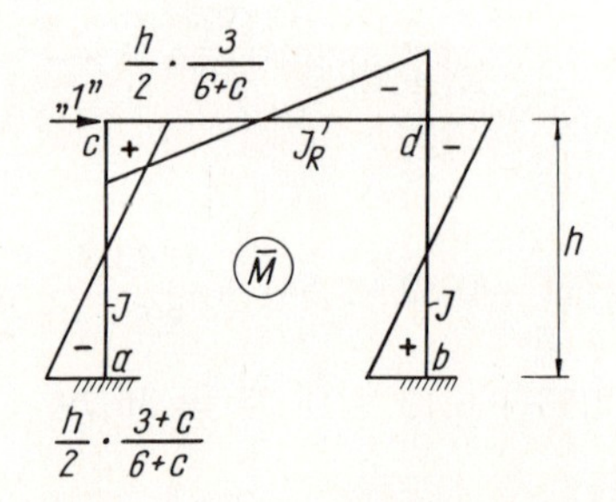


Abb. 2.6.2b Virtuelle Momentenlinie $\overline{M}$ am unbestimmten System

Die Seitenverschiebung $w$ wird wieder durch Überlagerung der Momentenflächen $M_0$ und $\overline{M}$ ermittelt. Die Überlagerungsfaktoren können der Tabelle (1.6.3a) entnommen werden.

Damit wird

$$w = \frac{2}{EI} \cdot \left( \frac{3{,}47}{\pi^2} \cdot h \cdot F \cdot w \cdot \frac{h}{2} \cdot \frac{3}{6 + c} - \frac{1{,}47}{\pi^2} \cdot h \cdot F \cdot w \cdot \frac{h}{2} \cdot \frac{3 + c}{6 + c} \right)$$

$$+ \frac{2}{EI_R} \cdot \frac{1}{3} \cdot \frac{l}{2} \cdot F \cdot w \cdot \frac{h}{2} \cdot \frac{3}{6 + c}.$$

Multipliziert man die Gleichung mit $EI \cdot \pi^2/h^2 \cdot w$ und klammert $F$ aus, so erhält man

$$\frac{EI \cdot \pi^2}{h^2} = F \cdot \left( 3{,}47 \cdot \frac{3}{6 + c} - 1{,}47 \cdot \frac{3 + c}{6 + c} + \frac{I \cdot l}{I_R \cdot h} \cdot \frac{\pi^2}{6} \cdot \frac{3}{6 + c} \right).$$

Nennt man $c = I \cdot l / I_R \cdot h$ und faßt zusammen, so ergibt sich

$$\frac{EI \cdot \pi^2}{h^2} = F \cdot \frac{6{,}00 + 3{,}465 \cdot c}{6 + c}.$$

Damit wird

$$\beta_1 \approx \sqrt{\frac{6{,}0 + 3{,}47 \cdot c}{6 + c}}.$$

Die DIN 4114 gibt ohne Berücksichtigung des Normalkrafteinflusses in Blatt 1, 14.13

$$\beta_2 = \frac{1 + 0{,}4 \cdot c}{1 + 0{,}2 \cdot c} \qquad \text{und unter 14.4}$$

$$\beta_3 = \sqrt{1 + 0{,}35 \cdot c - 0{,}017 \cdot c^2}$$

als Formel für den Knicklängernbeiwert an.

In der Tabelle (2.6.2) ist die Auswertung dieser Gleichungen zusammengestellt.

Tabelle 2.6.2 Zusammenstellung der Knicklängenbeiwerte

| $c$ | $\beta_1$ | $\beta_2$ | $\beta_3$ |
|---|---|---|---|
| 0 | 1,00 | 1,0 | 1,00 |
| 1 | 1,16 | 1,17 | 1,15 |
| 2 | 1,27 | 1,29 | 1,27 |
| 3 | 1,35 | 1,38 | 1,37 |
| 4 | 1,41 | 1,44 | 1,46 |
| 5 | 1,46 | 1,50 | 1,52 |
| 6 | 1,49 | 1,55 | 1,58 |
| 7 | 1,53 | 1,58 | 1,62 |
| 8 | 1,55 | 1,62 | 1,65 |
| 9 | 1,57 | 1,64 | 1,67 |
| 10 | 1,59 | 1,67 | 1,67 |
| 20 | 1,86 | 2,00 | ÷ |

Die Werte stimmen im Bereich der praktischen Anwendung recht gut überein. Sogar im Grenzfall $c = \infty$ ist der Näherungswert $\beta_1$ nur etwa 7% zu klein. $\beta_3$ ist eine quadratische Approximation und nur bis $c = 10$ gültig.

### 2.6.3 Ein dreihüftiger eingeschossiger Rahmen mit verschieden hohen Stielen

In Abb. (2.6.3a) ist ein dreihüftiger Rahmen dargestellt. Die Knicklängenbeiwerte für die drei Stiele sollen ermittelt werden. Es ist hier ein spezielles Beispiel gewählt, denn eine allgemeine Lösung wäre zu unübersichtlich. Der Rechengang zeigt aber, wie man in anders gelagerten Fällen vorgehen kann.

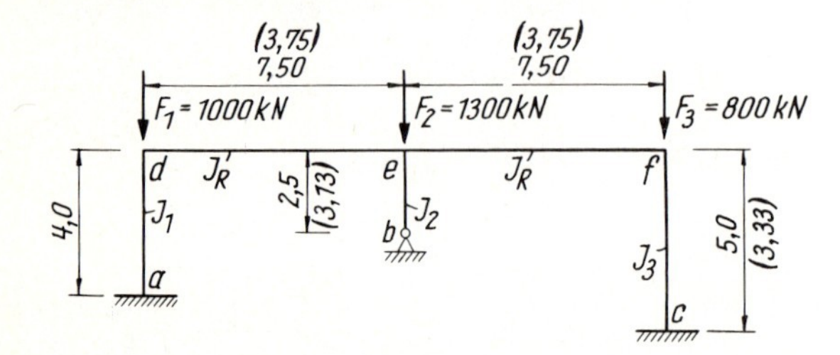


Abb. 2.6.3a Rahmen mit Belastung und Steifigkeiten

Die Trägheitsmomente sind $I_1 = I_k$, $I_2 = 0{,}8 \cdot I_k$, $I_3 = 1{,}5 \cdot I_k$ und $I_R = 2{,}0 \cdot I_k$.

Die Klammerwerte geben die reduzierten Längen $l = l \cdot (I_k/I)$ an.

In Abb. (2.6.3b) ist der Rahmen im verformten Zustand dargestellt. Die Verformung muß sinnvoll angenommen werden. Das ist der Fall, wenn die gegebenen Randbedingungen erfüllt sind.

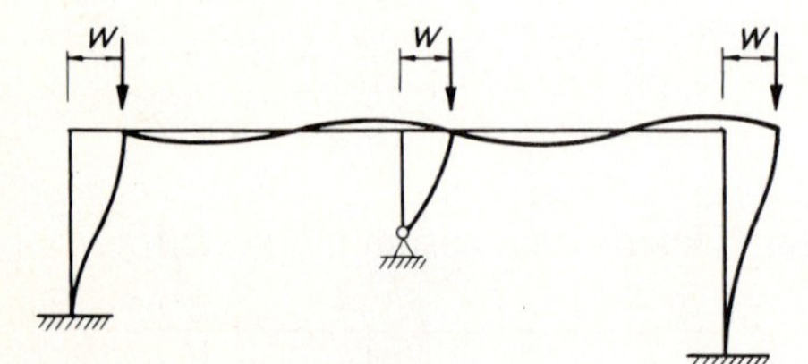


Abb. 2.6.3b Rahmen im verformten Zustand

Für die Berechnung des Lastspannungszustandes muß wieder ein zweckmäßiges Hauptsystem gesucht werden. In Abb. (2.6.3c) ist das gewählte Hauptsystem dargestellt.

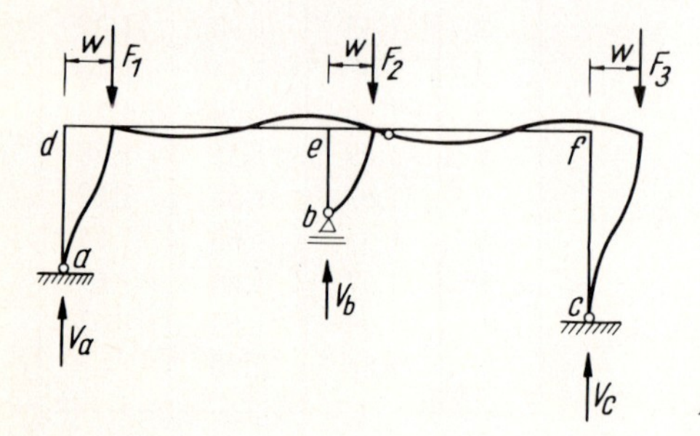


Abb. 2.6.3c Geeignetes Hauptsystem

Analog zu Abschnitt 2.6.1 kann man die Momentenlinie leicht ermitteln. In den Stielen ist sie eine affine Abbildung der Verformungslinie und in den Riegeln eine Linearfunktion. Die Abb. (2.6.3d) zeigt diese Momentenlinie.

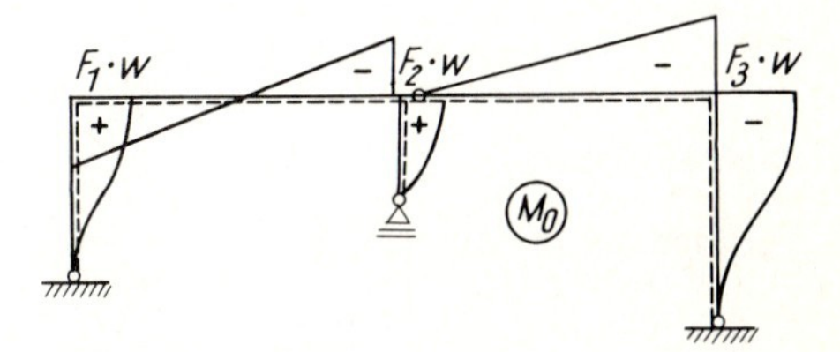


Abb. 2.6.3d Lastspannungszustand

Die virtuelle Momentenlinie $\overline{M}$ muß an dem fünffach statisch unbestimmten System ermittelt werden. Auf die Vorführung des umfangreichen Rechenganges wird an dieser Stelle verzichtet. In Abb. (2.6.3e) ist das Ergebnis dargestellt.

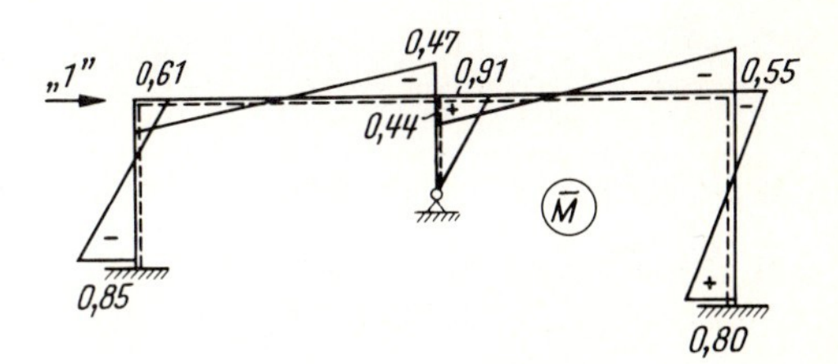


Abb. 2.6.3e Virtuelle Momentenlinie $\overline{M}$

Die Seitenverschiebung $w$ kann man aus der Überlagerung der Momentenfläche $M_0$ mit der Momentenfläche $\overline{M}$ ermitteln. Sie wird mit den schon bekannten Überlagerungsfaktoren

$$EI_k \cdot w = \frac{1}{\pi^2} \cdot 4{,}0 \cdot F_1 \cdot w \cdot (0{,}61 \cdot 3{,}47 - 0{,}85 \cdot 1{,}46)$$

$$+ \frac{4}{\pi^2} \cdot 3{,}13 \cdot F_2 \cdot w \cdot 0{,}91$$

$$+ \frac{1}{\pi^2} \cdot 3{,}33 \cdot F_3 \cdot w \cdot (0{,}55 \cdot 3{,}47 - 0{,}80 \cdot 1{,}46)$$

$$+ \tfrac{1}{6} \cdot 3{,}75 \cdot [F_1 \cdot w \cdot (2 \cdot 0{,}61 - 0{,}47) - F_2 \cdot w \cdot (-2 \cdot 0{,}47 + 0{,}61)]$$

$$- \tfrac{1}{6} \cdot 3{,}75 \cdot F_3 \cdot w \cdot (-2 \cdot 0{,}55 + 0{,}44).$$

Multipliziert man die Gleichung mit $\pi^2/w$ und faßt die Zahlenwerte zusammen, so erhält man

$$EI_k \cdot \pi^2 = 8{,}129 \cdot F_1 + 13{,}429 \cdot F_2 + 6{,}537 \cdot F_3. \tag{2.6.3}$$

Die Knicklängenbeiwerte für die einzelnen Stützen kann man jetzt leicht berechnen.

*Stütze 1*

Die Gleichung (2.6.3) wird durch $h_1^2 = 4^2$ dividiert und $F_1$ wird ausgeklammert. Dann erhält man

$$\frac{EI_1 \cdot \pi^2}{h_1^2} = F_1 \cdot \left[\frac{8{,}129}{16} + \frac{13{,}429}{16} \cdot \frac{1300}{1000} + \frac{6{,}537}{16} \cdot \frac{800}{1000}\right].$$

Damit wird $\beta_1^2 = 1{,}926$ und $\beta_1 = 1{,}388$.

Die Bemessunglast ist $F_1$.

*Stütze 2*

Die Gleichung (2.6.3) wird durch $h_2^2 = 2{,}5^2$ dividiert, $F_2$ wird ausgeklammert und $I_1$ wird durch $I_2/0{,}8$ ersetzt.

Dann erhält man

$$\frac{EI_2 \cdot \pi^2}{h_2^2} = F_2 \cdot 0{,}8 \cdot \left[\frac{8{,}129}{6{,}25} \cdot \frac{1000}{1300} + \frac{13{,}429}{6{,}25} + \frac{6{,}537}{6{,}25} \cdot \frac{800}{1300}\right].$$

Damit wird $\beta_2^2 = 3{,}034$ und $\beta_2 = 1{,}742$.

Die Bemessungslast ist $F_2$.

*Stütze 3*

Die Gleichung (2.6.3) wird durch $h_3^2 = 5^2$ dividiert, $F_3$ wird ausgeklammert und $I_1$ wird durch $I_3/1{,}5$ ersetzt.

Damit wird

$$\frac{EI \cdot \pi^2}{h_3^2} = F_3 \cdot 1{,}5 \cdot \left[\frac{8{,}129}{25} \cdot \frac{1000}{800} + \frac{13{,}429}{25} \cdot \frac{1300}{800} + \frac{6{,}537}{25}\right].$$

Dann ist $\beta_3^2 = 2{,}311$ und $\beta_3 = 1{,}52$.

Die Bemessungslast ist $F_3$.

*2.6.3.1 Ein einfaches Näherungsverfahren für die Berechnung von Knicklängenbeiwerten bei verschieblichen Rahmen.* Man nimmt an, daß die Riegel unendlich starr sind. Dann kann die äußere Querkraft, hier die virtuelle Last "1", im Verhältnis der reduzierten Trägheitsmomente auf die Stiele verteilt werden. Es ist

$$Q_i = Q_a \cdot \frac{\bar{I}_i \cdot (h/h_i)^3}{\sum \bar{I}_i \cdot (h/h_i)^3}, \tag{2.6.3.1}$$

wobei beim beidseitig eingespannten Stiel $\bar{I}_i = I_i$ und beim einseitig eingespannten Stiel $\bar{I}_i = \frac{1}{4} \cdot I_i$ eingesetzt werden muß.

Die Momente errechnet man nach der Gleichung $|M_i| = \frac{1}{2} \cdot Q_i \cdot h_i$, bzw. $|M_i| = Q_i \cdot h_i$. In der Tabelle (2.6.3.1) sind die Werte für $\bar{I}_i$, $|M_i|$ und der Verlauf von $M_i$ noch einmal zusammengestellt.

Tabelle 2.6.3.1

| Stiel | $\bar{I}_i$ | $\lvert M_i \rvert$ | Form |
|---|---|---|---|
| | $I_i$ | $\frac{1}{2} \cdot Q_i \cdot h_i$ | $M_i$ $M_i$ |
| | $\frac{1}{4} \cdot I_i$ | $Q_i \cdot h_i$ | $M_i$ |

Mit den Werten des Beispieles werden $\bar{I}_1 = 1{,}0 \cdot I_k$, $\bar{I}_2 = \frac{1}{4} \cdot 0{,}8 \cdot I_k = 0{,}2 \cdot I_k$ und $\bar{I}_3 = 1{,}5 \cdot I_k$. Als Bezugslänge wird $h = h_1$ angenommen.

Damit errechnet man die reduzierten Werte zu

$$\bar{I}_1 \cdot \left(\frac{h}{h_1}\right)^3 = 1{,}0 \cdot I_k \cdot \left(\frac{4{,}0}{4{,}0}\right)^3 = 1{,}00 \cdot I_k$$

$$\bar{I}_2 \cdot \left(\frac{h}{h_2}\right)^3 = 0{,}2 \cdot I_k \cdot \left(\frac{4{,}0}{2{,}5}\right)^3 = 0{,}82 \cdot I_k$$

$$\bar{I}_3 \cdot \left(\frac{h}{h_3}\right)^3 = 1{,}5 \cdot I_k \cdot \left(\frac{4{,}0}{5{,}0}\right)^3 = 0{,}77 \cdot I_k$$

$$\sum \bar{I}_i \cdot \left(\frac{h}{h_i}\right)^3 = 2{,}59 \cdot I_k .$$

Die Querkräfte sind dann $Q_1 = 1{,}0 \cdot (1{,}0/2{,}59) = 0{,}39$, $Q_2 = 1{,}0 \cdot (0{,}82/2{,}59) = 0{,}32$ und $Q_3 = 1{,}0 \cdot (0{,}77/2{,}59) = 0{,}30$. Mit diesen Querkräften werden die Momente $\bar{M}_1 = \pm\frac{1}{2} \cdot 0{,}39 \cdot 4{,}0 = \pm 0{,}78$, $\bar{M}_2 = 0{,}32 \cdot 2{,}50 = 0{,}80$ und $\bar{M}_3 = \pm\frac{1}{2} \cdot 0{,}30 \cdot 5{,}0 = \pm 0{,}75$.
In Abb. (2.6.3.1) ist die so berechnete Momentenlinie $\bar{M}$ dargestellt.

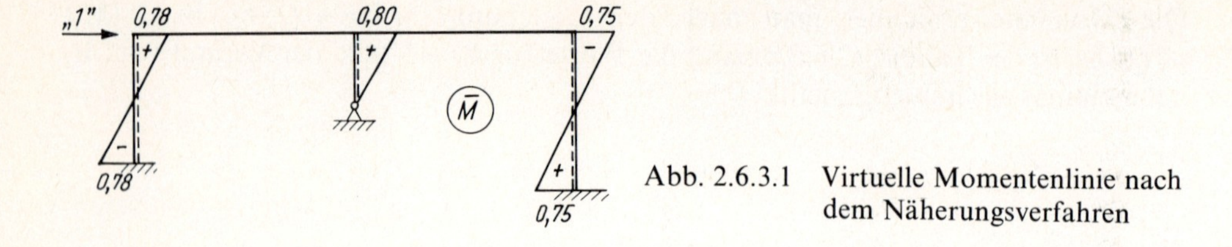

Abb. 2.6.3.1 Virtuelle Momentenlinie nach dem Näherungsverfahren

Man sieht, daß die Ergebnisse der Näherungsberechnung gar nicht so sehr von denen der genauen Berechnung abweichen.

Für die Ermittlung der Verschiebung muß man wieder die Momentenflächen $M_0$ [Abb. (2.6.3d)] und $\overline{M}$ [Abb. (2.6.3.1)] überlagern. Dabei ist zu beachten, daß die Riegelanteile Null werden, da der Riegel laut Voraussetzung unendlich starr ist. Sie wurden deshalb in Abb. (2.6.3.1) auch nicht gezeichnet.

Es ist dann

$$EI_k \cdot w = \frac{1}{\pi^2} \cdot 4{,}0 \cdot F_1 \cdot w \cdot (3{,}47 \cdot 0{,}78 - 1{,}47 \cdot 0{,}78)$$

$$+ \frac{4}{\pi^2} \cdot 3{,}13 \cdot F_2 \cdot w \cdot 0{,}8$$

$$+ \frac{1}{\pi^2} \cdot 3{,}33 \cdot F_3 \cdot w \cdot (3{,}47 \cdot 0{,}75 - 1{,}47 \cdot 0{,}75).$$

Multipliziert man die Gleichung mit $\pi^2/w$ und faßt die Zahlenwerte zusammen, so erhält man

$$EI_k \cdot \pi^2 = F_1 \cdot 6{,}28 + F_2 \cdot 10{,}02 + F_3 \cdot 5{,}02.$$

Ermittelt man die Knicklängenbeiwerte wie im Abschnitt 2.6.3 gezeigt, so ergibt sich

$$\beta_1^2 = \frac{6{,}28}{16} + \frac{10{,}02}{16} \cdot \frac{1300}{1000} + \frac{5{,}02}{16} \cdot \frac{800}{1000} = 1{,}458$$

$$\beta_1 = 1{,}207$$

$$\beta_2^2 = 0{,}8 \cdot \left[\frac{6{,}28}{6{,}25} \cdot \frac{1000}{1300} + \frac{10{,}02}{6{,}25} + \frac{5{,}02}{6{,}25} \cdot \frac{800}{1300}\right] = 2{,}296$$

$$\beta_2 = 1{,}515$$

$$\beta_3^2 = 1{,}5 \cdot \left[\frac{6{,}28}{25} \cdot \frac{1000}{800} + \frac{10{,}02}{25} \cdot \frac{1300}{800} + \frac{5{,}02}{25}\right] = 1{,}749$$

$$\beta_3 = 1{,}32.$$

Das System ist steifer angenommen als es in Wirklichkeit ist.

Die Knicklängenbeiwerte werden durch diese Annahmen etwas zu klein. Die errechneten Werte müssen mit einem Faktor vergrößert werden. Eine Erhöhung von 15 bis 20% dürfte etwa richtig sein.

Man kann das Verfahren verfeinern, wenn man die virtuellen Momente der beidseitig eingespannten Stäbe mit dem Faktor $(1 + D_{ik})$, bzw. $(1 - D_{ik})$ korrigiert. $D_{ik}$ ist der Drehfaktor nach Kani.

$$|D_{ik}| = \frac{k_{ik}}{2 \cdot \sum k_{ik}}$$

Das virtuelle Moment, das an der Seite von $M_0 = F \cdot w$ liegt, muß dabei vergrößert werden. Virtuelle Momente einseitig eingespannter Stäbe bleiben unkorrigiert.

Im Beispiel sind $D_{ad} = 0{,}5 \cdot 3{,}75/(4{,}00 + 3{,}75) = 0{,}24$ und
$D_{cf} = 0{,}5 \cdot 3{,}75/(3{,}75 + 3{,}33) = 0{,}265$. Die korrigierten Momente werden damit

$$\bar{\bar{M}}_{ad} = -0{,}78 \cdot (1 - 0{,}24) = -0{,}59,$$

$$\bar{\bar{M}}_{da} = +0{,}78 \cdot (1 + 0{,}24) = +0{,}97,$$

$$\bar{\bar{M}}_{fc} = -0{,}75 \cdot (1 + 0{,}265) = -0{,}95 \quad \text{und}$$

$$\bar{\bar{M}}_{cf} = +0{,}75 \cdot (1 - 0{,}265) = +0{,}55.$$

Die $\bar{\bar{M}}$-Momente sind nur für eine zweckmäßige Überlagerung umgeformt und dürfen nicht mit den wirklichen virtuellen Momenten der Abb. (2.6.3e) verglichen werden.

Mit diesen Werten wird die Überlagerung der Seite

$$EI \cdot \pi^2 = 4{,}0 \cdot F_1 \cdot (3{,}47 \cdot 0{,}97 - 1{,}47 \cdot 0{,}59)$$
$$+4 \cdot 3{,}13 \cdot F_2 \cdot 0{,}8$$
$$+3{,}33 \cdot F_3 \cdot (3{,}47 \cdot 0{,}95 + 1{,}47 \cdot 0{,}55)$$

$$EI \cdot \pi^2 = 9{,}99 \cdot F_1 + 10{,}02 \cdot F_2 + 8{,}29 \cdot F_3.$$

Die Knicklängenbeiwerte sind dann

$$\beta_1^2 = \frac{9{,}99}{16} + \frac{10{,}02}{16} \cdot \frac{1300}{100} + \frac{8{,}29}{16} \cdot \frac{800}{1000} = 1{,}853$$

$$\beta_1 = 1{,}36 \quad (1{,}39)$$

$$\beta_2^2 = 0{,}8 \cdot \left[\frac{9{,}99}{6{,}25} \cdot \frac{1000}{1300} + \frac{10{,}02}{6{,}25} + \frac{8{,}29}{6{,}25} \cdot \frac{800}{1300}\right] = 2{,}92$$

$$\beta_2 = 1{,}71 \quad (1{,}74)$$

$$\beta_3^2 = 1{,}5 \cdot \left[\frac{9{,}99}{25} \cdot \frac{1000}{800} + \frac{10{,}02}{25} \cdot \frac{1300}{800} + \frac{8{,}29}{25}\right] = 2{,}224$$

$$\beta_3 = 1{,}49 \quad (1{,}52).$$

Die so errechneten Knicklängenbeiwerte kommen den genauen Werten (Klammerwerte) beachtlich nahe.

### 2.6.4 Ein mehrstöckiger Rahmen

In Abb. (2.6.4a) ist ein zweistöckiger, symmetrischer Rahmen in verformten Zustand dargestellt. Die Belastung braucht nicht symmetrisch zu sein. Es ist ein für den Lastspannungszustand zweckmäßiges Hauptsystem gewählt.

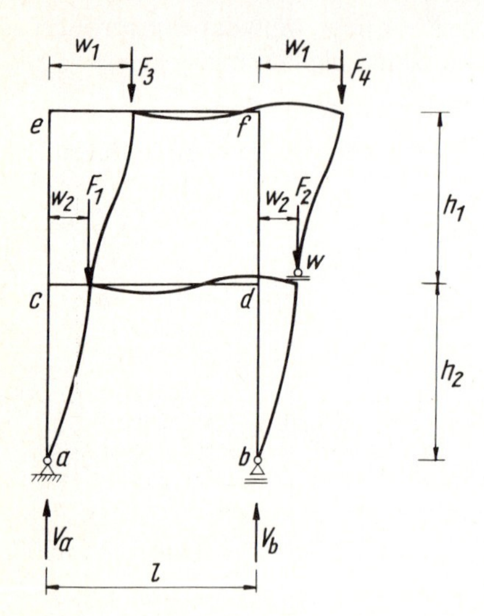


Abb. 2.6.4a Verformtes System mit Last

*Statische Berechnung des Hauptsystems*

Aus der Momentenbedingung $\sum M_b = 0$ ergibt sich

$$V_a \cdot l - F_1 \cdot (l - w_2) + F_2 \cdot w_2 - F_3 \cdot (l - w_1) + F_4 \cdot w_1 = 0$$

Löst man diese Gleichung nach $V_a$ auf, so erhält man

$$V_a = F_1 + F_3 - \frac{w_2}{l} \cdot (F_1 + F_2) - \frac{w_1}{l} \cdot (F_3 + F_4) \tag{2.6.4a}$$

$$V_b = F_2 + F_4 + \frac{w_2}{l} \cdot (F_1 + F_2) + \frac{w_1}{l} \cdot (F_3 + F_4). \tag{2.6.4b}$$

Das sind gleichzeitig die Normalkräfte in den unteren Stielen. Die Normalkräfte in den oberen Stielen sind

$$V_c^0 = F_3 - \frac{w_1 - w_2}{l} \cdot (F_3 + F_4)$$

$$V_d^0 = F_4 + \frac{w_1 - w_2}{l} \cdot (F_3 + F_4).$$

Die Momente berechnet man zu

$M_e = F_3 \cdot (w_1 - w_2), \quad M_f = -F_4 \cdot (w_1 - w_2),$

$M_c^u = M_c^r = (F_1 + F_3) \cdot w_2$ und $M_d^u = M_d^l = -(F_2 + F_4) \cdot w_2.$

In Abb. (2.6.4b) ist die Momentenlinie des Lastspannungszustandes dargestellt.

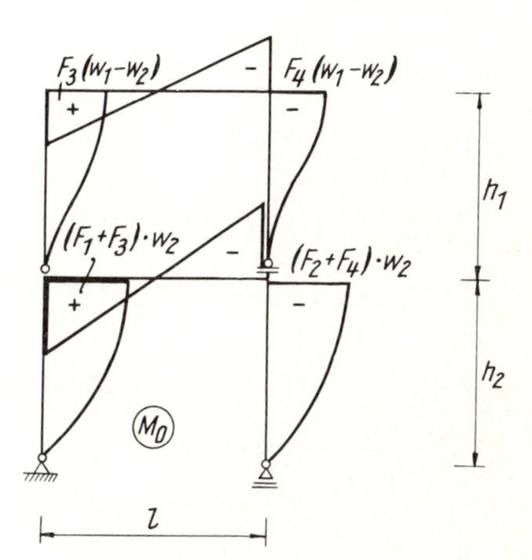


Abb. 2.6.4b Momentenlinie des Lastspannungszustandes

Die virtuellen Momentenlinien müssen am statisch unbestimmten System ermittelt werden. Aus Gründen der Vereinfachung werden die Höhen $h_1$ und $h_2 = 4{,}0$ m und die Spannweite $l = 5{,}0$ m gesetzt. Die Trägheitsmomente sollen alle gleich sein. Sowohl $\overline{M}_1$, wie auch $\overline{M}_2$ sind antimetrische Momentenflächen an einem symmetrischen System. Durch diese Tatsachen bedingt, ist das System statisch einfach unbestimmt.

Für die Ermittlung von $\overline{M}_1$ und $\overline{M}_2$ kann eine statisch unbestimmte Berechnung durchgeführt werden. Sie ist hier nicht mit abgedruckt worden. Man kann aber auch die Werte direkt einem Rahmenhandbuch entnehmen. In den Abb. (2.6.4c) und (2.6.4d) sind die virtuellen Momentenlinien dargestellt.

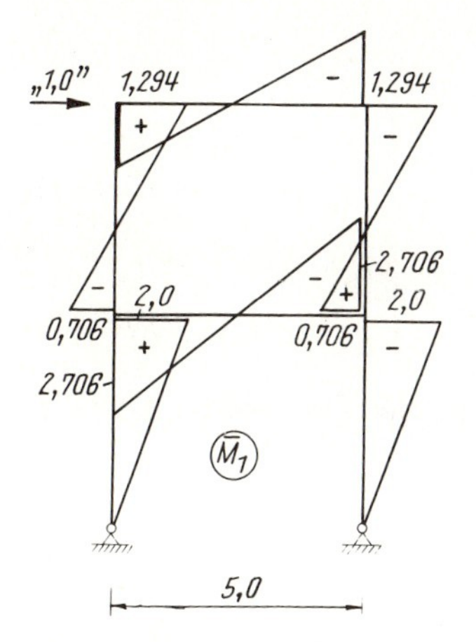


Abb. 2.6.4c Virtuelle Momentenlinie $\overline{M}_1$

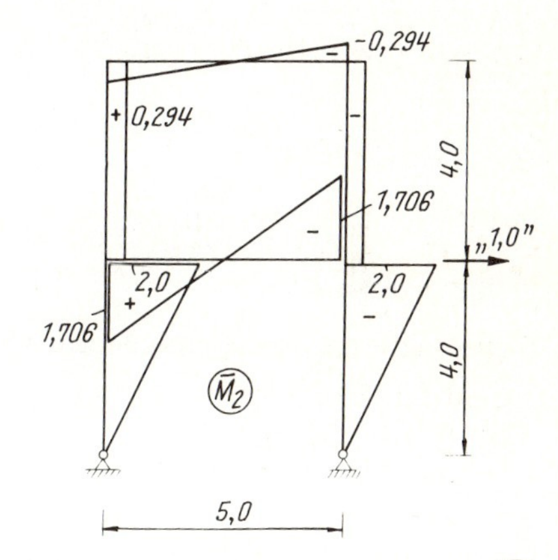


Abb. 2.6.4d Virtuelle Momentenlinie $\overline{M}_2$

Die Überlagerung der $M_0$-Fläche der Abb. (2.6.4b) mit den $\overline{M}$-Flächen erfolgt mit Hilfe der Werte der Tabelle (1.6.3a).

$$
\begin{aligned}
EI \cdot w_1 = {} & \frac{4}{\pi^2} \cdot 4{,}0 \cdot 2{,}0 \cdot (F_1 + F_2 + F_3 + F_4) \cdot w_2 \\
& + \tfrac{1}{6} \cdot 5{,}0 \cdot 2{,}706 \cdot (F_1 + F_2 + F_3 + F_4) \cdot w_2 \\
& + \frac{3{,}467}{\pi^2} \cdot 4{,}0 \cdot 1{,}294 \cdot (F_3 + F_4) \cdot (w_1 - w_2) \\
& - \frac{1{,}467}{\pi^2} \cdot 4{,}0 \cdot 0{,}706 \cdot (F_3 + F_4) \cdot (w_1 - w_2) \\
& + \tfrac{1}{6} \cdot 5{,}0 \cdot 1{,}294 \cdot (F_3 + F_4) \cdot (w_1 - w_2).
\end{aligned}
$$

Multipliziert man aus und ordnet man, so wird

$$
\begin{aligned}
& EI \cdot \pi^2 \cdot w_1 - 24{,}45 \cdot (F_3 + F_4) \cdot w_1 - 54{,}26 \cdot (F_1 + F_2) \cdot w_2 \\
& - 29{,}81 \cdot (F_3 + F_4) \cdot w_2 = 0.
\end{aligned}
\qquad (2.6.4c)
$$

$$
\begin{aligned}
EI \cdot w_2 = {} & \frac{4}{\pi^2} \cdot 4 \cdot 2{,}0 \cdot (F_1 + F_2 + F_3 + F_4) \cdot w_2 \\
& + \tfrac{1}{6} \cdot 5{,}0 \cdot 1{,}706 \cdot (F_1 + F_2 + F_3 + F_4) \cdot w_2 \\
& + \frac{4{,}935}{\pi^2} \cdot 4{,}0 \cdot 0{,}294 \cdot (F_3 + F_4) \cdot (w_1 - w_2) \\
& + \tfrac{1}{6} \cdot 5{,}0 \cdot 0{,}294 \cdot (F_3 + F_4) \cdot (w_1 - w_2).
\end{aligned}
$$

Geordnet und multipliziert wird

$$
\begin{aligned}
& EI \cdot \pi^2 \cdot w_2 - 46{,}03 \cdot (F_1 + F_2) \cdot w_2 - 37{,}81 \cdot (F_3 + F_4) \cdot w_2 \\
& - 8{,}22 \cdot (F_3 + F_4) \cdot w_1 = 0.
\end{aligned}
\qquad (2.6.4d)
$$

ZAHLENBEISPIEL

Die Riegellast unten beträgt $q_u = 70\,\mathrm{kN/m}$ und oben $q_0 = 20\,\mathrm{kN/m}$.

Damit werden $F_1 = F_2 = \frac{1}{2} \cdot 70 \cdot 5{,}0 = 175\,\mathrm{kN}$ und $F_3 = F_4 = \frac{1}{2} \cdot 20 \cdot 5{,}0 = 50\,\mathrm{kN}$.

Setzt man diese Werte ein und multipliziert aus, so erhält man

$$
\begin{aligned}
& EI \cdot \pi^2 \cdot w_1 - 2445 \cdot w_1 - 21\,972 \cdot w_2 = 0 \quad \text{und} \\
& EI \cdot \pi^2 \cdot w_2 - 19\,891{,}5 \cdot w_2 - 822 \cdot w_1 = 0.
\end{aligned}
$$

Der Knicklängenbeiwert soll auf $h_2 = 4{,}0\,\mathrm{m}$ und $F = F_1 + F_3 = 225\,\mathrm{kN}$ als Bemessungslast bezogen werden.

Teilt man die Gleichungen durch $h_2^2 \cdot F = 3600$, so erhält man das Gleichungssystem

$$\left(\frac{EI \cdot \pi^2}{h_2^2 \cdot F} - 0{,}6792\right) \cdot w_1 - 6{,}1033 \cdot w_2 = 0$$

$$0{,}2283 \cdot w_1 - \left(\frac{EI \cdot \pi^2}{h_2^2 \cdot F} - 5{,}525\right) \cdot w_2 = 0. \qquad (2.6.4e)$$

Setzt man $\beta^2 = (EI \cdot \pi^2)/(h_2^2 \cdot F)$, so wird

$(\beta^2 - 0{,}6792) \cdot w_1 - 6{,}1033 \cdot w_2 = 0$ und $0{,}2283 \cdot w_1 - (\beta^2 - 5{,}525) = 0.$

Eine nichttriviale Lösung entsteht, wenn die Nennerdeterminante des Gleichungssystems zu Null wird. Diese ist

$N = (\beta^2 - 0{,}6792) \cdot (\beta^2 - 5{,}525) - 1{,}39338 = 0.$

Die maßgebende Lösung dieser Gleichung ist $\beta = 2{,}41$.

Setzt man diesen Wert in eine der beiden Gleichungen ein, so erhält man $(2{,}41^2 - 0{,}6792) \cdot w_1 - 6{,}1033 \cdot w_2 = 0$ und daraus $w_1 = 1{,}19 \cdot w_2$. In Abb. (2.6.4e) ist die relative Biegelinie des linken Stieles dargestellt.

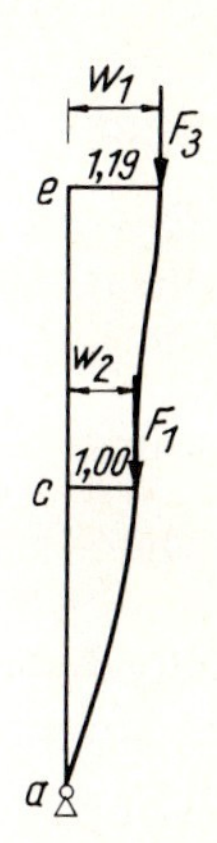


Abb. 2.6.4e Relative Biegelinie

Bezieht man $\beta$ auf den oberen Stiel mit der Last $F_3 = 50$ kN, so wird

$$\frac{EI \cdot \pi^2}{h^2 \cdot F_3 \cdot (F/F_3)} = 2{,}41^2 \quad \beta_0^2 = \frac{EI \cdot \pi^2}{h^2 \cdot F} = 2{,}41^2 \cdot \frac{225}{50} = 26{,}14 \qquad \beta_0 = 5{,}11.$$

Vernachlässigt man bei der Berechnung des Knicklängenbeiwertes $\beta$ den oberen Rahmen ganz, so kann man nach Gleichung (2.6.1)

$$\beta^2 = 4 + 1{,}64 \cdot \frac{I \cdot l}{I_R \cdot h} = 4 + 1{,}64 \cdot \frac{5{,}0}{4{,}0} = 6{,}05$$

schreiben. Damit wird $\beta = 2{,}46$.

Der Unterschied ist so gering, daß sich der große Aufwand der obigen Berechnung kaum lohnt.

# 3 Elastizitätstheorie II. Ordnung

## 3.1 Allgemeines

Die E DIN 18 800 Teil 2 bringt einige Änderungen für die Bemessung von Knickstäben. Das bisherige $\omega$-Verfahren wird durch andere Verfahren ersetzt. Die Vorschrift sieht drei Möglichkeiten vor.

1. Der exakte Tragkraftnachweis unter Berücksichtigung von Imperfektionen, des wirklichen Materialgesetzes und dem Einfluß der Verformungen.

2. Die Fließgelenktheorie II. Ordnung.

3. Die Elastizitätstheorie II. Ordnung.

Das erste Verfahren wird wegen der sehr aufwendigen Berechnung kaum Eingang in die Praxis finden und wohl nur für grundlegende Forschungsarbeiten und zur Kontrolle von Näherungsverfahren gebraucht werden.

Das zweite Verfahren ist eine sehr gute Näherung des ersten Verfahrens und kann als Grundlage für die Herstellung von Bemessungsbehelfen für die Praxis benutzt werden.

Das dritte Verfahren ist nicht neu. Die bisherige DIN 4114, Ri 7.9 und Ri 10.2 erlaubt für die Bemessung von gedrückten Stäben anstelle des Stabilitätsnachweises auch einen Tragsicherheitsnachweis nach Theorie II. Ordnung.

Für dieses Verfahren soll hier ein brauchbares Näherungsverfahren abgeleitet werden.

Die Schnittgrößen sind am verformten System unter der $\gamma$-fachen Gebrauchslast zu ermitteln. Die für diese Schnittgrößen ermittelten Spannungen müssen unter der Fließgrenze $\beta_s$ bleiben. Örtlich darf sie unter gewissen Bedingungen auch überschritten werden.

Die exakte Erfassung des Problems führt auf eine inhomogene Differentialgleichung II. Ordnung. Die Lösung sind je nach Belastung und Randbedingungen verschiedenartige transzendente Funktionen. Sie können der Literatur entommen werden.

Stellvertretend für viele andere Veröffentlichungen seien hier die Literaturangaben [9], [10] und [11] genannt.

Die Berechnung von transzendenten Funktionen mit Hilfe eines kleinen Tischrechners ist heute leicht möglich, wenngleich auch die Gefahr, Rechenfehler zu machen, sehr groß ist, da die gewohnte Anschaulichkeit bei den Formeln nicht mehr vorhanden ist.

Das genaue Verfahren wird deshalb hier nicht weiter verfolgt und nur als Kontrolle für das abgeleitete Näherungsverfahren herangezogen.

In dem hier beschriebenen Näherungsverfahren wird analog zum Abschnitt 2.1.7 die Gleichgewichtsbedingung $\sum M = 0$ nur an einem markanten Punkt erfüllt. Die

Form der Biegelinie muß sinnvoll angenommen werden. Eine sinnvolle Annahme liegt vor, wenn die wesentlichen Randbedingungen erfüllt sind.

Um eine möglichst einfache Schreibweise zu erhalten, gelten die Bezeichnungen

$N$ Längskraft unter der $\gamma$-fachen Gebrauchslängskraft und
$q$ $\gamma$-fache Gebrauchslast
für alle folgenden Lastfälle als vereinbart.

Nach E DIN 18 800 Teil 2, 2.3, sind $\gamma = 1{,}5$ für den Lastfall Hauptlasten (H) und $\gamma = 1{,}3$ für den Lastfall Haupt- und Zusatzlasten (HZ). Diese Werte können sich eventuell noch ändern.

## 3.2 Berechnung von Balken auf zwei Stützen und Ersatzbalken mit beliebiger Belastung nach Theorie II. Ordnung bei angenommener Form der Biegelinie

Beim Balken auf zwei Stützen wird die Form der Biegelinie als Sinuslinie angenommen. In Abb. 3.2 sind die für die Ableitung erforderlichen Zustandslinien zusammengestellt.

Es bedeuten:

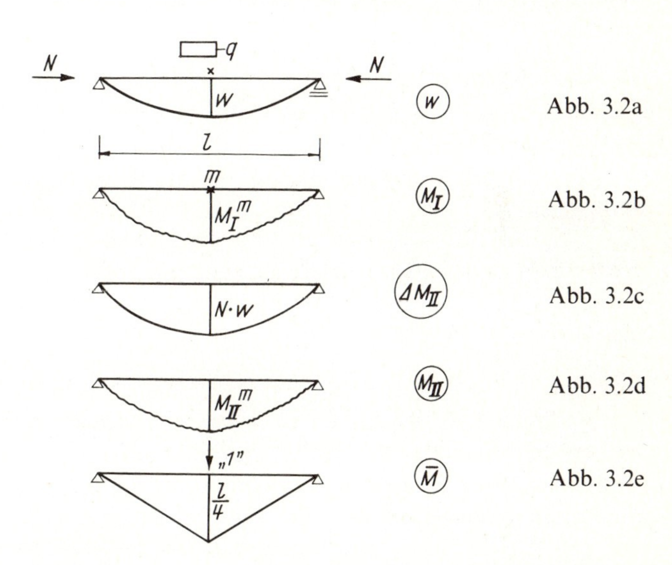


Abb. 3.2a Verformtes System unter der $\gamma$-fachen Belastung.

Abb. 3.2b Momentenlinie $M_I$ nach Theorie I. Ordnung unter der $\gamma$-fachen Belastung $q$.

Abb. 3.2c Zusatzmoment $\Delta M_{II}$ nach Theorie II. Ordnung durch die $\gamma$-fache Längskraft $N$. Das Moment $\Delta M_{II}$ ist eine affine Abbildung der Biegelinie $y$.

Abb. 3.2d Momentenlinie $M_{II}$ nach Theorie II. Ordnung unter der $\gamma$-fachen Belastung $q$ und der $\gamma$-fachen Längskraft $N$. $M_{II} = M_I + \Delta M_{II}$.

Abb. 3.2e Virtuelles Moment $\bar{M}$ durch die Last „1" in Stabmitte.

Für alle Punkte des Systems gilt

$$M_{II} = M_I + \Delta M_{II}. \tag{3.2a}$$

Betrachtet man den markanten Punkt $m$, so lautet diese Gleichung

$$M_{II}^m = M_I^m + \Delta M_{II}^m = M_I^m + N \cdot w_{max}. \tag{3.2b}$$

Sind keine Verwechslungen möglich, so wird bei der Herleitung auf die Indexbezeichnung $m$ verzichtet.

Die Durchbiegung $w$ kann mit dem Arbeitsintegral berechnet werden

$$w = \int_0^l \frac{M_{II} \cdot \bar{M}}{EI} \cdot ds.$$

Mit den bekannten Integrationstabellen ergibt eine Überlagerung

$$w = \frac{1}{EI} \cdot \left[\frac{4}{\pi^2} \cdot l \cdot (M_{II} - M_I) \cdot \frac{l}{4} + c \cdot l \cdot M_I \cdot \frac{l}{4}\right].$$

Klammert man $l^2/\pi^2$ aus und faßt zusammen, so erhält man

$$w = \frac{l^2}{\pi^2 \cdot EI} \cdot \left[M_{II} + \left(\frac{\pi^2}{4} \cdot c - 1\right) \cdot M_I\right],$$

wobei $c$ der Überlagerungsfaktor der $\bar{M}$-Fläche mit der jeweiligen $M_I$-Fläche ist. Dabei ist zu berücksichtigen, daß bei der $M_I$–fläche der $M_I^m$-Wert für die Ermittlung maßgebend ist.

Nennt man $\alpha_1 = (\pi^2/4) \cdot c - 1$, so wird aus der Gleichung

$$w_m = \frac{l^2}{\pi^2 \cdot EI} \cdot [M_{II}^m + \alpha_1 \cdot M_I^m]. \tag{3.2c}$$

Die $\alpha_1$–Werte berücksichtigen die Form der Momentenlinie $M_I$ und wurden leicht variiert dem Buch des Verfassers "Stabilitätsberechnungen im Stahlbetonbau" [7], 2. Auflage, Seite 27 und Seite 194 entnommen. Sie sind in den Tabellen (3.2a) und (3.2b) zusammengestellt.

Die Werte entsprechen etwa den Korrekturwerten der sogenannten „Dischinger Formeln".

Tabelle 3.2a

| Form von $M_1$ | $\alpha_1$ |
|---|---|
|  | 0,234 |
|  | 0,234 |
| Parabel | 0,028 |
| Sinuslinie | 0 |
|  | −0,178 |
|  | −0,383 |
| c | $\alpha_1^*$ |
| c | $\alpha_1^{**}$ |

Tabelle 3.2b

| $\bar{\gamma} = \frac{c}{l}$ | $\alpha_1^*$ | $\alpha_1^{**}$ |
|---|---|---|
| 0 | + 0,234 | − 1,00 |
| 0,1 | + 0,217 | − 0.88 |
| 0,2 | + 0,168 | − 0,77 |
| 0,3 | + 0,086 | − 0,67 |
| 0,4 | − 0,029 | − 0,57 |
| 0,5 | − 0,178 | − 0,49 |
| 0,6 | − 0,029 | − 0,41 |
| 0,7 | + 0,086 | − 0,34 |
| 0,8 | + 0,168 | − 0,28 |
| 0,9 | + 0,217 | − 0,22 |
| 1,0 | + 0,234 | − 0,18 |

Der Faktor $\alpha_1$ kann je nach Form der Momentenlinien mit Hilfe dieser Tabellen ermittelt werden. Spätere Beispiele zeigen den Rechengang.

Hat die Gesamtmomentenlinie einen einigermaßen regelmäßigen Verlauf, so kann man sie durch eine allgemeine Parabel annähern.

In der Abb. 3.2f ist eine solche Momentenlinie dargestellt.

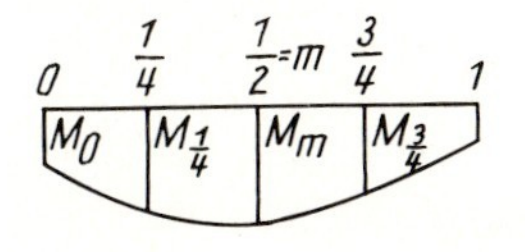

Abb. 3.2f Beliebige Momentenlinie

Für eine solche Form ist der Überlagerungsfaktor

$c = \frac{1}{6}(\eta_{1/4} + 1{,}0 + \eta_{3/4})$, wenn man $\eta_i = M_i/M_m$ setzt.

Mit $\alpha_1 = (\pi^2/4) \cdot c - 1$ wird dann

$$\alpha_1 = \frac{\pi^2}{24} \cdot (\eta_{1/4} + 1{,}0 + \eta_{3/4}) - 1.$$

Faßt man diese Zahlen zusammen, so ergibt sich

$$\alpha_1 = \frac{\eta_{1/4} + \eta_{3/4}}{2{,}4317} - 0{,}5888. \tag{3.2d}$$

*Berechnung von $M_{II}$*

Setzt man die Gleichung (3.2c) in Gleichung (3.2b) ein, so erhält man

$$M_{II}^{m} = M_{I}^{m} + \frac{N \cdot l^2}{\pi^2 \cdot EI} \cdot (M_{II}^{m} + \alpha_1 \cdot M_{I}^{m}).$$

Mit

$$\bar{A} = \frac{N \cdot l^2}{\pi^2 \cdot EI} \tag{3.2e}$$

wird

$$M_{II}^{m} = M_{I}^{m} + \bar{A} \cdot (M_{II}^{m} + \alpha_1 \cdot M_{I}^{m})$$

und nach Auflösung

$$\boxed{M_{II}^{m} = M_{I}^{m} \cdot \frac{1 + \alpha_1 \cdot \bar{A}}{1 - \bar{A}}}\ . \tag{3.2f}$$

Mit dieser Gleichung ist das Moment nach Theorie II. Ordnung an der Stelle $m$ gefunden.

Das Zusatzmoment allein ist

$$\Delta M_{II}^{m} = M_{I}^{m} \cdot \frac{(1 + \alpha_1) \cdot \bar{A}}{1 - \bar{A}}\ . \tag{3.2g}$$

Es verteilt sich sinuslinienförmig über die Stablänge.

Setzt man $\xi = x/l$, so lauten die Funktionen

$$\Delta M_{II} = \Delta M_{II}^{m} \cdot \sin \pi \xi \tag{3.2h}$$

und

$$\Delta Q_{II} = \Delta M_{II}^{m} \cdot \frac{\pi}{l} \cdot \cos \pi \xi \tag{3.2i}$$

In Abb. (3.2g) sind diese Funktionen dargestellt.

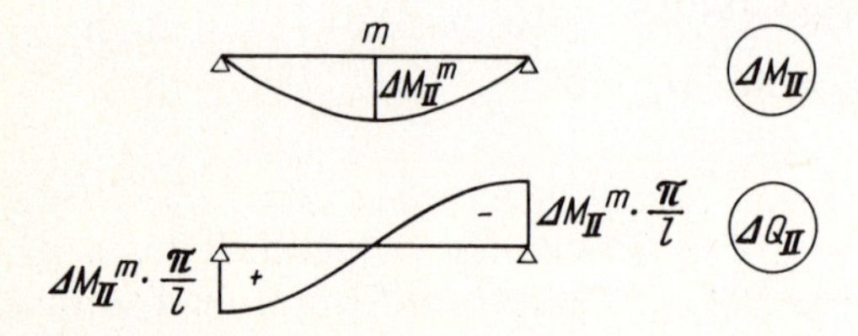


Abb. 3.2g $\Delta M_{II}$ und $\Delta Q_{II}$ als Funktion

In anderer Literatur wird $\varepsilon^2 = N \cdot l^2/EI$ als Parameter gebraucht.

$\varepsilon = l \cdot \sqrt{\frac{N}{EI}}$ heißt Stabkennzahl.

$$\varepsilon^2 = \bar{A} \cdot \pi^2 \quad \bar{A} = \frac{\varepsilon^2}{\pi^2} \tag{3.2j}$$

### 3.2.1 Bemessung von einteiligen Druckstäben mit einachsiger Biegung

Um Imperfektionen zu berücksichtigen, sind zusätzlich zu der planmäßigen Ausmitte geometrische Ersatzimperfektionen anzunehmen. Diese dürfen beim Balken auf zwei Stützen sinusförmig oder parabolisch angenommen werden. Sie hängen von der Form und der Herstellungsart der Profile ab und betragen nach E DIN 18 800 Teil 2, Tabelle 2

$w_0/l$ oder $v_0/l = 1/140$ bis $1/500$.

Rechnet man nach der Elastizitätstheorie, so kann man diese Werte um 25% verringern.

Die Auswirkung dieser Ersatzimperfektion kann auch durch eine gleichmäßig verteilte Zusatzlast erfaßt werden. Mit der Beziehung

$$M_V = N \cdot w_0 = \frac{\bar{q} \cdot l^2}{8}$$

wird

$$\bar{q} = \frac{8 \cdot N \cdot w_0}{l^2} = \frac{8 \cdot N}{l \cdot Ri}, \tag{3.2.1a}$$

wenn man mit $Ri$ den Nennerwert des Verhältnisses $w_0 = 1/Ri$ bezeichnet.

Abb. 3.2.1a zeigt eine geometrische Ersatzimperfektion und das zugehörige ungewollte Moment $M_V = N \cdot w$

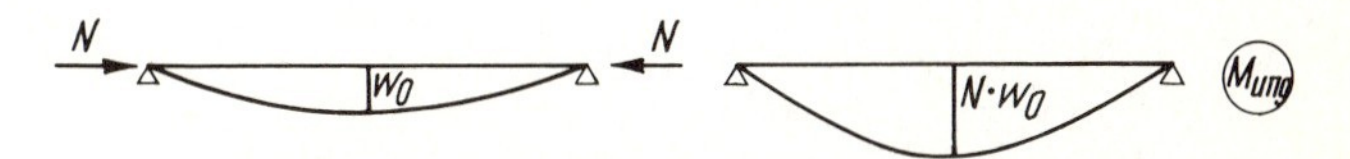


Abb. 3.2.1a Geometrische Ersatzimperfektion und $M_V$

$M_V$ kann wie das Moment aus einer Gleichlast behandelt werden.

BEISPIEL 3.2.1a

Das in Abb. (3.2.1b) dargestellte System soll in St 37 und mit einem IPBl Profil bemessen werden. In $y$-Richtung ist der Träger ausgesteift. Die Gebrauchslasten sind Hauptkräfte und betragen $q = 10\,\text{kN/m}$ und $N = 250\,\text{kN}$. Als Ersatzimperfektion kann nach E DIN 18 800 Teil 2 Tabelle 2 und 6, $w_0 = l/250$ angenommen werden. Dieser Wert kann wegen der Berechnung nach der Elastizitätstheorie mit dem Faktor 0,75 multipliziert werden. Die $\gamma$-fachen Lasten sind

$q = 1{,}5 \cdot 10 = 15{,}0\,\text{kN/m}$ und $N = 1{,}5 \cdot 250 = 375\,\text{kN}$.

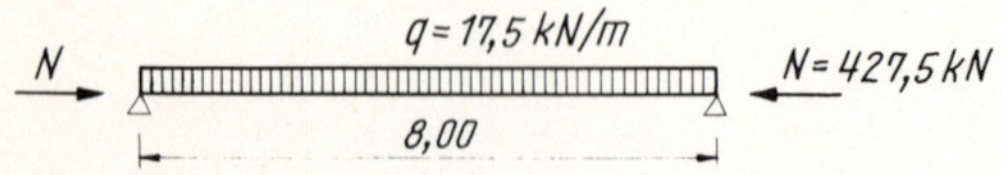

q= 17,5 kN/m
N
N= 427,5 kN
8,00

Abb. 3.2.1b System mit der $\gamma$-fachen Belastung

Die ungewollte Ausmitte ist $w_0 = 0{,}75 \cdot 8{,}0/250 = 0{,}024\,\text{m}$.

Damit wird das ungewollte Moment

$M_V = N \cdot w_0 = 375 \cdot 0{,}024 = 9{,}0\,\text{kNm}$.

Das planmäßige Moment ist $M = 0{,}125 \cdot 15{,}0 \cdot 8{,}0^2 = 120\,\text{kNm}$.

Dann ist $M_I = 120 + 9{,}0 = 129{,}0\,\text{kNm}$.

Eine Vorbemessung ergibt

$$W_{\text{erf}} > \frac{M_I}{\beta_S} = \frac{129 \cdot 100}{24} = 538\,\text{cm}^3.$$

Es wird ein IPBl 260 gewählt. Die Flächenwerte für dieses Profil sind
$A = 86{,}6\,\text{cm}^2$, $I_y = 10\,450\,\text{cm}^4$, $W = 836\,\text{cm}^3$ und
$EI = 2{,}1 \cdot 10^8 \cdot 10\,450 \cdot 10^8 = 21\,945\,\text{kNm}^2$.

Nach Gleichung (3.2e) ist

$$\bar{A} = \frac{N \cdot l^2}{\pi^2 \cdot EI} = \frac{375 \cdot 8{,}0^2}{\pi^2 \cdot 21\,945} = 0{,}1108$$

und nach Tabelle (3.2a) $\alpha_1 = 0{,}028$.

Damit wird nach Gleichung (3.2f)

$$M_{II}^{m} = M_{I}^{m} \cdot \frac{1 + \alpha_1 \cdot \bar{A}}{1 - \bar{A}} = 129 \cdot \frac{1 + 0{,}028 \cdot 0{,}1108}{1 - 0{,}1108} = 145{,}5\,\text{kNm}.$$

Die Spannungen sind dann

$$\sigma = \frac{N}{A} + \frac{M}{W} = \frac{375}{86{,}6} + \frac{145{,}5 \cdot 100}{836} = 4{,}3 + 17{,}4$$

$$= 21{,}7\,\text{kN/cm}^2 < \beta_S = 24\,\text{kN/cm}^2.$$

Würde man einen IPBl 240 wählen, so wären die Ergebnisse

$M_{II} = 152\,\text{kNm}$ und $\sigma = 27{,}4\,\text{kN/cm}^2$.

Dieser Träger wäre nicht ausreichend.

Das Ergebnis soll nach den genauen Formeln nach [11] überprüft werden. Der hier verwendete Parameter ist nach Gl. (3.2j)

$\varepsilon^2 = \bar{A} \cdot \pi^2 = 0{,}1108 \cdot \pi^2 = 1{,}0936$ und $\varepsilon = 1{,}046$.

Der Hilfswert ist

$$M_0 = \frac{1}{\varepsilon^2} \cdot (q \cdot l^2 + 8 \cdot N \cdot w_0).$$

$$M_0 = \frac{1}{1{,}0936} \cdot (15{,}0 \cdot 8{,}0^2 + 375 \cdot 0{,}024) = 943{,}67.$$

Die Gleichung für das maximale Moment ist

$$M_{\max} = \left(\frac{1}{\cos(\varepsilon/2)} - 1\right) \cdot M_0 = 145{,}6\,\text{kNm}.$$

Die Werte sind identisch.

Beispiel 3.2.1b

Das System wird wie im Beispiel 3.2.1a gewählt. Statt der Streckenlast $q = 15{,}0\,\text{kN/m}$ steht eine Einzellast $F = 89{,}6\,\text{kN}$ im Abstand 5,6 m vom Lager $a$.

Das Moment unter der Einzellast ist

$$M_1 = 89{,}6 \cdot \frac{5{,}6 \cdot 2{,}4}{8{,}0} = 150{,}5\,\text{kNm}$$

und in Balkenmitte

$$M_m = 150{,}5 \cdot \frac{4{,}0}{5{,}6} = 107{,}5\,\text{kNm}.$$

Nach Tabelle 3.2b ist für $\bar{\gamma} = 5{,}6/8{,}0 = 0{,}7 \quad \alpha_1 = 0{,}086$.

Mit $\bar{A} = 0{,}1108$ und Gleichung (3.2f) wird

$$M_{\text{II}}^{\text{m}} = 107{,}5 \cdot \frac{1 + 0{,}086 \cdot 0{,}1108}{1 - 0{,}1108} = 122{,}0\,\text{kNm}.$$

Das Zusatzmoment ist nach Gleichung (3.2g)

$$\Delta M_{\text{II}}^{\text{m}} = 107{,}5 \cdot \frac{(1 + 0{,}086) \cdot 0{,}1108}{1 - 0{,}1108} = 14{,}5\,\text{kNm}$$

oder aus der Momentendifferenz

$$\Delta M_{\text{II}}^{\text{m}} = M_{\text{II}}^{\text{m}} - M_{\text{I}}^{\text{m}} = 122{,}0 - 107{,}5 = 14{,}5\,\text{kNm}.$$

Unter der Einzellast ist $\Delta M_{\text{II}}^{1} = 14{,}5 \cdot \sin(\pi \cdot \xi)/2 = 14{,}5 \cdot \sin(0{,}7 \cdot \pi/2) = 12{,}9$
Dann ist $M_{\text{II}}^{1} = 150{,}5 + 12{,}9 = 163{,}4\,\text{kNm}$.

Kontrolle der Ergebnisse mit den genauen Gleichungen nach [11].

Die Momentengleichung für diesen Lastfall ist

$$M_{\text{II}} = F \cdot l \cdot \frac{\sin \varepsilon\beta \cdot \sin \varepsilon\xi}{\varepsilon \cdot \sin \varepsilon}.$$

Mit $F \cdot l = 89{,}6 \cdot 8{,}0 = 716{,}8$, $\varepsilon = 1{,}0936$ und $\beta = 0{,}3$ wird

$$M_{\text{II}} = 716{,}8 \cdot \frac{0{,}3222 \cdot \sin 1{,}0936\,\xi}{0{,}9715} = 237{,}7 \cdot \sin 1{,}0936\,\xi.$$

Für den Punkt $m$ ist $\xi = 0{,}5$ und $M_{\text{II}}^{\text{m}} = 123{,}6\,\text{kNm}$.

Für den Punkt 1 ist $\xi = 0{,}7$ und $M_{\text{II}}^{1} = 164{,}7\,\text{kNm}$.

Die Werte sind nahezu gleich.

BEISPIEL 3.2.1c

Für die in Abb. (3.2.1c) dargestellte Belastung soll das System in St 52 mit einem IPBl bemessen werden. Die angegebenen Lasten sind schon mit $\gamma = 1{,}5$ multipliziert. Die geometrische Ersatzimperfektion soll $w_0 = 0{,}75 \cdot l/140 = l/186{,}7$ betragen. Das entspricht nach Gl. (3.2.1a) einer Zusatzlast von $\bar{q} = 8 \cdot N/l \cdot \text{Ri}$ $= 8 \cdot 350/7{,}5 \cdot 186{,}7 = 2{,}0\,\text{kN/m}$.

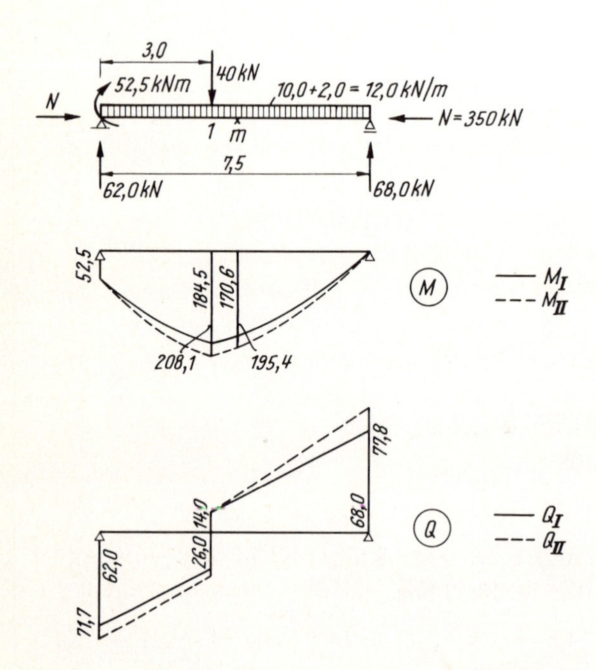


Abb. 3.2.1c System mit Belastung und Zustandslinien

Das Moment in der Mitte des Balkens ist

$$M_{\mathrm{I}}^{\mathrm{m}} = \frac{52{,}5}{2} + \frac{12 \cdot 7{,}5^2}{8} + 40 \cdot \frac{3{,}0}{2}$$

$$\bar{\gamma} = \frac{3}{7{,}5} = 0{,}4$$

$$M_{\mathrm{I}}^{\mathrm{m}} = 26{,}25 + 84{,}38 + 60{,}0 = 170{,}63\,\mathrm{kNm}.$$

Nach Tabelle (3.2a) und (3.2b) wird

$$\alpha_1 = \frac{26{,}25 \cdot 0{,}234 + 84{,}38 \cdot 0{,}028 + 60{,}0 \cdot (-0{,}029)}{170{,}63} = 0{,}0396.$$

Die Vorbemessung ergibt $W_{\mathrm{erf}} > M/\beta_{\mathrm{S}} = 184{,}5 \cdot 100/36 = 513\,\mathrm{cm}^3$.

Es wird ein IPBl 240 gewählt. Die Flächenwerte sind $A = 76{,}8\,\mathrm{cm}^2$, $I_y = 7760\,\mathrm{cm}^4$, $W = 675\,\mathrm{cm}^3$ und $EI = 16\,296\,\mathrm{kNm}^2$. Damit werden

$$\bar{A} = \frac{N \cdot l^2}{\pi^2 \cdot EI} = \frac{350 \cdot 7{,}5^2}{\pi^2 \cdot 16\,296} = 0{,}1224$$

und

$$M_{\mathrm{II}}^{\mathrm{m}} = 170{,}63 \cdot \frac{1 + 0{,}0396 \cdot 0{,}1224}{1 - 0{,}1224} = 195{,}4\,\mathrm{kNm}.$$

$$\Delta M_{\mathrm{II}}^{\mathrm{m}} = M_{\mathrm{II}}^{\mathrm{m}} - M_{\mathrm{I}}^{\mathrm{m}} = 195{,}4 - 170{,}6 = 24{,}8\,\mathrm{kNm}.$$

Weitere Werte sind

$$M_{\mathrm{II}}^{1} = 184{,}5 + 24{,}8 \cdot \sin(\pi \cdot 0{,}4) = 208{,}1\,\mathrm{kNm}.$$

$$\Delta Q_{\mathrm{II}}^{\mathrm{a}} = 24{,}8 \cdot \frac{\pi}{7{,}5} = 9{,}7\,\mathrm{kN}$$

$$\Delta Q_{\mathrm{II}}^{1} = 9{,}7 \cdot \cos(\pi \cdot 0{,}4) = 3{,}0\,\mathrm{kN}.$$

Die Spannungen sind dann

$$\sigma = \frac{350}{76{,}8} + \frac{208{,}1 \cdot 100}{675} = 4{,}6 + 30{,}8 = 35{,}4\,\mathrm{kN/cm}^2 < 36 = \beta_{\mathrm{S}}.$$

In Abb. (3.2.1c) sind die Zustandslinien dargestellt.

Beispiel 3.2.1d

Die in Abb. (3.2.1d) dargestellte mittig belastete Stütze soll in St 37 bemessen werden. Die geometrische Imperfektion wird mit $w_0 = 1/500$ angenommen. Die $\gamma$-fache Last beträgt 417,2 kN.

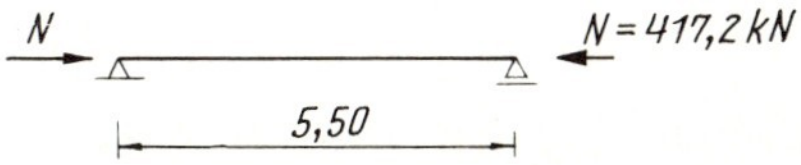

N
N = 417,2 kN
5,50

Abb. 3.2.1d System mit Last

Das ungewollte Moment ist $M_V = N \cdot l/500 = 417{,}2 \cdot 5{,}5/500 = 4{,}6\,\text{kNm}$. Da keine weiteren Momente wirken, ist $M_I = M_V = 4{,}6\,\text{kNm}$. Das Profil wird zunächst geschätzt. Gewählt wird ein IPB 160 mit $A = 54{,}3\,\text{cm}^2$, $W_z = 111\,\text{cm}^3$, $I_z = 899\,\text{cm}^4$ und $EI = 0{,}1888 \cdot 10^4\,\text{kNm}^2$. Dann sind

$$\bar{A} = \frac{417{,}2 \cdot 515^2}{\pi^2 \cdot 0{,}1888 \cdot 10^4} = 0{,}6773 \quad \text{und} \quad 1 - \bar{A} = 0{,}3227.$$

Das Moment $M_{II}$ wird mit $\alpha_1 = 0$

$$M_{II}^{m} = M_{I}^{m} \cdot \frac{1 + \alpha_1 \cdot \bar{A}}{1 - \bar{A}} = \frac{4{,}6}{0{,}3227} = 14{,}3\ \text{kNm}.$$

Die Spannungen sind dann

$$\sigma = \frac{417{,}2}{54{,}3} + \frac{14{,}3 \cdot 100}{111} = 7{,}7 + 12{,}8 = 20{,}5\ \text{kN/cm}^2 < \beta_s = 24\ \text{kN/cm}^2.$$

Beispiel 3.2.1e

Das beschriebene Verfahren kann auch für die Bemessung von Ersatzstäben verwendet werden. Das in Abb. (3.2.1e) dargestellt System soll nach dem Ersatzstabverfahren berechnet und bemessen werden.

(St 37, IPBl).

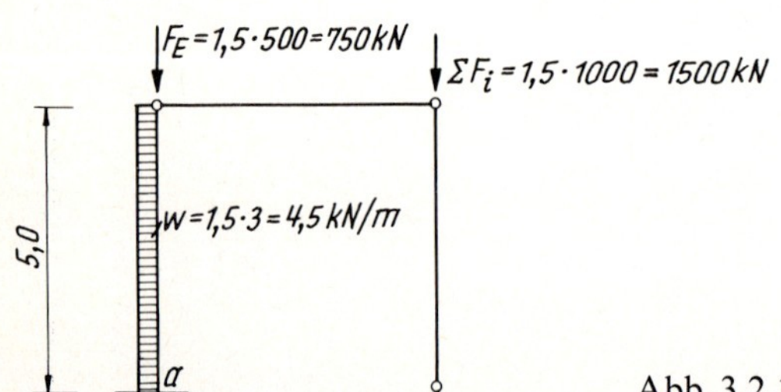


Abb. 3.2.1e System und Belastung

Um die Imperfektion bei Stützen zu erfassen, wird als Ersatzimperfektion eine Schiefstellung der Stützen angenommen.
Sie beträgt nach E DIN 18 800 Teil 2, Bild 4, $\psi_0 = 1/150$.

Die Auswirkung dieser Ersatzimperfektion kann durch eine horizontale Zusatzlast an der Stabspitze erfaßt werden.

Mit der Beziehung $M = F \cdot \psi_0 \cdot h = \bar{H} \cdot h$ wird

$$\bar{H} = F \cdot \psi_0 = \frac{F}{\text{Ri}}, \tag{3.2k}$$

wobei Ri der Nennerwert des Verhältnisses $\psi_0 = 1/\text{Ri}$ ist.

In Abb. (3.2.1f) ist eine solche Ersatzimperfektion dargestellt.

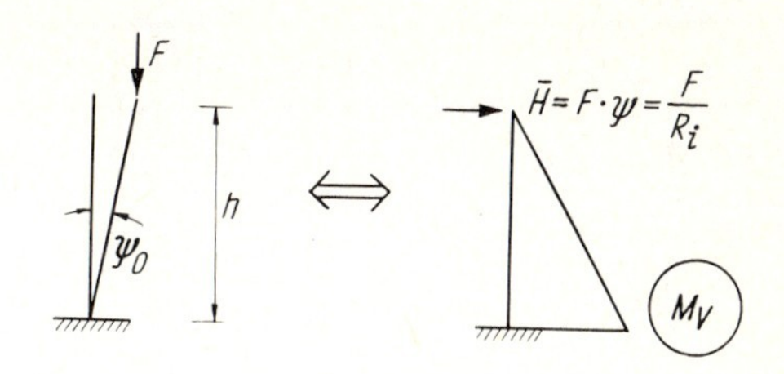


Abb. 3.2.1f Ersatzimperfektion und $M_V$

Im Beispiel wird damit

$$\bar{H} = \frac{F_E + \sum F_i}{\text{Ri}} = \frac{750 + 1500}{150} = 15\,\text{kN}.$$

Dieser Wert darf um 25 % abgemindert werden, da es sich um eine Berechnung nach der Elastizitätstheorie handelt. Hier soll auf eine Abminderung verzichtet werden.

Das Fußmoment bei $a$ ist

$$M_I^a = \frac{1}{2} \cdot 4{,}5 \cdot 5{,}0^2 + 15 \cdot 5{,}0 = 56{,}26 + 75{,}0 = 131{,}25\,\text{kNm}.$$

Nach Gl. (2.3.2) ist der Knicklängenbeiwert

$$\beta^2 = 4 \cdot \left(1 + 0{,}82 \cdot \frac{\sum F_1}{F_E}\right) = 4 \cdot \left(1 + 0{,}82 \cdot \frac{1500}{750}\right) = 10{,}56.$$

$$\beta = \sqrt{10{,}56} = 3{,}25.$$

Damit wird die Ersatzstablänge $s_K = \beta \cdot h = 3{,}25 \cdot 5{,}0 = 16{,}25\,\text{m}$.

In Abb. (3.2.1g) ist der Ersatzstab mit der zugehörigen Momentenlinie dargestellt.

Der Formfaktor $\alpha_1$ ist nach Tabelle (3.2a)

$$\alpha_1 = \frac{-0{,}178 \cdot 75 - 0{,}383 \cdot 56{,}25}{131{,}25} = -0{,}266$$

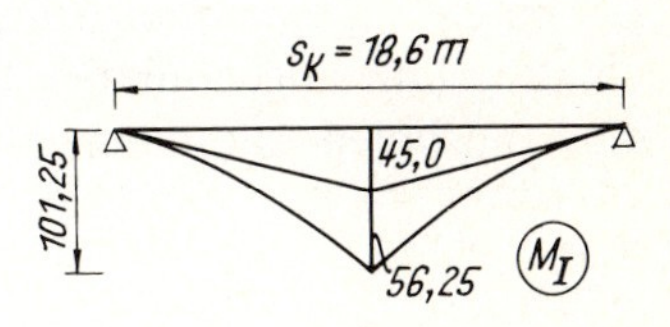


Abb. 3.2.1g Ersatzstab mit Momentenlinie $M_1$

Damit ergeben sich nach Gleichung (3.2e) und Gleichung (3.2f)

$$\bar{A} = \frac{N \cdot s_K^2}{\pi^2 \cdot EI} = \frac{N \cdot l^2 \cdot \beta^2}{\pi^2 \cdot EI} = \frac{750 \cdot 16{,}25^2}{\pi^2 \cdot EI}$$

und

$$M_{II}^a = M_I^a \cdot \frac{1 - 0{,}266 \cdot \bar{A}}{1 - \bar{A}} = 131{,}25 \cdot \frac{1 - 0{,}266 \cdot \bar{A}}{1 - \bar{A}}$$

Die Bemessung wird tabellarisch durchgeführt.

| Profil | $A$ [cm²] | $I_y$ [cm⁴] | $W_y$ [cm³] | $EI_y$ [kNm²] |
|---|---|---|---|---|
| IPBl 280 | 97,3 | 13 670 | 1010 | 28 707 |
| IPBl 300 | 113,0 | 18 260 | 1260 | 38 346 |
| IPBl 320 | 124,0 | 22 930 | 1480 | 48 153 |

| Profil | $\bar{A}$ | $M_{II}^a$ [kNm] | $\sigma$ [kN/cm²] |
|---|---|---|---|
| IPBl 280 | 0,6990 | 355,6 | 42,91 |
| IPBl 300 | 0,5233 | 237,3 | 25,47 |
| IPBl 320 | 0,4167 | 200,3 | 19,58 |

$\sigma = 19{,}6\,\text{kN/cm}^2 < \beta_S$. Das Profil IPBl 320 ist ausreichend.

Die Berechnung ist wegen der Weichheit des Systems sehr empfindlich. Der Spannungssprung zwischen zwei Profilen ist sehr groß.

## 3.3 Berechnung von unten eingespannten Stützen mit beliebiger Belastung nach Theorie II. Ordnung bei angenommener Form der Biegelinie

Bei unten eingespannten Stützen wird die Funktion $w = w_b \cdot [1 - \cos(\pi \cdot z)/(2 \cdot l)]$ als Biegelinie angenommen. In Abb. (3.3a) sind die für die Ableitung erforderlichen Zustandslinien zusammengestellt. Der markante Punkt ist das Kragarmende.

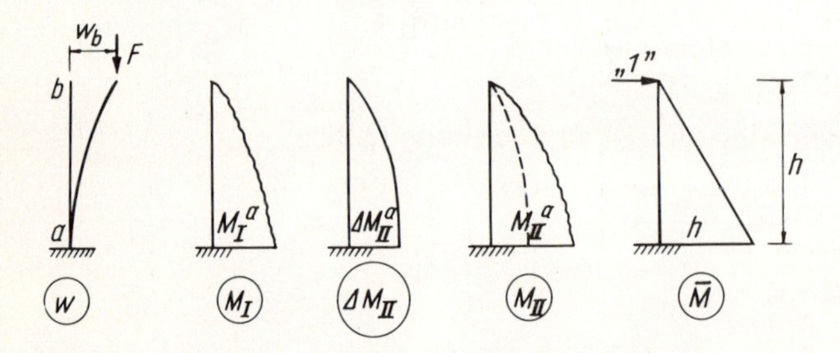


Abb. 3.3a Zustandslinien

Auf eine genaue Definition dieser Zustandlinien sei verzichtet.

Es wird auf Abschnitt 3.2, Abb. (3.2) verwiesen.

Eine Überlagerung der Flächen mit den bekannten Integrationstafeln ergibt die Verschiebung an der Spitze zu

$$w_b = \frac{1}{EI} \cdot \left[ \frac{4}{\pi^2} h \cdot (M_{II}^a - M_I^a) \cdot h + c \cdot h \cdot M_I^a \cdot h \right].$$

Klammert man $4 \cdot h^2/\pi^2$ aus, so erhält man

$$w_b = \frac{4h^2}{\pi^2 \cdot EI} \cdot \left( M_{II}^a - M_I^a + \frac{\pi^2}{4} \cdot c \cdot M_I^a \right).$$

Faßt man zusammen, so wird

$$w_b = \frac{4 \cdot h^2}{\pi^2 \cdot EI} \cdot \left[ M_{II}^a + \left( \frac{\pi^2}{4} \cdot c - 1 \right) \cdot M_I^a \right].$$

Nennt man $\alpha_1 = (\pi^2/4) \cdot c - 1$, so wird aus der Gleichung

$$w_b = \frac{4 \cdot h^2}{\pi^2 \cdot EI} \cdot (M_{II}^a + \alpha_1 \cdot M_I^a). \tag{3.3a}$$

Die Formfaktoren $\alpha_1$ sind die gleichen wie die der Tabellen (3.2a) und (3.2b). Um jedoch den besonderen Charakter der unten eingespannten Stütze zu berücksichtigen, sind sie nochmals in den Tabellen (3.3a) und (3.3b) zusammengestellt.

Tabelle 3.3a Formbeiwerte

| | Form von $M_I$ | $\alpha_1$ |
|---|---|---|
| | Rechteck | 0,234 |
| | Konvexe Parabel Sinuslinie | $\approx 0$ |
| | Dreieck | −0,178 |
| | Konkave Parabel | −0,383 |
| | Kubische Parabel | −0,506 |
| $\bar{\gamma}$ | Nach Tabelle 3.3b | $\alpha_1^{xx}$ |

Tabelle 3.3b Formbeiwerte

| $\bar{\gamma} = \frac{c}{h}$ | $\alpha_1^{xx}$ |
|---|---|
| 0 | −1,000 |
| 0,1 | −0,881 |
| 0,2 | −0,770 |
| 0,3 | −0,667 |
| 0,4 | −0,572 |
| 0,5 | −0,486 |
| 0,6 | −0,408 |
| 0,7 | −0,338 |
| 0,8 | −0,276 |
| 0,9 | −0,223 |
| 1,0 | −0,178 |

Analog zu Abschnitt 2.3 erhält man

$$M_{II}^{a} = M_{I}^{a} + \frac{N \cdot 4 \cdot h^2}{\pi^2 \cdot EI} \cdot (M_{II}^{a} + \alpha_1 \cdot M_{I}^{a}).$$

Mit

$$\bar{A} = \frac{N \cdot h^2 \cdot 4}{\pi^2 \cdot EI} \tag{3.3b}$$

wird

$$M_{II}^{a} = M_{I}^{a} + \bar{A} \cdot (M_{II}^{a} + \alpha_1 \cdot M_{I}^{a})$$

und nach Auflösung nach $M_{II}^{a}$

$$M_{II}^{a} = M_{I}^{a} \cdot \frac{1 + \alpha_1 \cdot \bar{A}}{1 - \bar{A}}. \tag{3.3c}$$

Das Zusatzmoment allein ist

$$\Delta M_{II}^{a} = M_{I}^{a} \cdot \frac{(1 + \alpha_1) \cdot \bar{A}}{1 - \bar{A}}.$$

Es verteilt sich cosinuslinienförmig über die Stablänge.

Sind außer der Kopflast auch andere Einflüsse vorhanden, so wird in der Gleichung (3.3b) statt 4 ($\beta^2$ für Eulerfall 1) das spezielle $\beta^2$ eingesetzt.

$$\bar{A} = \frac{N \cdot h^2 \cdot \beta^2}{\pi^2 \cdot EI} \tag{3.3d}$$

Die Umrechnungsformeln für die Stabkennzahl $\varepsilon = h \cdot \sqrt{N/EI}$ sind dann

$$\varepsilon^2 = \frac{\bar{A} \cdot \pi^2}{\beta^2} \qquad \bar{A} = \frac{\varepsilon^2 \cdot \beta^2}{\pi^2} \tag{3.3e}$$

Die Auswirkung der Ersatzimperfektion kann gemäß Abschnitt 3.2.1 durch eine horizontale Zusatzlast an der Spitze erfaßt werden.

$$H = F \cdot \psi_0 = \frac{F}{\text{Ri}}, \tag{3.2k}$$

wobei im allgemeinen Ri = 150 ist.

### 3.3.1 Vergleichsbeispiel

Das in Abb. (3.3.1) dargestellte System soll für verschiedene Formen der $M_I$-Momentenlinie berechnet werden.

IPBl 300 $\quad I_y = 18260 \text{ cm}^4$
$EI = 3{,}835 \cdot 10^4 \text{ kNm}^2$

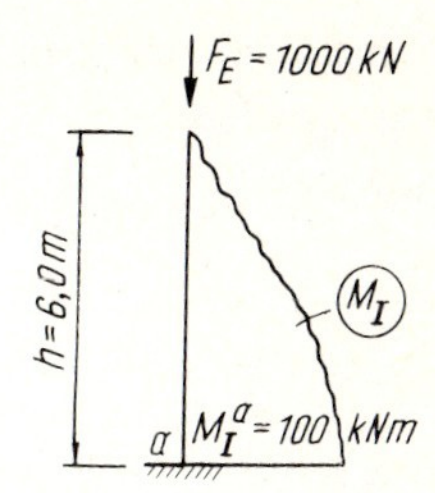


Abb. 3.3.1 System mit beliebiger $M_I$-Momentenlinie

Nach Gleichung (3.3b) ist

$$\bar{A} = \frac{N \cdot h^2 \cdot 4}{\pi^2 \cdot EI} = \frac{1000 \cdot 6{,}0^2 \cdot 4}{\pi^2 \cdot 3{,}835 \cdot 10^4} = 0{,}3804.$$

Dann wird nach Gleichung (3.3c)

$$M_{II}^a = 100 \cdot \frac{1 + \alpha_1 \cdot 0{,}3804}{1 - 0{,}3804}.$$

Für die verschiedenen Lastfälle sind die Ergebnisse in der Tabelle (3.3.1) zusammengestellt.

Tabelle 3.3.1 Berechnung von $M_{II}^a$ nach dem Näherungsverfahren und nach dem genauen Verfahren

| 1 | 2 | 3 | 4 | 5 | 6 | 7 |
|---|---|---|---|---|---|---|
| Last | Form von $M_I$ | $\alpha_1$ | $M_{II}^a$ | Gleichung | Vorfaktor | $M_{II}^a$ |
| 100 kNm | 100 | + 0,234 | 175,8 kNm | $M \cdot \frac{1}{\cos \varepsilon}$ | 100 | 176,6 |
| 16,67 kN | 100 | – 0,178 | 150,5 kNm | $F \cdot l \cdot \frac{\sin \varepsilon}{\varepsilon \cdot \sin \varepsilon}$ | 100 | 150,2 |
| 5,56 kN/m | 100 | – 0,383 | 137,9 kNm | $q \cdot l^2 \cdot \frac{\tan \varepsilon}{\varepsilon} \left(1 - \frac{\tan \varepsilon}{\varepsilon}\right)$ | 200 | 137,2 |
| 16,67 kN/m | 100 | – 0,506 | 130,3 kNm | $q_i \cdot l^2 \cdot \frac{\tan \varepsilon}{\varepsilon} \left(\frac{1}{2} - \frac{1 - \tan \varepsilon/2}{\varepsilon}\right)$ | 600 | 129,6 |
| 33,33 kN; $\bar{\gamma} = 0{,}5$ | 100 | – 0,486 | 131,6 kNm | $F \cdot l \cdot \frac{\sin \varepsilon - \sin 0{,}5\,\varepsilon}{\varepsilon \cdot \cos \varepsilon}$ | 200 | 130,7 |

Anschließend wurden die Näherungswerte mit den genauen Formeln nach [11] überprüft.

Der dort gebrauchte Parameter ist nach (3.3e)

$$\varepsilon^2 = \frac{\bar{A} \cdot \pi^2}{4}. \tag{3.3e}$$

Im Beispiel ist dann

$$\varepsilon^2 = \frac{0{,}3804 \cdot \pi^2}{4} = 0{,}9386 \quad \text{und} \quad \varepsilon = 0{,}9688.$$

Die Gleichungen und Ergebnisse sind in der Tabelle (3.3.1) eingetragen.

Vergleicht man das Näherungsverfahren (Spalte 4) und das genaue Verfahren (Spalte 7), so stellt man praktisch keinen Unterschied fest.

Während der Arbeitsaufwand beim Näherungsverfahren sehr gering ist, ist beim genauen Verfahren doch ein erheblicher Rechenaufwand erforderlich.

### 3.3.2 Beispiel. Hallenstütze unter Auflast, Wind und Gabelstaplerstoß

Die in Abb. (3.3.2) dargestellte Stütze soll in St 37 bemessen werden. In $y$-Richtung sei die Stütze ausgesteift.

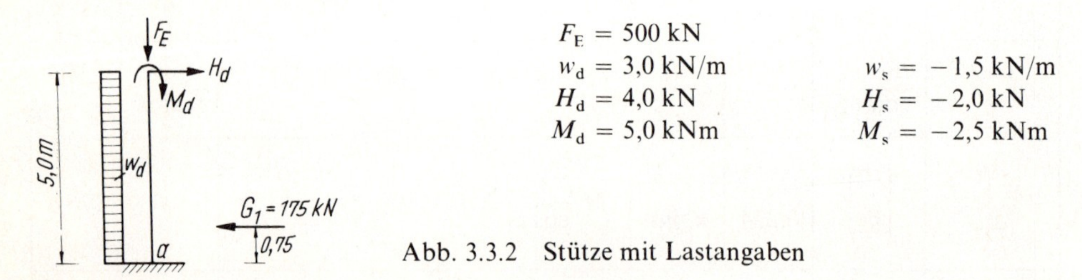


Abb. 3.3.2 Stütze mit Lastangaben

Die geometrische Ersatzimperfektion wird mit $\psi_0 = 1/150$ angesetzt. Das entspricht nach Gleichung (3.2k) einer horizontalen Ersatzlast von $\bar{H} = F/\mathrm{Ri} = 500/150 = 3{,}33\,\mathrm{kN}$.

*Es werden zwei Lastfälle berechnet*

Lastfall 1 Auflast und Winddruck mit einer Sicherheit $\gamma = 1{,}3$.

Lastfall 2 Auflast, Windsog und Gabelstaplerstoß mit einer Sicherheit $\gamma = 1{,}0$.

**Lastfall 1**

Das Fußmoment $M_{\mathrm{I}}^{\mathrm{a}}$ wird

$$M_{\mathrm{I}}^{\mathrm{a}} = 1{,}3 \cdot \left(\frac{1}{2} \cdot 3{,}0 \cdot 5{,}0^2 + (4 + 3{,}33) \cdot 5{,}0 + 5{,}0\right)$$

$$M_{\mathrm{I}}^{\mathrm{a}} = 1{,}3 \cdot (37{,}5 + 36{,}7 + 5{,}0) = 1{,}3 \cdot 79{,}2 = 103{,}0\,\mathrm{kNm}.$$

◺ ◺ ▯

Die zugehörige Auflast ist $F_{\mathrm{E}} = 1{,}3 \cdot 500 = 650\,\mathrm{kN}$.

Nach Tabelle (3.2a) ist für diese Momentenlinie der Formfaktor

$$\alpha_1 = \frac{-0{,}383 \cdot 37{,}5 - 0{,}178 \cdot 36{,}7 + 0{,}234 \cdot 5{,}0}{79{,}2} = -0{,}249$$

Die Berechnung erfolgt nach den Gleichungen (3.3b) und (3.3c), der Spannungsnachweis nach der Formel

$$\sigma = \frac{N}{A} + \frac{M_{\mathrm{II}}}{W} \leqq \beta_{\mathrm{S}}.$$

| Profil | $A$ | $I_y$ | $W_y$ | $\bar{A}$ | $\bar{A}$ | $M_{\mathrm{II}}^{\mathrm{a}}$ | $\beta_S \not\sigma$ 24 |
|---|---|---|---|---|---|---|---|
| IPBl 260 | 86,8 | 10450 | 836 | 0,3001 | 136,2 | 23,8 | $< \beta_S$ |
| IPBl 280 | 97,3 | 13670 | 1010 | 0,2294 | 126,0 | 19,2 | $< \beta_S$ |

**Lastfall 2**

Das Fußmoment für diesen Lastfall ist

$$M_{\mathrm{I}}^{\mathrm{a}} = 1{,}0 \cdot [\tfrac{1}{2} \cdot 1{,}5 \cdot 5{,}0^2 + (2 + 3{,}33) \cdot 5{,}0 + 2{,}5 + 175 \cdot 0{,}75]$$

$$M_{\mathrm{I}}^{\mathrm{a}} = 1{,}0 \cdot (18{,}75 + 26{,}67 + 2{,}5 + 131{,}25)$$

◿ ◿ ▯ ◿

$$= 1{,}0 \cdot 179{,}17 = 179{,}17\,\mathrm{kNm}.$$

Die zugehörige Auflast ist $F_{\mathrm{E}} = 1{,}0 \cdot 500 = 500\,\mathrm{kN}$.

Mit $\bar{y} = 0{,}75/5{,}00 = 0{,}15$ ist nach den Tabellen (3.2a) und (3.2b) der Formfaktor

$$\alpha_1 = \frac{-0{,}383 \cdot 18{,}75 - 0{,}178 \cdot 26{,}67 + 0{,}234 \cdot 2{,}5 - 0{,}826 \cdot 131{,}25}{179{,}17} = -0{,}668$$

| Profil | $\bar{A}$ | $M_{\mathrm{II}}^{\mathrm{a}}$ | $\sigma$ | $\beta_S = 24$ |
|---|---|---|---|---|
| IPBl 260 | 0,2309 | 197,0 | 29,3 | $> \beta_S$ |
| IPBl 280 | 0,1765 | 191,9 | 24,1 | $\approx \beta_S$ |

Während für Lastfall 1 ein IPBl 260 ausreichend wäre, erfordert der Lastfall 2 einen IPBl 280.

### 3.3.3 Berücksichtigung von Koppellasten bei unten eingespannten Stützen nach Abschnitt 3.3

In Abb. (3.3.3a) ist eine eingespannte Stütze mit Koppellasten dargestellt. Stellvertretend für alle Koppelstützen, wird hier nur die Stütze $i$ betrachtet (vgl. Abschnitt 2.3.2).

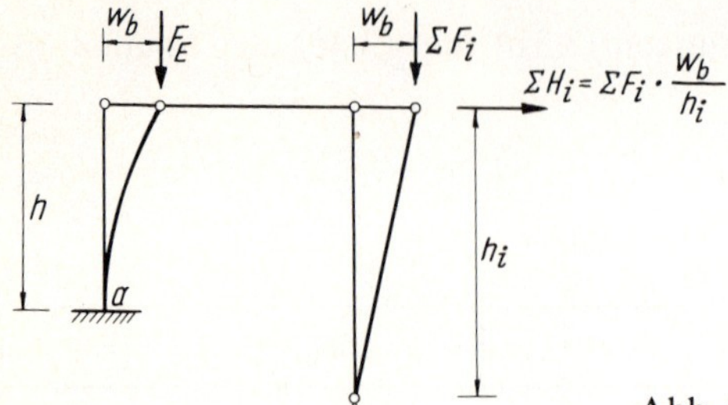


Abb. 3.3.3a Eingespannte Stütze mit Koppelstütze

Durch die Verformung $w_b$ entsteht eine Schiefstellung der Koppelstützen und dadurch die Horizontallast $\sum H_i = \sum F_i \cdot w_b/h_i$.

Diese Horizontallast erzeugt bei $a$ ein Zusatzmoment nach Theorie II. Ordnung $\Delta M_{II}^{a} = \sum H_i \cdot h = \sum F_i \cdot (h/h_i) \cdot w_b$.

In Abb. (3.3.3b) ist dieses Zusatzmoment dargestellt.

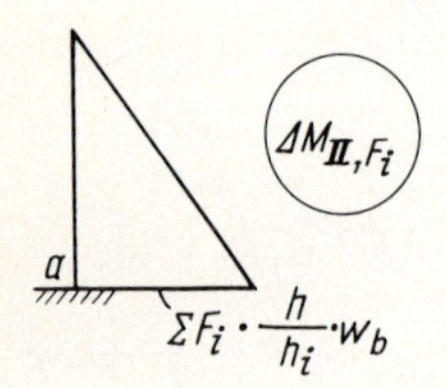


Abb. 3.3.3b Zusatzmomentenlinie durch die Koppellasten

Zur Abkürzung wird gesetzt

$$\bar{n} = \frac{\sum F_I \cdot (h/h_i)}{F_E}.$$

Damit ist

$$\sum F_i \cdot \frac{h}{h_i} = \bar{n} \cdot F_E \quad \text{und} \quad N = F_E + \sum F_i \cdot \frac{h}{h_i} = F_E(1 + \bar{n}).$$

Die Ableitungen des Abschnittes 3.3 werden sinngemäß erweitert. Für die Verformung kann man schreiben

$$w_b = \frac{1}{EI} \cdot \left( \frac{4}{\pi^2} \cdot h \cdot (M_{II}^a - M_I^a) \cdot h \cdot \frac{F_E}{F_E + \bar{n} \cdot F_E} \right.$$

$$+ \tfrac{1}{3} \cdot h \cdot (M_{II}^a - M_I^a) \cdot h \cdot \frac{\bar{n} \cdot F_E}{F_E + \bar{n} \cdot F_E}$$

$$\left. + \, c \cdot h \cdot M_I^a \cdot h \right) \cdot$$

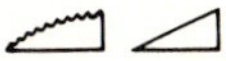

Klammert man $(4 \cdot h^2)/\pi^2$ aus und kürzt $F_E$, so erhält man

$$w_b = \frac{h^2 \cdot 4}{\pi^2 \cdot EI} \cdot \left[ (M_{II}^a - M_I^a) \cdot \frac{1 + (\pi^2/12) \cdot \bar{n}}{1 + \bar{n}} + \frac{\pi^2}{4} \cdot c \cdot M_I^a \right].$$

Klammert man den Bruch aus, setzt für $\pi^2/12 = 0{,}82$ und nennt

$$c_F = 1 + 0{,}82 \cdot \bar{n} \tag{3.3.3a}$$

den Koppelfaktor, so wird

$$w_b = \frac{h^2 \cdot 4 \cdot c_F}{\pi^2 \cdot EI \cdot (1 + \bar{n})} \cdot \left[ (M_{II}^a - M_I^a) + \left( \frac{\pi^2}{4} \cdot \frac{1 + \bar{n}}{1 + 0{,}82 \cdot \bar{n}} \cdot c - 1 \right) \cdot M_I^a \right].$$

Der Formbeiwert ist jetzt

$$\alpha_1 = \frac{\pi^2}{4} \cdot \frac{1 + \bar{n}}{1 + 0{,}82 \cdot \bar{n}} \cdot c - 1.$$

Er ist von den Koppellasten abhängig. Ist $\bar{n}$ sehr groß, so wird der Wert des Bruches etwa 1,2. Damit wäre für eine rechteckige Momentenfläche $\alpha_1 = [\pi^2/(4 \cdot 2)] \cdot 1{,}2 - 1{,}0 = 0{,}48$ und für ein Dreieck $\alpha_1 = [\pi^2/(4 \cdot 3)] \cdot 1{,}2 - 1{,}0 = -0{,}013$, Werte die erheblich größer sind als diejenigen der Tabelle (3.3a).

Um jedoch möglichst einfache Gleichungen zu behalten, wird angenähert der Bruch $(1 + \bar{n})/(1 + 0{,}82 \cdot \bar{n}) \approx 1{,}0$ gesetzt. Der Fehler kann durch eine geschätzte Vergrößerung des $\alpha_1$-Wertes berücksichtigt werden.

Mit diesen Annahmen wird

$$w_b = \frac{h^2 \cdot 4 \cdot c_F}{\pi^2 \cdot EI \cdot (1 + \bar{n})} \cdot (M_{II}^a + \alpha_1 \cdot M_I^a).$$

Analog zu Abschnitt 3.3 erhält man

$$M_{II}^a = M_I^a \cdot \frac{F_E \cdot (1 + \bar{n}) \cdot h^2 \cdot 4 \cdot c_F}{\pi^2 \cdot EI \cdot (1 + \bar{n})} \cdot (M_{II}^a + \alpha_1 \cdot M_I^a).$$

Nach Gleichung (3.3b) ist

$$\bar{A} = \frac{F_E \cdot h^2 \cdot 4}{\pi^2 \cdot E \cdot I}.$$

Damit wird

$$M_{II}^a = M_I^a + \bar{A} \cdot c_F \cdot (M_{II}^a + \alpha_1 \cdot M_I^a).$$

Der gesamte Einfluß der Koppellasten kann dadurch erfaßt werden, daß der Parameter $\bar{A}$ mit $c_F$ multipliziert wird.

$$\bar{A}_F = \bar{A} \cdot c_F. \qquad (3.3.3b)$$

Damit können alle Gleichungen des Abschnittes 3.3 benutzt werden.

Beispiel 3.3.3a

Das System des Beispieles 3.2.1e soll jetzt nach 3.3.3 berechnet werden. Die Festwerte können diesem Beispiel direkt entnommen werden. Der Formfaktor ist nach Tabelle (3.3a)

$$\alpha_1 = \frac{-0{,}383 \cdot 56{,}25 - 0{,}178 \cdot 75{,}0}{131{,}25} = -0{,}266$$

Wegen der Koppellasten wird dieser Beiwert auf $-0{,}15$ vergrößert.

Vorhanden ist ein IPBl 320 mit $EI = 4{,}815.10^4$ kNm$^2$.

Nach Gleichung (3.3.3a) ist $c_F = 1 + 0{,}82 \cdot 1500/750 = 2{,}64$ und nach Gleichung (3.3.3b)

$$\bar{A}_F = \bar{A} \cdot c_F = \frac{750 \cdot 5{,}0^2 \cdot 4{,}0}{\pi^2 \cdot 4{,}815 \cdot 10^4} \cdot 2{,}64 = 0{,}4166.$$

Nach Gleichung (3.3c) ist dann

$$M_{II}^a = M_I^a \cdot \frac{1 + \alpha_1 \cdot \bar{A}_F}{1 - \bar{A}_F} = 131{,}25 \cdot \frac{1 - 0{,}15 \cdot 0{,}4166}{1 - 0{,}4166} = 210{,}9 \, \text{kNm}.$$

Das Ergebnis ist etwas größer als im Beispiel 3.2.1e. Auch hier hätte man $\alpha_1$ verbessern müssen.

Beide Verfahren, das direkte Verfahren und das Ersatzstabverfahren, sind mathematisch identisch und nur vom Aufbau her verschieden formuliert.

*Nachrechnung*

Um das Ergebnis zu überprüfen, soll eine Verformungsberechnung durchgeführt werden. Das Zusatzmoment ist $\Delta M_{II}^a = 210{,}9 - 131{,}25 = 79{,}65$ kNm. Das Zusatzmoment muß im Verhältnis $1/(1 + \bar{n})$ zu $\bar{n}/(1 + \bar{n}) = 1:2$ aufgeteilt werden. In Abb. (3.3.3c) sind die Momentenlinie für die Überlagerung zusammengestellt.

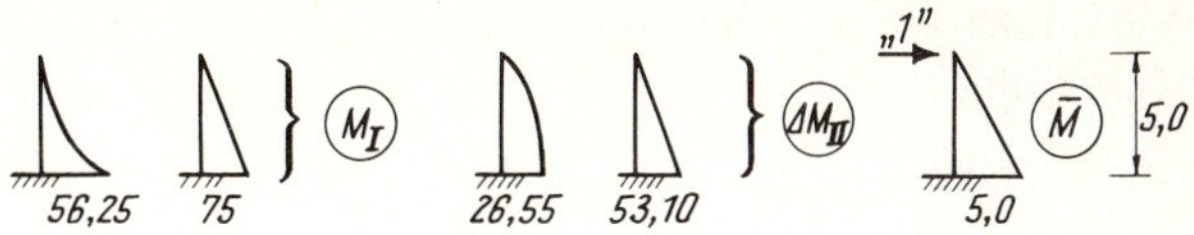

Abb. 3.3.3.c Momentenlinien

Die Überlagerung ergibt

$$w_b = \frac{1}{EI} \cdot \left[ \tfrac{1}{4} \cdot 5^2 \cdot 56{,}25 + \tfrac{1}{3} \cdot 5{,}0^2 \cdot (75 + 53{,}10) + \frac{4}{\pi^2} \cdot 5{,}0^2 \cdot 26{,}55 \right]$$

$$w_b = \frac{1688{,}07}{EI} = \frac{1688{,}07}{4{,}815 \cdot 10^4} = 0{,}03506\,\text{m}.$$

Das Zusatzmoment ist dann $\Delta M_{II}^{a} = N \cdot w_b = F_E \cdot (1 + n) \cdot w_b$.

$\Delta M_{II}^{a} = 750 \cdot 3{,}0 \cdot 0{,}03506 = 78{,}9\,\text{kNm}.$

Das ist etwa der gleiche Wert wie oben.

Im Abschnitt 4, Beispiel 4.3g, ist dieses System noch einmal nach einem anderen Verfahren berechnet worden. Dieses Verfahren wird den genauen Wert ergeben.

### 3.3.4 Berücksichtigung der stufenweisen Lasteinleitung bei unten eingespannten Stützen nach Abschnitt 3.3

Wird die Last stufenweise eingeleitet, so können alle abgeleiteten Gleichungen verwendet werden, wenn man in Gleichung (3.3b) statt 4 den Knicklängenbeiwert nach Gleichung (2.3.3e)

$$\beta^2 = 3{,}73 \cdot \sum_{1}^{n} \alpha_i \cdot \left(\frac{h_i}{h}\right)^2 \qquad (3.3.4a)$$

einsetzt. Die Ergebnisse sind dann gute Näherungen.

Aus der Gleichung (3.3b) wird Gleichung (3.3d)

$$\bar{A} = \frac{F_E \cdot h^2 \cdot \beta^2}{\pi^2 \cdot EI} \qquad (3.3.4b)$$

mit

$$F_E = \sum_{1}^{n} F_{Ei} \qquad (3.3.4c)$$

und

$$\alpha_i = \frac{F_{Ei}}{F_E}. \qquad (3.3.4d)$$

Wie im Abschnitt 2.3.3 ausführlich abgeleitet, ist die Form von $\Delta M_{\text{II}}$ nahezu linear. Man kann

$$\Delta M_{\text{II}} = \Delta M_{\text{II}}^{\text{a}} \cdot (1 - \xi) \quad \text{setzen.} \tag{3.3.4e}$$

Auch die Koppellasten können gemäß Abschnitt 3.3.3 erfaßt werden. Werden diese auch stufenweise eingeleitet, so muß der Koppelfaktor

$$c_{\text{F}} = 1 + \frac{\sum F_{\text{i}} \cdot h/h_{\text{i}}}{F_{\text{E}}} \tag{3.3.4f}$$

statt $c_{\text{F}} = 1 + 0{,}82 \cdot \frac{\sum F_{\text{i}} \cdot h/h_{\text{i}}}{F_{\text{E}}}$

angesetzt werden. Eine Begründung hierfür findet man in [7], Seite 93 ff.

Das in Abb. (3.3.4a) dargestellte System soll in St 52 bemessen werden. Als Ersatzimperfektion wird die Schrägstellung $\psi_0 = 1/250$ und als Sicherheit der Wert $\gamma = 1{,}5$ angenommen. Eine Abminderung der Schrägstellung bei mehreren Stützen ist zulässig. Sie wurde hier geschätzt.

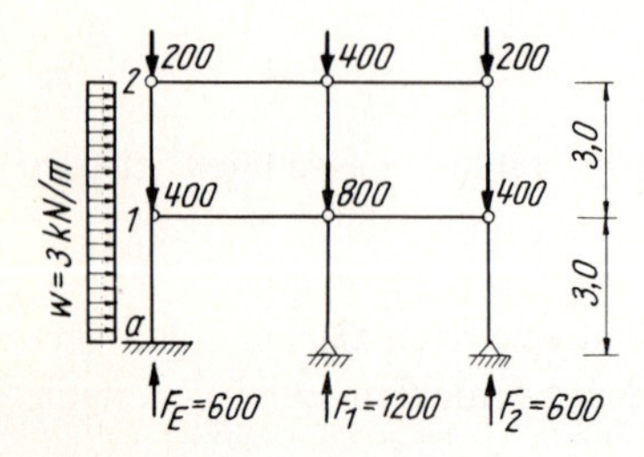


Abb. 3.3.4a System mit Belastung

Die Windmomente sind

$M_1 = \frac{1}{2} \cdot 3 \cdot 3^2 = 13{,}5\,\text{kNm}$ und $M_{\text{a}} = \frac{1}{2} \cdot 3 \cdot 6^2 = 54\,\text{kNm}$.

Nach Gleichung (3.2k) sind die Ersatzlasten für die geometrische Imperfektion

$H_2 = (200 + 400 + 200)/250 = 3{,}2\,\text{kN}$

und

$H_1 = (400 + 800 + 400)/250 = 6{,}4\,\text{kN}$.

Damit sind die ungewollten Momente

$M_1 = 3{,}2 \cdot 3{,}0 = 9{,}6\,\text{kNm}$

und

$M_{\text{a}} = 3{,}2 \cdot 6{,}0 + 6{,}4 \cdot 3{,}0 = 19{,}2 + 19{,}2 = 38{,}4\,\text{kNm}$.

Die Gesamtwerte der Momente nach Theorie I. Ordnung sind dann

$$M_{\mathrm{I}}^{1} = 1{,}5 \cdot (13{,}5 + 9{,}6) = 1{,}5 \cdot 23{,}1 = 34{,}7 \text{ kNm}$$

und

$$M_{\mathrm{I}}^{\mathrm{a}} = 1{,}5 \cdot (54 + 19{,}2 + 19{,}2) = 1{,}5 \cdot 92{,}4 = 138{,}6 \text{ kNm}.$$

⊿ Δ ⊿

Die zugehörige Normalkraft ist $N = F_{\mathrm{E}} = 1{,}5 \cdot 600 = 900$ kN.

Der Formbeiwert wird nach den Tabellen (3.3a) und (3.3b)

$$\alpha_1 = \frac{-0{,}383 \cdot 54 - 0{,}178 \cdot 19{,}2 - 0{,}486 \cdot 19{,}2}{92{,}4} = -0{,}362.$$

Gewählt wird ein IPB 280 mit $A = 131 \text{ cm}^2$, $W = 1380 \text{ cm}^3$, $I_{\mathrm{y}} = 19270 \text{ cm}^4$ und $EI = 4{,}0467 \cdot 10^4 \text{ kNm}^2$.

Nach Gleichung (3.3.4c) ist $F_{\mathrm{E}} = 400 + 200 = 600$ kN. Damit wird nach Gleichung (3.3.4f) der Koppelfaktor

$$c_{\mathrm{F}} = 1 + \frac{1200 + 600}{600} = 4{,}0.$$

Nach Gleichung (3.3.4a) ist der Knicklängenbeiwert

$$\beta^2 = 3{,}73 \cdot \sum_{1}^{n} \alpha_{\mathrm{i}} \cdot \left(\frac{h_{\mathrm{i}}}{h}\right)^2 = 3{,}73 \cdot \left[\frac{400}{600} \cdot \left(\frac{3{,}00}{6{,}00}\right)^2 + \frac{200}{600} \cdot \left(\frac{6{,}0}{6{,}0}\right)^2\right] = 1{,}87.$$

Nach Gleichung (3.3.4b) ist

$$\bar{\Lambda} = \frac{F_{\mathrm{E}} \cdot h^2 \cdot \beta^2}{\pi^2 \cdot EI} = \frac{900 \cdot 6{,}0^2 \cdot 1{,}87}{\pi^2 \cdot 4{,}0462 \cdot 10^4} = 0{,}1517$$

und nach Gleichung (3.3.3b) $\bar{\Lambda}_{\mathrm{F}} = \bar{\Lambda} \cdot c_{\mathrm{F}} = 0{,}1517 \cdot 4{,}0 = 0{,}6068$.

Mit Gleichung (3.3c) wird

$$M_{\mathrm{II}}^{\mathrm{a}} = M_{\mathrm{I}}^{\mathrm{a}} \cdot \frac{1 + \alpha_1 \cdot \bar{\Lambda}_{\mathrm{F}}}{1 - \bar{\Lambda}_{\mathrm{F}}} = 138{,}6 \cdot \frac{1 - 0{,}362 \cdot 0{,}6068}{1 - 0{,}6068} = 275{,}1 \text{ kNm}.$$

Die Spannungen sind dann

$$\sigma = \frac{N}{A} + \frac{M}{W} = \frac{900}{131} + \frac{275{,}1 \cdot 100}{1380} = 6{,}9 + 19{,}9 = 26{,}8 \text{ kN/cm}^2 < \beta_{\mathrm{s}} = 36 \text{ kN/cm}^2.$$

Der nächstkleinere Träger ist schon nicht mehr ausreichend.

*Nachrechnung des gewählten Trägers*

Da die Annahme hinsichtlich des Formbeiwertes nur eine Näherung ist, soll die Verformung des Trägers nachgerechnet werden.

Die Zusatzmomente sind

$\Delta M_{\mathrm{II}}^{\mathrm{a}} = M_{\mathrm{II}}^{\mathrm{a}} - M_{\mathrm{I}}^{\mathrm{a}} = 275{,}1 - 138{,}6 = 136{,}5\,\mathrm{kNm}$ und nach Gleichung (3.3.4e) $\Delta M_{\mathrm{II}}^{1} = 136{,}5 \cdot (1 - 0{,}5) = 68{,}3\,\mathrm{kNm}$.

Der Verlauf von $M_{\mathrm{II}}$ wird näherungsweise je Bereich geradlinig angenommen. Die Momente $M_{\mathrm{II}}$ sind dann

$M_{\mathrm{II}}^{1} = 34{,}7 + 68{,}3 = 103{,}0\,\mathrm{kNm}$ und $M_{\mathrm{II}}^{\mathrm{a}} = 138{,}6 + 136{,}5 = 275{,}1\,\mathrm{kNm}$.

In Abb. (3.3.4b) sind die Momentenlinien für die Überlagerung dargestellt.

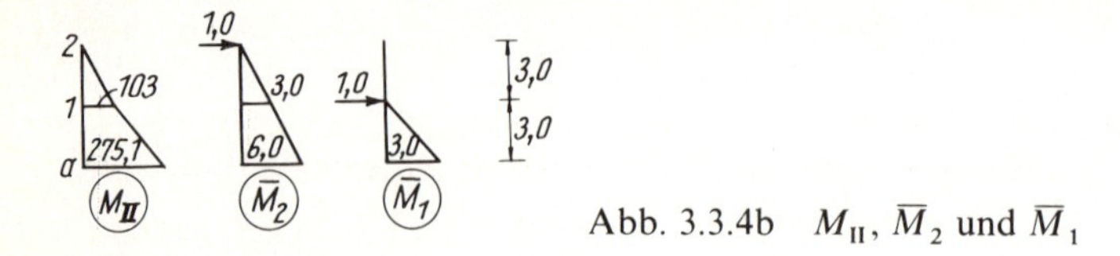


Abb. 3.3.4b $M_{\mathrm{II}}$, $\overline{M}_2$ und $\overline{M}_1$

Die Verschiebungen werden

$$w_2 = \frac{1}{40467} \cdot \left( \frac{1}{3} \cdot 3^2 \cdot 103{,}0 + \frac{3{,}0}{6} \cdot (103{,}0 \cdot 12 + 275{,}1 \cdot 15) \right) = 0{,}0739\,\mathrm{m}$$

und

$$w_1 = \frac{1}{40467} \cdot \frac{3{,}0^2}{6} \cdot (103{,}0 + 2 \cdot 275{,}1) = 0{,}0242\,\mathrm{m}.$$

Damit werden die Zusatzmomente

$$\Delta M_{\mathrm{II}}^{1} = c_{\mathrm{F}} \cdot F_{\mathrm{E2}} \cdot (w_2 - w_1) = 4{,}0 \cdot 1{,}5 \cdot 200 \cdot (0{,}739 - 0{,}0242) = 59{,}6\,\mathrm{kNm}$$

und

$$\Delta M_{\mathrm{II}}^{\mathrm{a}} = c_{\mathrm{F}} \cdot (F_{\mathrm{E2}} \cdot w_2 + F_{\mathrm{E1}} \cdot w_1) = 4{,}0 \cdot (300 \cdot 0{,}0739 + 600 \cdot 0{,}0242) = 146{,}7\,\mathrm{kNm}.$$

Die neuen $M_{\mathrm{II}}$-Momente sind dann

$M_{\mathrm{II}}^{1} = 34{,}7 + 59{,}6 = 94{,}3\,\mathrm{kNm}$ und $M_{\mathrm{II}}^{\mathrm{a}} = 138{,}6 + 146{,}7 = 285{,}3\,\mathrm{kNm}$.

Die Übereinstimmung mit denen nach Gleichung (3.3c) und Gleichung (3.3.4e) berechneten Momenten ist sehr gut und baupraktisch ausreichend.

## 3.4 Berechnung des beidseitig starr eingespannten Balkens nach Theorie II. Ordnung bei angenommener Form der Biegelinie

Die Abschnitte 2.4.2.1, 2.4.2.2 und 2.4.3.1 befaßten sich mit dem Knicklängenbeiwert und der Form der Biegelinie des beidseitig eingespannten Balkens auf zwei Stützen. Es wurde festgestellt, daß die Momente $M_{\mathrm{m}}$, $M_{\mathrm{a}}$ und $M_{\mathrm{b}}$ zahlenmäßig gleich groß sind und die Biegelinie die Form einer amplitudenverschobenen doppelten Cosinuslinie hat.

$$w = 0{,}5 \cdot w_{\mathrm{m}} \cdot (1 - \cos 2\pi\xi) \tag{3.4a}$$

mit $\xi = x/l$.

Diese Erkenntnisse können direkt auf das Zusatzmoment $\Delta M_{\mathrm{II}}$ übertragen werden.

Der Verlauf von $\Delta M_{\mathrm{II}}$ und $\Delta Q_{\mathrm{II}}$ kann durch einfache Funktionen erfaßt werden.

$$\Delta M_{\mathrm{II}} = -\Delta M_{\mathrm{II}}^{\mathrm{m}} \cdot \cos 2\pi\xi \tag{3.4b}$$

$$\Delta Q_{\mathrm{II}} = +\Delta M_{\mathrm{II}}^{\mathrm{m}} \cdot \frac{2 \cdot \pi}{l} \cdot \sin 2\pi\xi \tag{3.4c}$$

$$\Delta Q_{\mathrm{II}}^{\mathrm{max}} = \pm \frac{\Delta M_{\mathrm{II}}^{\mathrm{m}} \cdot 2 \cdot \pi}{l} \tag{3.4d}$$

In der Abb. (3.4a) sind der Verlauf des Zusatzmomentes $\Delta M_{\mathrm{II}}$ und der Zusatzquerkraft $\Delta Q_{\mathrm{II}}$ dargestellt. Die Zusatzmomente bei *a*, *b* und *m* sind im Betrag gleich. Die Zusatzquerkraft hat ihr Maximum in den Viertelspunkten

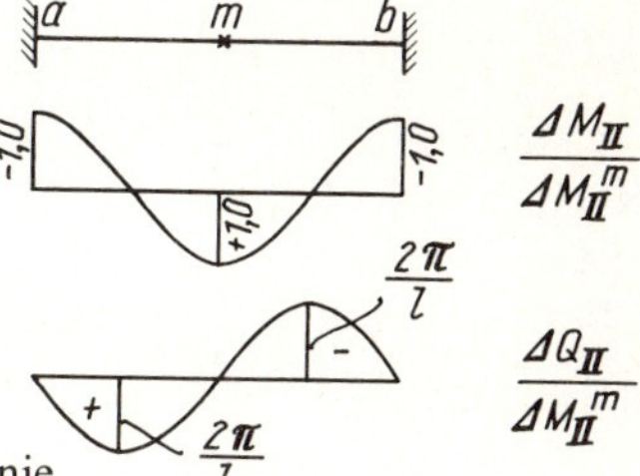


Abb. 3.4a
Verlauf der Zusatzmomentenlinie und der Zusatzquerkraftlinie

Wegen der Gleichheit der Zusatzmomente kann man die Rechnung vereinfachen. Nach Gleichung (3.2g) ist

$$\Delta M_{\mathrm{II}}^{\mathrm{m}} = M_{\mathrm{I}}^{\mathrm{m}} \cdot \frac{(1 + \alpha_{\mathrm{m}}) \cdot \bar{A}}{1 - \bar{A}} \tag{3.4e}$$

Damit sind auch die Zusatzmomente für *a* und *b* berechnet, denn

$$\Delta M_{\mathrm{II}}^{\mathrm{m}} = -\Delta M_{\mathrm{II}}^{\mathrm{a}} = -\Delta M_{\mathrm{II}}^{\mathrm{b}}. \tag{3.4f}$$

Alle Momente können nun nach der Gleichung

$$M_{\mathrm{II}} = M_{\mathrm{I}} + \Delta M_{\mathrm{II}} \tag{3.4g}$$

ermittelt werden.

$\Delta M_{\mathrm{II}}^{\mathrm{m}}$ ist unbekannt und muß ermittelt werden. In der Abb. (3.4b) sind die wirklichen Momente am unbestimmten System und das virtuelle Moment an einem zweckmäßigen Hauptsystem dargestellt.

Es wird die Annahme gemacht, daß die Biegelinie unter jedem Lastfall symmetrisch bleibt. Die Wirklichkeit weicht etwas von dieser Annahme ab. Die Fehler, die dadurch entstehen, sind baupraktisch jedoch belanglos.

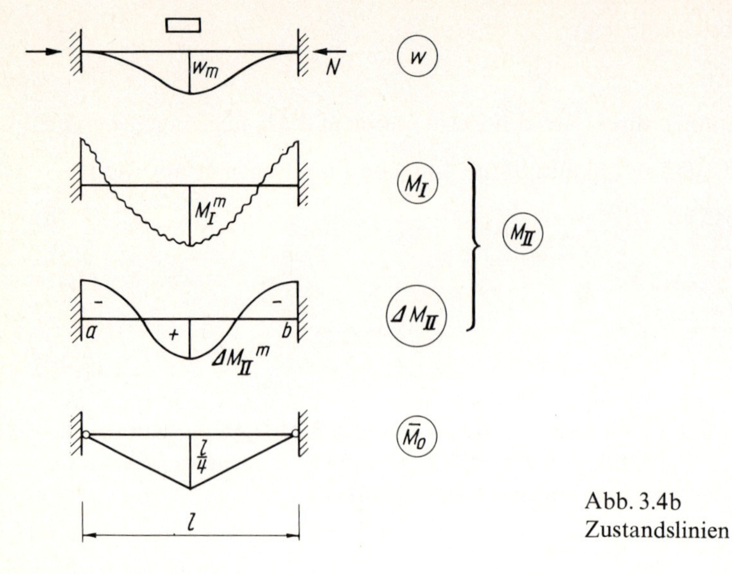


Abb. 3.4b
Zustandslinien

Nach Abb. (2.4.2b) ist $\Delta M_{II}^{m} = 0{,}5 \cdot N \cdot w_m$. (3.4h)

Überlagert man die Momentenflächen mit den bekannten Gleichungen, so erhält man

$$w_m = \int_0^l \frac{M_I \cdot \bar{M}_0}{EI} \cdot ds + \frac{1}{EI} \cdot \left[ \frac{3{,}467}{\pi^2} \cdot l \cdot N \cdot w_m \cdot \frac{l}{4} - \frac{1}{2} \cdot l \cdot (0{,}5 \cdot N \cdot w_m) \cdot \frac{l}{4} \right]$$

Das erste Integral ist die Verschiebung in der Mitte nach Theorie I. Ordnung ($w_I^{(m)}$).

Klammert man $\frac{l^2 \cdot N}{\pi^2}$ aus und faßt zusammen, so wird daraus

$$w_m = w_I^{(m)} + \frac{l^2 \cdot N}{EI \cdot \pi^2} \cdot \left( \frac{3{,}467}{4} - \frac{\pi^2}{16} \right) \cdot w_m.$$

Der Inhalt der Klammer ist 0,25. Das ist gerade das Quadrat des Knicklängenbeiwertes eines beidseitig eingespannten Stabes, $\beta^2 = 0{,}25$.

Aus der Gleichung wird damit

$$w_m = w_I^{(m)} + \frac{N \cdot l^2 \cdot \beta^2 \cdot w_m}{EI \cdot \pi^2} \text{ und mit Gl. (3.3d)}$$

$$w_m = w_I^{(m)} + \bar{A} \cdot w_m.$$

Löst man diese Gleichung nach $w_m$ auf und nennt $w_m$ $w_{II}^{(m)}$, so ist

$$w_{II}^{(m)} = \frac{w_I^{(m)}}{1 - \bar{A}} \tag{3.4i}$$

und nach Gl. (3.4h)

$$\Delta M_{II}^{(m)} = 0{,}5 \cdot \frac{w_I^{(m)}}{1 - \bar{A}} \cdot N \tag{3.4j}$$

### 3.4.1 Berechnung der Formbeiwerte für einige Lastfälle nach 3.4

Setzt man Gl. (3.4e) und Gl. (3.4j) gleich, so erhält man

$$\Delta M_{II}^{(m)} = M_I^{(m)} \cdot \frac{(1 + \alpha_n) \cdot \bar{A}}{1 - \bar{A}} = \frac{w_I^{(m)} \cdot N}{2 \cdot (1 - \bar{A})}.$$

Löst man diese Gleichung nach $1 + \alpha_m$ auf, setzt $\bar{A} = \dfrac{N \cdot l^2 \cdot \beta^2}{EI \cdot \pi^2}$ und $w_I^{(m)} = \tilde{w}_I^{(m)}/EI$, so wird

$$1 + \alpha_m = \frac{\tilde{w}_I^{(m)} \cdot N \cdot EI \cdot \pi^2}{EI \cdot M_I^{(m)} \cdot 2 \cdot N \cdot l^2 \cdot \beta^2} = \frac{\tilde{w}_I^{(m)} \cdot \pi^2}{M_I^{(m)} \cdot l^2 \cdot 2 \cdot \beta^2}$$

und

$$\alpha_m = \frac{\tilde{w}_I^{(m)} \cdot \pi^2}{M_I^{(m)} \cdot l^2 \cdot 2 \cdot \beta^2} - 1 \tag{3.4.1a}$$

$\alpha_a$ und $\alpha_b$ könnte man analog ermitteln. Für $M_I^{(m)}$ wäre $|M_I^a|$, bzw. $|M_I^b|$ einzusetzen. Das ist aber nicht erforderlich, da man mit $\Delta M_{II}^{(m)}$ alle Momente $M_{II}$ ermitteln kann.

In der Tabelle (3.4.1a) sind die Formbeiwerte der wichtigsten Lastfälle zusammengestellt.

**Tabelle 3.4.1a**

| Last | $\alpha_a$ | $\alpha_b$ | $\alpha_m$ |
|---|---|---|---|
| | −0,3831 | −0,3831 | +0,2337 |
| | −0,1775 | −0,1775 | −0,1755 |
| | Siehe Tabelle 3.4.1b | | |

**Tabelle 3.4.1b**

| $\bar{\gamma}$ | $\alpha_a$ | $\alpha_b$ | $\alpha_m$ | $\bar{\gamma}$ |
|---|---|---|---|---|
| 0 | −1,000 | +0,234 | +1,467 | 1,00 |
| 0,05 | −0,936 | +0,212 | +1,303 | 0,95 |
| 0,10 | −0,868 | +0,188 | +1,138 | 0,90 |
| 0,15 | −0,795 | +0,161 | +0,974 | 0,85 |
| 0,20 | −0,717 | +0,131 | +0,809 | 0,80 |
| 0,25 | −0,634 | +0,097 | +0,645 | 0,75 |
| 0,30 | −0,547 | +0,057 | +0,480 | 0,70 |
| 0,35 | −0,455 | +0,012 | +0,316 | 0,65 |
| 0,40 | −0,360 | −0,040 | +0,151 | 0,60 |
| 0,45 | −0,266 | −0,103 | −0,013 | 0,55 |
| 0,50 | −0,178 | −0,178 | −0,178 | 0,50 |
| $\bar{\gamma}$ | $\alpha_b$ | $\alpha_a$ | $\alpha_m$ | $\bar{\gamma}$ |

Will man aus mehreren Lastfällen ein gemeinsames $\alpha$ ermitteln, so ist $\alpha = (\sum M_i \cdot \alpha_i)/\sum M_i$. Das Beispiel (3.4.2c) zeigt eine solche Berechnung.

### 3.4.2 Praktische Beispiele zu Abschnitt 3.4

Berücksichtigung der geometrischen Ersatzimperfektion.

Die geometrische Ersatzimperfektion kann, wie beim Balken auf zwei Stützen, parabolisch angenommen werden. In Abb. (3.4.2a) ist diese Ersatzimperfektion mit der zugehörigen ungewollten Momentenlinie dargestellt.

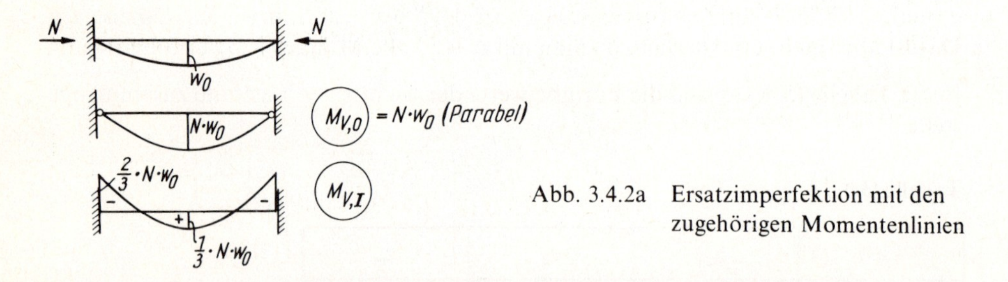


Abb. 3.4.2a Ersatzimperfektion mit den zugehörigen Momentenlinien

Die statisch unbestimmte Berechnung ergibt die $M_{V,I}$-Momentenlinie. Sie ist auch in Abb. 3.4.2a dargestellt.

Wie man aus dieser Abb. ersieht, kann die Ersatzimperfektion auch durch eine gleichmäßig verteilte Zusatzlast erfaßt werden. Die Gleichung (3.2.1a) kann direkt übernommen werden.

$$\bar{q} = \frac{8 \cdot N \cdot w_0}{l^2} = \frac{8 \cdot N}{l \cdot \mathrm{Ri}}. \qquad (3.4.2a)$$

Für die praktische Anwendung sind noch einmal die Gebrauchsgleichungen für die Momente zusammengestellt.

$$\Delta M_{\mathrm{II}}^{\mathrm{m}} = -\Delta M_{\mathrm{II}}^{\mathrm{a}} = -\Delta M_{\mathrm{II}}^{\mathrm{b}} = M_{\mathrm{I}}^{\mathrm{m}} \cdot \frac{(1+\alpha_{\mathrm{m}}) \cdot \bar{A}}{1-\bar{A}} \qquad (3.4.2\mathrm{b})$$

$$M_{\mathrm{II}}^{\mathrm{m}} = M_{\mathrm{I}}^{\mathrm{m}} + \Delta M_{\mathrm{II}}^{\mathrm{m}} \qquad (3.4.2\mathrm{c})$$

$$M_{\mathrm{II}}^{\mathrm{a}} = M_{\mathrm{I}}^{\mathrm{a}} + \Delta M_{\mathrm{II}}^{\mathrm{a}} \qquad (3.4.2\mathrm{d})$$

$$M_{\mathrm{II}}^{\mathrm{b}} = M_{\mathrm{I}}^{\mathrm{b}} + \Delta M_{\mathrm{II}}^{\mathrm{b}} \qquad (3.4.2\mathrm{e})$$

oder direkt

$$M_{\mathrm{II}}^{\mathrm{m}} = M_{\mathrm{I}}^{\mathrm{m}} \cdot \frac{1+\alpha_{\mathrm{m}} \cdot \bar{A}}{1-\bar{A}} \qquad (3.4.2\mathrm{f})$$ Feldmoment in der Mitte

$$M_{\mathrm{II}}^{\mathrm{a}} = M_{\mathrm{I}}^{\mathrm{a}} \cdot \frac{1+\alpha_{\mathrm{a}} \cdot \bar{A}}{1-\bar{A}} \qquad (3.4.2\mathrm{g})$$ Stützmoment bei a

$$M_{\mathrm{II}}^{\mathrm{b}} = M_{\mathrm{I}}^{\mathrm{b}} \cdot \frac{1+\alpha_{\mathrm{b}} \cdot \bar{A}}{1-\bar{A}} \qquad (3.4.2\mathrm{h})$$ Stützmoment bei b

Der Parameter ist

$$\bar{A} = \frac{N \cdot l^2 \cdot 0{,}25}{\pi^2 \cdot EI} \qquad (3.4.2\mathrm{i})$$

BEISPIEL 3.4.2a

Das in Abb. (3.4.2b) dargestellte System soll in St 37 bemessen werden. Als geometrische Ersatzimperfektion kann $w_0 = \frac{l}{250}$ angenommen werden. Die Sicherheit soll $\gamma = 1{,}50$ betragen.

15 + 1,8 = 16,8 kN/m
600 kN
600 kN
a
m
b
l = 8,0 m

Abb. 3.4.2b System mit Belastung

Nach Gleichung (3.4.2a) wird mit $\mathrm{Ri} = \frac{250}{0{,}75} = 333{,}3$

$$\bar{q} = \frac{8 \cdot N}{l \cdot \mathrm{Ri}} = \frac{8 \cdot 600}{8{,}0 \cdot 333{,}3} = 1{,}8\,\mathrm{kN/m}.$$

Die Momente nach Theorie I. Ordnung sind

$$M_{\mathrm{I}}^{\mathrm{a}} = M_{\mathrm{I}}^{\mathrm{b}} = -1{,}50 \cdot \frac{16{,}8 \cdot 8{,}0^2}{12} = -134{,}4\,\mathrm{kNm}$$

und $M_{\mathrm{I}}^{\mathrm{m}} = +\frac{1}{2} \cdot 134{,}4 = +67{,}2\,\mathrm{kNm}$.

Die zugehörige Normalkraft ist $N = 1{,}5 \cdot 600 = 900\,\text{kN}$.

Nach einer Vorbemessung wird ein IPBl 280 gewählt.

$A = 97{,}3\,\text{cm}^2$, $I_y = 13\,670\,\text{cm}^4$, $W = 1010\,\text{cm}^3$ und $EI = 28\,707\,\text{kNm}^2$.

Der Parameter ist nach Gleichung (3.4.2i)

$$\bar{A} = \frac{N \cdot l^2 \cdot 0{,}25}{28\,707 \cdot \pi^2} = \frac{900 \cdot 8{,}0^2 \cdot 0{,}25}{28\,707 \cdot \pi^2} = 0{,}05082$$

Nach der Gl. (3.4.2b) und dem Formbeiwert nach Tab. (3.2.1a) wird

$$\Delta M_{\text{II}}^{\text{m}} = 67{,}2 \cdot \frac{(1 + 0{,}2337) \cdot 0{,}05082}{1 - 0{,}05082} = 4{,}44\,\text{kNm}$$ und nach den Gleichungen (3.4.2c), (3.4.2d) und (3.4.2e)

$$M_{\text{II}}^{\text{m}} = 67{,}2 + 4{,}44 = 71{,}64\,\text{kNm}$$

$$M_{\text{II}}^{\text{a}} = M_{\text{II}}^{\text{b}} = -134{,}4 - 4{,}44 = -138{,}84\,\text{kNm}.$$

Die maximale Spannung ist

$$\sigma = \frac{N}{A} + \frac{M}{W} = \frac{900}{97{,}3} + \frac{138{,}84 \cdot 10^2}{1010} = 9{,}25 + 13{,}75$$

$$\sigma = 23{,}0\,\text{kN/cm}^2 < \beta_s = 24\,\text{kN/cm}^2.$$

Kontrolle der Werte mit dem genauen Verfahren nach [11].

Der dort gebrauchte Parameter ist

$$\varepsilon^2 = \frac{\bar{A} \cdot \pi^2}{\beta^2} = \frac{0{,}05082 \cdot \pi^2}{0{,}25} = 2{,}0063 \Rightarrow \varepsilon = 1{,}4164.$$

Mit dem Hilfswert

$$M_0 = \frac{q \cdot l^2}{\varepsilon^2} = \frac{1{,}5 \cdot 16{,}8 \cdot 8{,}0^2}{2{,}0063} = 803{,}9$$

wird

$$M_{\text{II}}^{\text{a}} = M_{\text{II}}^{\text{b}} = -M_0 \cdot \left(1 - \frac{\varepsilon/2}{\tan \varepsilon/2}\right) = 803{,}9 \cdot 0{,}17\,305 = 139{,}1\,\text{kNm}.$$

Für die Berechnung des Feldmomentes braucht man verschiedene Hilfswerte

$$c = \frac{M_i + M_k + 2 \cdot M_0}{\cos \varepsilon/2} = \frac{-2 \cdot 138{,}8 + 2 \cdot 803{,}9}{\cos \varepsilon/2} = 1751{,}3$$

$$\varrho = \arctan 0 = 0 \quad M_c = c/2 \cdot \cos \varrho = 1751{,}3/2 \cdot 1{,}0 = 875{,}7$$

Damit wird

$$M_{\text{II}}^{\text{m}} = M_c - M_0 = 875{,}7 - 803{,}9 = 71{,}77\,\text{kNm}.$$

Die Ergebnisse sind mit denen der Näherungsrechnung fast identisch.

Beispiel 3.4.2b

Der in Abb. (3.4.2c) dargestellte Träger IPBl 280 soll nachgerechnet werden. Die Flächenwerte können dem Beispiel (3.4.2a) entnommen werden.

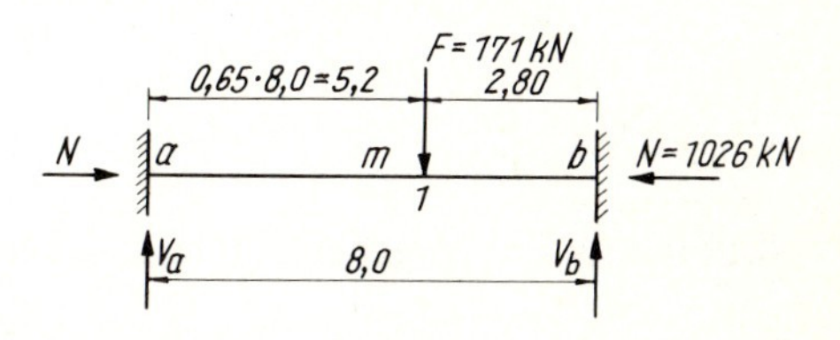


Abb. 3.4.2c Träger mit $\gamma$-facher Belastung

Die Momente nach Theorie I. Ordnung sind

$$M_{\mathrm{I}}^{\mathrm{a}} = -171 \cdot 5{,}2 \cdot 0{,}35^2 = -108{,}9\ \mathrm{kNm},$$

$$M_{\mathrm{I}}^{\mathrm{b}} = -171 \cdot 2{,}8 \cdot 0{,}65^2 = -202{,}3\ \mathrm{kNm},$$

$$V_{\mathrm{a}} = 171 \cdot 0{,}35 + \frac{108{,}9 - 202{,}3}{8{,}0} = 48{,}18\ \mathrm{kN},$$

$$M_{\mathrm{I}}^{\mathrm{m}} = -108{,}9 + 48{,}18 \cdot 4 = 83{,}8\ \mathrm{kNm} \quad \text{und}$$

$$M_{\mathrm{I}}^{1} = -108{,}9 + 48{,}18 \cdot 5{,}2 = 141{,}6\ \mathrm{kNm}.$$

Nach Tabelle (3.4.1b) ist für $\bar{\gamma} = 0{,}65$

$\alpha_{\mathrm{m}} = +0{,}316.$

$$\bar{A} = \frac{N \cdot l^2 \cdot 0{,}25}{EI \cdot \pi^2} = \frac{1026 \cdot 8{,}0^2 \cdot 0{,}25}{28\,707 \cdot \pi^2} = 0{,}05794.$$

Das Zusatzmoment ist nach Gl. (3.4.2b)

$$\Delta M_{\mathrm{II}}^{\mathrm{m}} = 83{,}8 \cdot \frac{(1 + 0{,}316) \cdot 0{,}05794}{1 - 0{,}05794} = 6{,}78\ \mathrm{kNm}$$

und die Momente nach Theorie II. Ordnung

$$M_{\mathrm{II}}^{\mathrm{m}} = 83{,}8 + 6{,}8 \doteq 90{,}6\ \mathrm{kNm}$$

$$M_{\mathrm{II}}^{\mathrm{a}} = -108{,}9 - 6{,}8 = -115{,}7\ \mathrm{kNm}$$

$$M_{\mathrm{II}}^{\mathrm{b}} = -202{,}3 - 6{,}8 = -209{,}1\ \mathrm{kNm}.$$

*Verteilung der Zusatzmomente $\Delta M_{\mathrm{II}}$ über die Stablänge.* Nach Abschnitt 3.4 gilt für das Zusatzmoment $|\Delta M_{\mathrm{II}}^{\mathrm{a}}| = |\Delta M_{\mathrm{II}}^{\mathrm{b}}| = |\Delta M_{\mathrm{II}}^{\mathrm{m}}|$ und als Gleichung

$$\Delta M_{\mathrm{II}} = -\Delta M_{\mathrm{II}}^{\mathrm{m}} \cdot \cos 2\pi\xi \tag{3.4b}$$

Im vorliegenden Beispiel ist $\Delta M_{\mathrm{II}}^{\mathrm{m}} = +6{,}8$ kNm. Damit lautet die Gleichung

$$\Delta M_{\mathrm{II}} = -6{,}80 \cdot \cos 2\pi\xi \quad \text{und} \quad \Delta M_{\mathrm{II}}^{1} = -6{,}80 \cdot \cos(2\pi 0{,}65) = 4{,}00\ \mathrm{kNm}.$$

Dann ist

$M_{II}^{1} = 141{,}6 + 4{,}0 = 145{,}6\,\text{kNm}.$

Nachrechnung mit dem genauen Verfahren nach [11].

$$\varepsilon = \sqrt{\frac{\bar{A} \cdot \pi^2}{\beta^2}} = 1{,}513$$

Nach den dort angegebenen Gleichungen wird

$$M_{II}^{a} = -171 \cdot 8 \cdot \frac{(1/\varepsilon)(\sin 0{,}65\,\varepsilon + \sin 0{,}35\,\varepsilon - \sin\varepsilon) + 0{,}65 + 0{,}35\,\varepsilon - \cos 0{,}35\,\varepsilon}{2(1 - \cos\varepsilon) - \varepsilon \cdot \sin\varepsilon}$$

$$M_{II}^{a} = -1368 \cdot \frac{(1/1{,}513)(0{,}83241 + 0{,}50515 - 0{,}99833) + 0{,}65 + 0{,}02022 - 0{,}86303}{1{,}88447 - 1{,}51047}$$

$M_{II}^{a} = -114{,}9\,\text{kNm},$

$$M_{II}^{b} = -1386 \cdot \frac{(1/\varepsilon)(\sin 0{,}35\,\varepsilon + \sin 0{,}65\,\varepsilon - \sin\varepsilon) + 0{,}35 + 0{,}65 \cdot \cos\varepsilon - \cos 0{,}65\,\varepsilon}{2(1 - \cos\varepsilon) - \varepsilon \cdot \sin\varepsilon}$$

$$M_{II}^{b} = -1368 \cdot \frac{(1/1{,}513)(0{,}50515 + 0{,}83241 - 0{,}99833) + 0{,}35 + 0{,}03755 - 0{,}55415}{1{,}88447 - 1{,}51047}$$

$M_{II}^{b} = -210{,}7\,\text{kNm},$

$$M_{II}^{m} = -114{,}9 \cdot \frac{\sin 0{,}5\,\varepsilon}{\sin\varepsilon} - 210{,}7 \cdot \frac{\sin 0{,}5\,\varepsilon}{\sin\varepsilon} + 1368 \cdot \frac{\sin 0{,}35\,\varepsilon \cdot \sin 0{,}5\,\varepsilon}{\varepsilon \cdot \sin\varepsilon}$$

$M_{II}^{m} = -79{,}0 - 144{,}8 + 314{,}0 = 90{,}2\,\text{kNm}$ und

$$M_{II}^{1} = -114{,}9 \cdot \frac{\sin 0{,}35\,\varepsilon}{\sin\varepsilon} - 210{,}7 \cdot \frac{\sin 0{,}65\,\varepsilon}{\sin\varepsilon} + 1368 \cdot \frac{\sin 0{,}35\,\varepsilon \cdot \sin 0{,}65\,\varepsilon}{\varepsilon \cdot \sin\varepsilon}$$

$M_{II}^{1} = -58{,}1 - 175{,}7 + 380{,}2 = 147{,}0\,\text{kNm}$

Die Werte des Näherungsverfahren stimmen mit denen des genauen Verfahrens praktisch überein. Der Vorteil des Näherungsverfahren ist die Kürze und die große Anschaulichkeit. Der Rechenaufwand gegenüber dem genauen Verfahren ist minimal.

Beispiel 3.4.2c

Das mit der $\gamma$-fachen Belastung in Abb. (3.4.2d) dargestellte System soll bemessen werden. Als geometrische Ersatzimperfektion wurde willkürlich $w_0 = l/375$ angenommen. Damit wird die gleichmäßig verteilte Ersatzlast nach Gleichung (3.4.2a)

$$\bar{q} = \frac{8 \cdot N}{l \cdot \text{Ri}} = 0{,}75 \cdot \frac{8 \cdot 138{,}8}{10{,}0 \cdot 375} = 0{,}222\,\text{kN/m}.$$

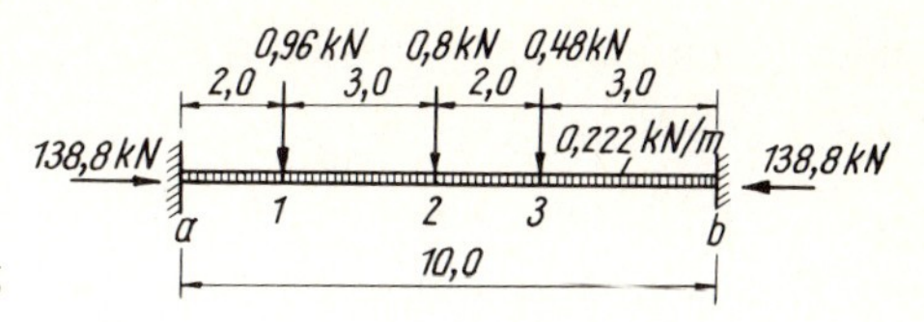


Abb. 3.4.2d System mit Belastung

Die Momente nach Theorie I. Ordnung sind

$$\bar{\gamma} = 0{,}2 \qquad \bar{\gamma} = 0{,}5 \qquad \bar{\gamma} = 0{,}7$$

$$M_{\mathrm{I}}^{\mathrm{a}} = -\tfrac{1}{12}\cdot 0{,}222\cdot 10^2 - 0{,}96\cdot 2{,}0\cdot 8{,}0 - \tfrac{1}{8}\cdot 0{,}8\cdot 10 - 0{,}48\cdot 7{,}0\cdot 0{,}3^2$$

$$M_{\mathrm{I}}^{\mathrm{a}} = -1{,}85 - 1{,}229 - 1{,}00 - 0{,}302 = -4{,}381\,\mathrm{kNm}$$

$$M_{\mathrm{I}}^{\mathrm{b}} = -\tfrac{1}{12}\cdot 0{,}222\cdot 10^2 - 0{,}96\cdot 8{,}0\cdot 0{,}2^2 - \tfrac{1}{8}\cdot 0{,}8\cdot 10 - 0{,}48\cdot 3{,}0\cdot 0{,}7^2$$

$$M_{\mathrm{I}}^{\mathrm{b}} = -1{,}85 - 0{,}307 - 1{,}00 - 0{,}706 = -3{,}862\,\mathrm{kNm}$$

$$M_{\mathrm{I}}^{\mathrm{m}} = +\frac{1}{24}\cdot 0{,}222\cdot 10^2 + 0{,}96\cdot 5{,}0\cdot 0{,}2^2 + 0{,}8\cdot 5{,}0\cdot 0{,}5^2 + 0{,}48\cdot 5{,}0\cdot 0{,}3^2$$

$$M_{\mathrm{I}}^{\mathrm{m}} = 0{,}925 + 0{,}192 + 1{,}00 + 0{,}216 = 2{,}333\,\mathrm{kNm}$$

Weiter werden gebraucht $M_{\mathrm{I}}^{1} = 0{,}122\,\mathrm{kNm}$ und $M_{\mathrm{I}}^{3} = 1{,}10\,\mathrm{kNm}$.

Die Vorbemessung ergibt einen IPBl 100 mit $A = 21{,}2\,\mathrm{cm}^2$, $W = 72{,}8\,\mathrm{cm}^3$, $I_y = 349\,\mathrm{cm}^4$ und $EI = 732{,}9\,\mathrm{kNm}^2$. Der Formbeiwert wird nach Tabelle (3.4.1b)

$$\alpha_{\mathrm{m}} = \frac{+0{,}2337\cdot 0{,}925 + 0{,}809\cdot 0{,}192 - 0{,}178\cdot 1{,}0 + 0{,}48\cdot 0{,}216}{2{,}333} = +0{,}127.$$

Nach Gleichung (3.4.2i) ist

$$\bar{A} = \frac{N\cdot l^2\cdot 0{,}25}{\pi^2\cdot EI} = \frac{138{,}8\cdot 10^2\cdot 0{,}25}{\pi^2\cdot 732{,}9} = 0{,}4797 \quad \text{und nach Gl. (3.4.2b)}$$

$$\Delta M_{\mathrm{II}}^{\mathrm{m}} = 2{,}333\cdot\frac{(1+0{,}127)\cdot 0{,}4797}{1-0{,}4797} = 2{,}424$$

Es verteilt sich nach Gleichung (3.4b). $\Delta M_{\mathrm{II}} = -2{,}424\cdot\cos 2\pi\xi$

Die Einzelwerte sind

$$\Delta M_{\mathrm{II}}^{\mathrm{a}} = -2{,}424\cdot\cos(2\cdot\pi\cdot 0) = -2{,}424\,\mathrm{kNm}$$

$$\Delta M_{\mathrm{II}}^{1} = -2{,}424\cdot\cos(2\cdot\pi\cdot 0{,}2) = -0{,}75\,\mathrm{kNm}$$

$$\Delta M_{\mathrm{II}}^{3} = -2{,}424\cdot\cos(2\cdot\pi\cdot 0{,}7) = +0{,}75\,\mathrm{kNm} \quad \text{und}$$

$$\Delta M_{\mathrm{II}}^{\mathrm{b}} = -2{,}424\cdot\cos(2\cdot\pi\cdot 1{,}0) = -2{,}424\,\mathrm{kNm}$$

Die Gesamtmomente sind dann

$M_{II}^{a} = -6{,}80\,\text{kNm}$, $M_{II}^{1} = -0{,}63\,\text{kNm}$, $M_{II}^{2} = M_{II}^{m} = 4{,}75\,\text{kNm}$,
$M_{II}^{3} = 1{,}85\,\text{kNm}$ und $M_{II}^{b} = -6{,}28\,\text{kNm}$.

In Abb. (3.4.2e) sind die Momentenlinien nach Theorie II. Ordnung und Theorie I. Ordnung dargestellt.

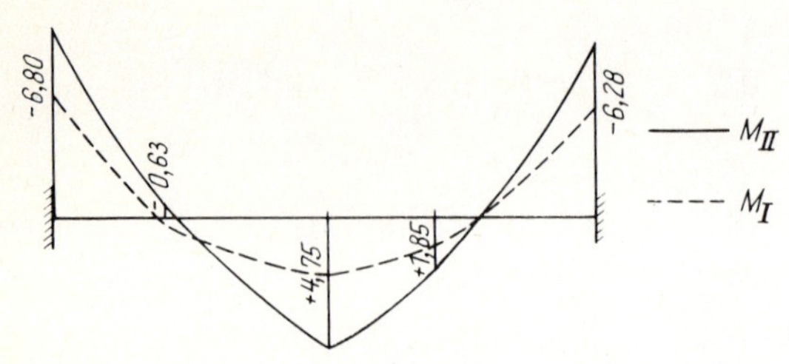


Abb. 3.4.2e Momentenlinie $M_{II}$ und $M_{I}$

BEISPIEL 3.4.2d

Der in Abb. (3.4.2f) dargestellte Träger soll in St 52 als IPB bemessen werden. Die Lasten stammen aus dem Lastfall $H$. Dann ist $\gamma = 1{,}5$. Die geometrische Ersatzimperfektion soll $w_0 = 0{,}75 \cdot l/140 = l/186{,}7$ betragen. Das entspricht nach Gl. (3.4.2a)

$$\bar{q} = \frac{8 \cdot N}{l \cdot \text{Ri}} = \frac{8 \cdot 900}{8{,}0 \cdot 186{,}7} = 4{,}8\,\text{kN/m}$$

Die Eigenlast word mit $g = 0{,}9\,\text{kN/m}$ geschätzt.

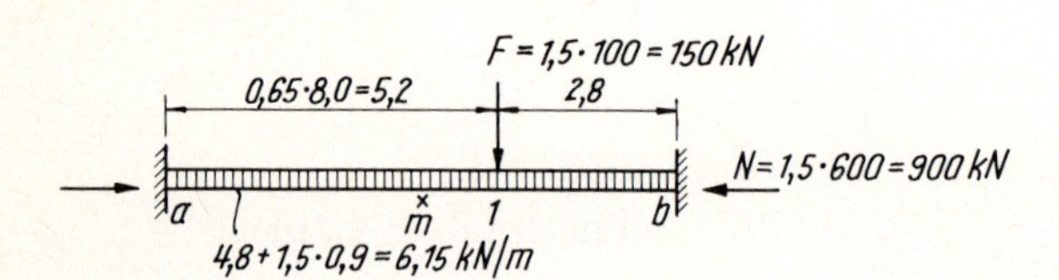


Abb. 3.4.2f System mit Belastung

Die Momente nach Theorie I. Ordnung sind

$$M_{I}^{a} = -\frac{1}{12} \cdot 6{,}15 \cdot 8{,}0^2 - 150 \cdot 5{,}2 \cdot 0{,}35^2 = -32{,}8 - 95{,}6 = -128{,}4\,\text{kNm}$$

$$M_{I}^{b} = -\frac{1}{12} \cdot 6{,}15 \cdot 8{,}0^2 - 150 \cdot 2{,}8 \cdot 0{,}65^2 = -32{,}8 - 177{,}5 = -210{,}3\,\text{kNm}$$

$$M_{I}^{m(0)} = +\frac{1}{24} \cdot 6{,}15 \cdot 8{,}0^2 = 16{,}4\,\text{kNm}$$

$$V_a = \frac{1}{2} \cdot 6{,}15 \cdot 8{,}0 + 150 \cdot 0{,}35 + \frac{128{,}4 - 210{,}3}{8{,}0} = 66{,}83\,\text{kN}$$

$$M_{\rm I}^{\rm m} = -128{,}4 + 66{,}83 \cdot 4{,}0 - \frac{1}{2} \cdot 6{,}15 \cdot 4{,}0^2 = 89{,}72\,\text{kNm}$$

$$M_{\rm I}^{1} = -128{,}4 + 66{,}83 \cdot 5{,}2 - \frac{1}{2} \cdot 6{,}15 \cdot 5{,}2^2 = 135{,}97\,\text{kNm}.$$

Die Vorbemessung ergibt für die Schnittgrößen nach Theorie I. Ordnung einen IPB 240. Die Flächenwerte sind $A = 106\,\text{cm}^2$, $I_y = 11\,260\,\text{cm}^4$, $W_y = 938\,\text{cm}^3$ und $EI = 23\,646\,\text{kNm}^2$.

$$\alpha_{\rm m} = \frac{16{,}4 \cdot 0{,}2337 + (89{,}72 - 16{,}4) \cdot 0{,}316}{89{,}72} = 0{,}3010$$

Gl. (3.4.2i)

$$\bar{A} = \frac{900 \cdot 8{,}0^2 \cdot 0{,}25}{\pi^2 \cdot 23\,646} = 0{,}0617$$

Gl. (3.4.2b)

$$\Delta M_{\rm II}^{\rm m} = 89{,}72 \cdot \frac{(1 + 0{,}0301) \cdot 0{,}0617}{1 - 0{,}0617} = 7{,}7\,\text{kN}$$

Gl. (3.4b)

$$\Delta M_{\rm II}^{1} = -7{,}7 \cdot \cos(2 \cdot \pi \cdot 0{,}65) = +4{,}5\,\text{kNm}.$$

Die Momente nach Theorie II. Ordnung sind dann

$$M_{\rm II}^{\rm a} = -128{,}4 - 7{,}7 = -136{,}1\,\text{kNm}$$

$$M_{\rm II}^{\rm b} = -210{,}3 - 7{,}7 = -218{,}0\,\text{kNm}$$

$$M_{\rm II}^{\rm m} = 89{,}7 + 7{,}7 = 97{,}4\,\text{kNm}$$

$$M_{\rm II}^{1} = 136{,}0 + 4{,}5 = 140{,}5\,\text{kNm}.$$

Die Spannung ist

$$\sigma = \frac{900}{106} + \frac{218{,}0 \cdot 100}{938} = 31{,}7\,\text{kN/cm}^2 < \beta_{\rm S} = 36\,\text{kN/cm}^2$$

Die Erhöhung der Werte durch die Berechnung nach Theorie II. Ordnung ist sehr gering und lohnt im allgemeinen bei statisch unbestimmten Systemen nicht. Nach Gl. (3.3e) ist die Stabkennzahl

$$\varepsilon^2 = \frac{\bar{A} \cdot \pi^2}{\beta^2} = \frac{0{,}0617 \cdot \pi^2}{0{,}25} = 2{,}436 \Rightarrow \varepsilon = 1{,}56.$$

Nach E DIN 18 800 Teil 2, 3.2.3, ist eine Berechnung nach Theorie II. Ordnung erforderlich. Das erscheint mir nicht sinnvoll. Man sollte die angegebene Grenze von $\varepsilon \leqq 1{,}0$ den jeweiligen Lagerungsbedingungen anpassen und durch $\beta \cdot \varepsilon \leqq 1{,}0$ ersetzen. Dann wäre im Beispiel

$$\beta \cdot \varepsilon = 0{,}5 \cdot 1{,}56 = 0{,}78 < 1{,}0$$

und damit keine Berechnung nach Theorie II. Ordnung erforderlich.

## 3.5 Berechnung des einseitig starr eingespannten Balkens nach Theorie II. Ordnung bei angenommener Form der Biegelinie

Im Abschnitt 2.4.3.2 wurden Annahmen über die Form der Biegelinie eines einseitg eingespannten Balkens auf zwei Stützen gemacht. Die dort aufgestellten Gleichungen waren

$$\left.\begin{aligned} w &= 0{,}5 \cdot w_{\mathrm{m}} \cdot \left(1 - \cos\frac{\pi \cdot \xi}{\alpha}\right) \quad \text{und} \\ w &= w_{\mathrm{m}} \cdot \sin\frac{\pi \cdot \xi}{2 \cdot (1 - \alpha)} \end{aligned}\right\} \tag{3.5a}$$

$w = w_{\mathrm{max}}$ ist die Durchbiegung im markanten Punkt.

Es wird die Annahme gemacht, daß die Biegelinie unter jedem Lastfall ihr Maximum bei $x = 0{,}6 \cdot l$ hat. Die Wirklichkeit weicht hiervon natürlich etwas ab. Eine hier nicht wiedergegebene Untersuchung hat aber ergeben, daß die Fehler, die dadurch entstehen, sehr klein sind und baupraktisch nicht ins Gewicht fallen.

Zur Ermittlung von $\Delta M_{\mathrm{II}}$ wird eine statisch unbestimmte Berechnung durchgeführt.

In Abb. (3.5a) sind die Biegelinie, der Lastspannungszustand $\Delta M_{\mathrm{II},0}$ und der Eigenspannungszustand $X_1 = 1{,}0$ dargestellt.

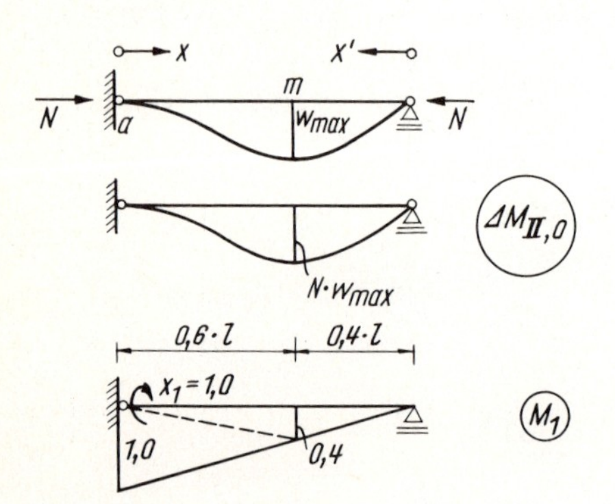


Abb. 3.5a Lastspannungszustand und Eigenspannungszustand

Die Verschiebungen sind

$$\delta'_{11} = \tfrac{1}{3} \cdot l \cdot 1{,}0^2 = \frac{l}{3}$$

$$\begin{aligned} \delta'_{10} = {} & \frac{3{,}467}{\pi^2} \cdot 0{,}6 \cdot l \cdot 0{,}4 \cdot N \cdot w_{\mathrm{m}} \\ & + \frac{1{,}467}{\pi^2} \cdot 0{,}6 \cdot l \cdot 1{,}0 \cdot N \cdot w_{\mathrm{m}} \\ & + \frac{4}{\pi^2} \cdot 0{,}4 \cdot l \cdot 0{,}4 \cdot N \cdot w_{\mathrm{m}}. \end{aligned}$$

Faßt man zusammen, so erhält man

$$\delta'_{10} = \frac{2{,}3523}{\pi^2} \cdot l \cdot N \cdot w_m$$

Die Unbekannte ergibt sich zu

$$X_1 = -\frac{\delta'_{10}}{\delta'_{11}} = -\frac{2{,}3523 \cdot l \cdot N \cdot w_m}{\pi^2 \cdot \frac{1}{3} \cdot l} = -0{,}715 \cdot N \cdot w_0$$

$$\left.\begin{array}{l}\text{Die Momente sind dann } \Delta M_{II}^{a} = -0{,}715 \cdot N \cdot w_m \text{ und} \\ \Delta M_{II}^{m} = N \cdot w_m - 0{,}4 \cdot 0{,}715 \cdot N \cdot w_m = +0{,}714 \cdot N \cdot w_m.\end{array}\right\} \quad (3.5b)$$

Auch hier sind die beiden Zusatzmomente wieder gleich groß.

Stellt man die Momentengleichungen auf, so erhält man nach Zusammenfassung

$$\Delta M_{II} = N \cdot w_m \cdot \left(-0{,}215 + 0{,}715 \cdot \xi - 0{,}5 \cdot \cos\frac{\pi\xi}{0{,}6}\right) \quad (3.5c)$$

und

$$\Delta M_{II} = N \cdot w_m \cdot \left(-0{,}715 \cdot \xi' + \sin\frac{\pi\xi'}{0{,}8}\right). \quad (3.5d)$$

Schneller kommt man zum Ziel, wenn man die Gleichungen des Abschnittes 2.4.1 direkt verwendet. Hier findet man $w = A \cdot (\sin 4{,}4934\xi' + 0{,}9762\xi')$ als Funktion der Biegelinie. Das Maximum dieser Funktion liegt bei $\xi'_0 = 0{,}3983$ und ist $w_{max} = w_m = 1{,}3650 \cdot A$. Als Funktion der Momentenlinie ergibt sich damit $\Delta M_{II} = 0{,}7326 \cdot N \cdot w_m \cdot \sin 4{,}4934\,\xi'$. (3.5e)

Die ausgezeichneten Momente sind nach Gleichung

$$\Delta M_{II}^{m} = 0{,}714 \cdot N \cdot w_m \quad \text{und}$$

$$\Delta M_{II}^{a} = -0{,}715 \cdot N \cdot w_m.$$

Das sind die gleichen Werte wie bei dem Näherungsverfahren. Arbeitet man $\Delta M_{II}^{a}$ in die Gl. (3.5e) ein, so erhält man

$$\Delta M_{II} = -1{,}0246 \cdot \Delta M_{II}^{a} \cdot \sin 4{,}4934\xi' \quad (3.5f)$$

Differenziert man diese Gleichung nach $x$, so erhält man die Querkraft

$$\Delta Q_{II} = -4{,}6 \cdot \frac{\Delta M_{II}^{a}}{l} \cdot \cos 4{,}4934\xi' \quad (3.5g)$$

In der Abb. (3.5b) ist der Verlauf der beiden Linie allgemeingültig dargestellt.

Die Zusatzauflagerkräfte sind

$$\Delta V_{II}^{i} = \frac{|\Delta M_{II}^{k}|}{l} \cdot 4{,}6 \quad (3.5h)$$

$$\Delta V_{II}^{k} = \frac{|\Delta M_{II}^{k}|}{l} \quad (3.5i)$$

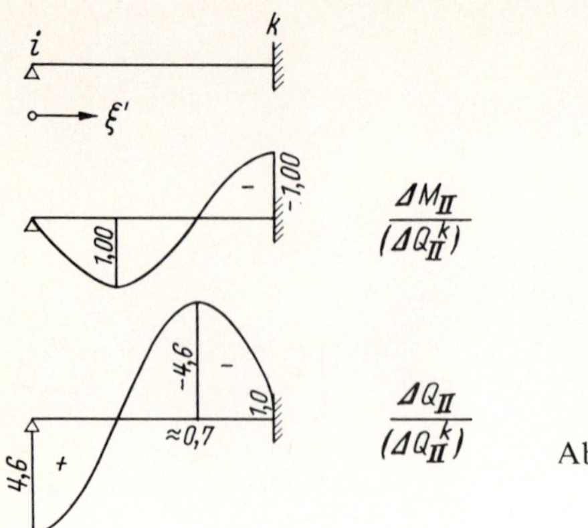


Abb. (3.5b) Verlauf des Zusatzmomentes und der Zusatzquerkraft

$\Delta M_{\mathrm{II}}^{\mathrm{a}}$ ist unbekannt und muß ermittelt werden. Auf eine erneute Herleitung kann verzichtet werden, denn man kann die Überlegungen des Abschnittes 3.4 analog übernehmen. Nach Gl. (3.4j) kann geschrieben werden

$$\Delta M_{\mathrm{II}}^{\mathrm{a}} = |\Delta M_{\mathrm{II}}^{\mathrm{a}}| = 0{,}715 \cdot \frac{w_{\mathrm{I}}^{\mathrm{m}}}{1 - \bar{A}}, \tag{3.5j}$$

wobei $w_{\mathrm{I}}^{\mathrm{m}}$ die Verschiebung an dem markanten Punkt $m$ ($\xi = 0{,}6$ bzw. $\xi' = 0{,}4$) ist.

### 3.5.1 Berechnung der Formbeiwerte für einige Lastfälle nach 3.5

Auch die Herleitungen nach Abschnitt 3.4.1 können analog übernommen werden. Es ist hier zweckmäßiger, den Formbeiwert $\alpha_{\mathrm{a}}$ zu bestimmen, da $M_{\mathrm{I}}^{\mathrm{a}}$ leichter berechnet werden kann. Nach Gl. (4.4.1a) kann gesetzt werden

$$\alpha_{\mathrm{a}} = \frac{\tilde{w}_{\mathrm{I}}^{\mathrm{m}} \cdot \pi^2 \cdot 0{,}715}{|M_{\mathrm{I}}^{\mathrm{a}}| \cdot l^2 \cdot \beta^2} - 1{,}0 \tag{3.5.1a}$$

$\alpha_{\mathrm{m}}$ kann analog ermittelt werden. Es ist aber nicht nötig, da man mit $\Delta M_{\mathrm{II}}^{\mathrm{a}}$ alle Momente $M_{\mathrm{II}}$ ermitteln kann. $\beta^2 = 0{,}488821$.

In der Tabelle (3.5.1a) sind die Formbeiwerte der wichtigsten Lastfälle zusammengestellt.

**Tabelle 3.5.1a**

| Last | $\alpha_{\mathrm{a}}$ | $\alpha_{\mathrm{m}}$ |
|---|---|---|
| | −0,3764 | +0,1137 |
| $\bar{\gamma}$ | Siehe Tabelle 3.6b | |

**Tabelle 3.5.1b**

| $\bar{\gamma}$ | $\alpha_{\mathrm{a}}$ | $\alpha_{\mathrm{m}}$ |
|---|---|---|
| 0 | −1,0000 | +1,0187 |
| 0,1 | −0,8742 | +0,8556 |
| 0,2 | −0,7391 | +0,6799 |
| 0,3 | −0,5953 | +0,4864 |
| 0,4 | −0,4450 | +0,2808 |
| 0,5 | −0,2942 | +0,0587 |
| 0,6 | −0,1586 | −0,1819 |
| 0,7 | −0,0634 | +0,0479 |
| 0,8 | −0,0039 | +0,1719 |
| 0,9 | +0,0289 | +0,2669 |
| 1,0 | +0,0394 | +0,2993 |

### 3.5.2 Praktische Beispiele zu Abschnitt 3.5

Die geometrische Ersatzimperfektion kann wieder durch eine gleichmäßig verteilte Zusatzlast nach der Gleichung

$$q = 8 \cdot N \cdot w_0/l^2 = 8 \cdot N/l \cdot \text{Ri} \tag{3.5.2a}$$

erfaßt werden.

Für die praktische Anwendung sind noch einmal die Gebrauchsgleichungen für die Momente zusammengestellt.

$$\Delta M_{\text{II}}^{\text{a}} = -\Delta M_{\text{II}}^{\text{m}} = M_{\text{I}}^{\text{a}} \cdot \frac{(1 + \alpha_{\text{a}}) \cdot \bar{A}}{1 - \bar{A}} \tag{3.5.2b}$$

$$M_{\text{II}}^{\text{a}} = M_{\text{I}}^{\text{a}} + \Delta M_{\text{II}}^{\text{a}} \tag{3.5.2c}$$

$$M_{\text{II}}^{\text{m}} = M_{\text{I}}^{\text{m}} + \Delta M_{\text{II}}^{\text{m}} \tag{3.5.2d}$$

oder direkt

$$M_{\text{II}}^{\text{a}} = M_{\text{I}}^{\text{a}} \cdot \frac{1 + \alpha_{\text{a}} \cdot \bar{A}}{1 - \bar{A}} \quad \text{Stützmoment bei } a \tag{3.5.2e}$$

$$M_{\text{II}}^{\text{m}} = M_{\text{I}}^{\text{m}} \cdot \frac{1 + \alpha_{\text{m}} \cdot \bar{A}}{1 - \bar{A}} \quad \text{Feldmoment bei } m \tag{3.5.2f}$$

Der Parameter ist

$$\bar{A} = \frac{N \cdot l^2 \cdot 0{,}488821}{\pi^2 \cdot EI} \tag{3.5.2g}$$

oder bei elastischer Einspannung

$$\bar{A} = \frac{N \cdot l^2 \cdot \beta^2}{\pi^2 \cdot EI}.$$

BEISPIEL 3.5.2a

Das mit der $\gamma$-fachen Belastung in Abb. (3.5.2a) dargestellte System soll bemessen werden. Die geometrische Ersatzimperfektion wurde willkürlich mit $w_0 = 1/375$ angenommen. Daraus ergibt sich analog zum Beispiel (3.4.2c) eine Ersatzstreckenlast $\bar{q} = 0{,}222\,\text{kN/m}$.

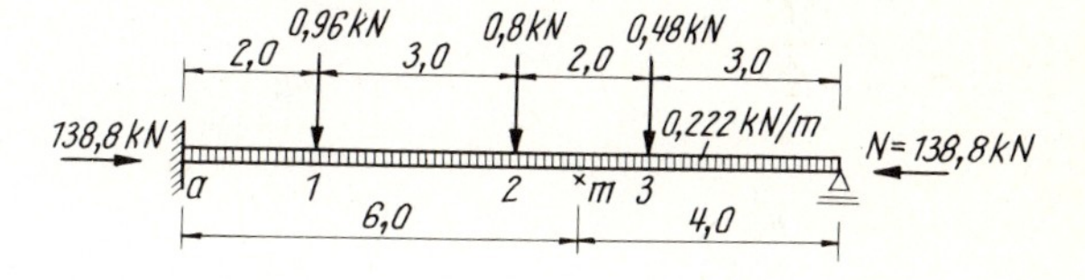


Abb. 3.5.2a System mit $\gamma$-facher Belastung

Die Momente nach Theorie I. Ordnung sind

$M_{\text{I}}^{\text{a}} = -6{,}312\,\text{kNm}$, $M_{\text{I}}^{1} = -0{,}648\,\text{kNm}$, $M_{\text{I}}^{2} = +3{,}30\,\text{kNm}$,
$M_{\text{I}}^{3} = +3{,}222\,\text{kNm}$ und $M_{\text{I}}^{\text{m}} = +3{,}372\,\text{kNm}$.

Die Formbeiwerte können nur über die Einzelmomente ermittelt werden. Diese Momente an der Stelle a sind

$$M_{\mathrm{I}}^{\mathrm{a}} = -\tfrac{1}{8}\cdot 0{,}222\cdot 10^2 - \underset{\bar{\gamma}=0{,}2}{\underbrace{0{,}96\cdot 10\cdot 0{,}144}} - \underset{\bar{\gamma}=0{,}5}{\underbrace{0{,}8\cdot 10\cdot 0{,}1875}} - \underset{\bar{\gamma}=0{,}7}{\underbrace{0{,}48\cdot 10\cdot 0{,}1365}}$$

$$M_{\mathrm{I}}^{\mathrm{a}} = -2{,}775 - 1{,}382 - 1{,}500 - 0{,}655 = -6{,}312\,\mathrm{kNm}.$$

Nach den Tabellen (3.5.1a) und (3.5.1b) wird

$$\alpha_{\mathrm{a}} = \frac{-0{,}3764\cdot 2{,}775 - 0{,}7391\cdot 1{,}382 - 0{,}2942\cdot 1{,}5 - 0{,}0634\cdot 0{,}655}{6{,}312} = -0{,}404.$$

Auf Grund einer Vorbemessung wurde ein IPBl 120 mit den Flächenwerten $A = 25{,}3\,\mathrm{cm}^2$, $W = 106\,\mathrm{cm}^3$, $I_y = 606\,\mathrm{cm}^4$ und $EI = 1272{,}6\,\mathrm{kNm}^2$ gewählt.

Nach Gleichung (3.5.2g) ist

$$\bar{A} = \frac{N\cdot l^2\cdot 0{,}488821}{\pi^2\cdot EI} = \frac{138{,}8\cdot 10^2\cdot 0{,}488821}{\pi^2\cdot 1272{,}6} = 0{,}5402.$$

Das Zusatzmoment kann nach Gl. (3.5.2b) berechnet werden.

$$\Delta M_{\mathrm{II}}^{\mathrm{a}} = -6{,}312\cdot\frac{(1-0{,}404)\cdot 0{,}5402}{1-0{,}5402} = -4{,}42\,\mathrm{kNm}.$$

Damit ist auch $\Delta M_{\mathrm{II}}^{\mathrm{m}} = +4{,}42\,\mathrm{kNm}$.

Die anderen Zusatzmomente können nach der Gl. (3.5f) ermittelt werden.

$$\Delta M_{\mathrm{II}} = 1{,}0246\cdot 4{,}42\cdot \sin 4{,}4934\cdot \xi'$$

Die Einzelwerte sind dann

$\Delta M_{\mathrm{II}}^{\mathrm{a}} = -4{,}42$, $\Delta M_{\mathrm{II}}^{1} = -1{,}98$, $\Delta M_{\mathrm{II}}^{2} = +3{,}53$,

$\Delta M_{\mathrm{II}}^{\mathrm{m}} = 4{,}41$ und $\Delta M_{\mathrm{II}}^{3} = 4{,}42$.

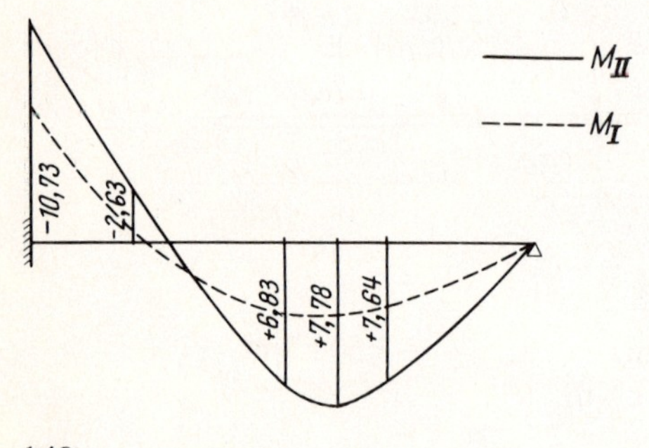


Abb. 3.5.2b Momentenlinien $M_{\mathrm{II}}$ und $M_{\mathrm{I}}$

und die Gesamtwerte

$M_{II}^{a} = -10{,}73\,\text{kNm}, \quad M_{II}^{1} = -2{,}63\,\text{kNm}, \quad M_{II}^{2} = +6{,}83\,\text{kNm},$

$M_{II}^{m} = +7{,}78\,\text{kNm} \quad \text{und} \quad M_{II}^{3} = +7{,}64\,\text{kNm}.$

Die Momentenlinien sind in Abb. (3.5.2b) dargestellt.

Die maximale Spannung ist

$$\sigma = \frac{N}{A} + \frac{M}{W} = \frac{138{,}8}{25{,}3} + \frac{10{,}73 \cdot 100}{106} = 5{,}5 + 10{,}1 = 15{,}6\,\text{kN/cm}^2.$$

Der Träger ist zwar nicht ausgenutzt, der nächstkleinere ist aber wegen des sehr kleinen Nennerwertes $(1 - \bar{A})$ schon nicht mehr ausreichend.

*Schnelles Näherungsverfahren*

Wird die Momentenlinie näherungsweise als Gleichlastparabel angenommen, so kann man die Zusatzmomente nach Gleichung (3.5.2b) berechnen. Damit wird

$$\Delta M_{II}^{a} = -6{,}31 \cdot \frac{(1 - 0{,}3764) \cdot 0{,}5402}{1 - 0{,}5402} = -4{,}62\,\text{kNm}.$$

Dieser Wert ist für baupraktische Zwecke genügend genau.

BEISPIEL 3.5.2b

Das in Abb. (3.5.2c) dargestellte System hat die $\gamma = 1{,}5$fache Belastung und den Einfluß der ungewollten Ausmitte. Es soll in St 37 mit einem IPBl bemessen werden.

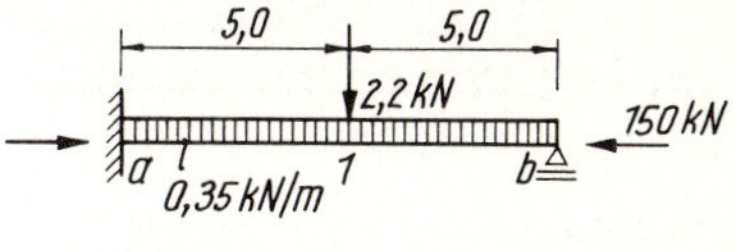

Abb. 3.5.2c System mit Belastung

Die Schnittgrößen nach Theorie I. Ordnung sind

$$M_{I}^{a} = -\frac{1}{8} \cdot 0{,}35 \cdot 10{,}0^2 - \frac{3}{16} \cdot 2{,}2 \cdot 10{,}0$$

$$= -(4{,}38 + 4{,}13) = -8{,}51\,\text{kNm}$$

$$M_{I}^{1} = \frac{1}{16} \cdot 0{,}35 \cdot 10{,}0^2 + \frac{5}{32} \cdot 2{,}2 \cdot 10{,}0$$

$$= 2{,}19 + 3{,}44 = 5{,}63\,\text{kNm}$$

$$V_a = 0{,}5 \cdot 0{,}35 \cdot 10{,}0 + 1{,}1 + \frac{8{,}51}{10{,}0} = 3{,}7\,\text{kN}$$

$$V_b = 2{,}0\,\text{kN}.$$

Aufgrund einer Vorbemessung wurde ein IPBl 120 mit den Flächenwerten $A = 25{,}3\,\text{cm}^2$, $I_y = 606\,\text{cm}^4$, $W_y = 106\,\text{cm}^3$ und $EI = 1272{,}6\,\text{kNm}^2$ gewählt.

Gl. (3.5.2g) $\bar{A} = \dfrac{N \cdot l^2 \cdot 0{,}4888}{\pi^2 \cdot EI} = \dfrac{150 \cdot 10{,}0^2 \cdot 0{,}4888}{\pi^2 \cdot 1272{,}6} = 0{,}5838$

Tab. (3.5.1a) und (3.5.1b)

$$\alpha_a = \frac{-0{,}3764 \cdot 4{,}38 - 0{,}2942 \cdot 4{,}13}{8{,}51} = -0{,}3365$$

Gl. (3.5.2b) $\Delta M_{II}^a = -8{,}51 \cdot \dfrac{(1 - 0{,}3365) \cdot 0{,}5838}{1 - 0{,}5838} = -7{,}96\,\text{kNm}$

$M_{II}^a = -8{,}51 - 7{,}96 = -16{,}47\,\text{kNm}$

Gl. (3.5f)

$M_{II}^1 = 5{,}63 + 1{,}0246 \cdot 7{,}96 \cdot \sin(4{,}4934 \cdot 0{,}5) = 11{,}99\,\text{kNm}$

$$V_{II}^b = 2{,}00 + \frac{7{,}96}{10{,}0} \cdot 4{,}6 = 5{,}66\,\text{kN}$$

$$V_{II}^a = 3{,}70 + \frac{7{,}96}{10{,}0} = 4{,}50\,\text{kN}$$

In der Abb. (3.5.2d) sind die Zustandslinien $M$ und $Q$ dargestellt. Die gestrichelte Linie sind die Werte nach Theorie I. Ordnung. Die Unterschiede zwischen den Werten nach Theorie I. Ordnung und II. Ordnung sind bei diesem weichen Träger erheblich.

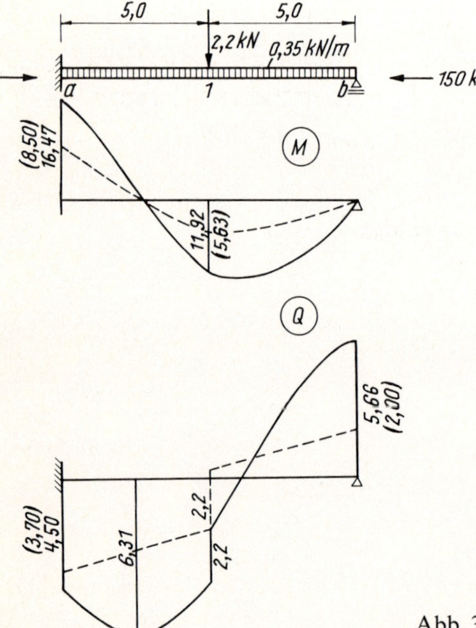


Abb. 3.5.2d Zustandslinien $M$ und $Q$

Die Spannungen werden

$$\sigma = \frac{150}{25{,}3} + \frac{16{,}47 \cdot 100}{106} = 21{,}4\,\text{kN/cm}^2 < \beta_S = 24\,\text{kN/cm}^2.$$

## 3.6 Berechnung von symmetrischen Zweigelenkrahmen nach Theorie II. Ordnung bei angenommener Form der Biegelinie

In den Abschnitten 2.6 und 2.6.1 ist der Zweigelenkrahmen hinsichtlich der Form der Biegelinie und der Ermittlung des Knicklängenbeiwertes eingehend behandelt. In Abb. (3.6a) sind der Rahmen im verformten Zustand und die dadurch entstandene Zusatzmomentenlinie $\Delta M_{II}$ dargestellt.

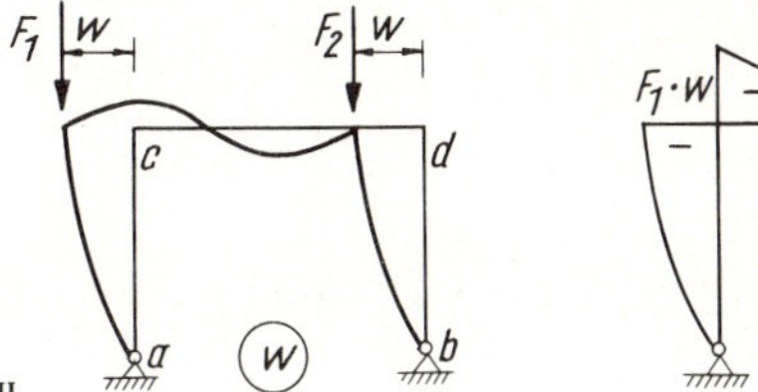


Abb. 3.6a Verformter Rahmen und $M_{II}$

Die Eckmomente sind $\Delta M_{II}^c = F_1 \cdot w$ und $\Delta M_{II}^d = F_2 \cdot w$.

Setzt man $m = F_2/F_1$, so wird $\Delta M_{II}^d = m \cdot \Delta M_{II}^c$.

In Abb. (3.6b) sind die Momentenlinie $M_I$ und $\overline{M}$ dargestellt.

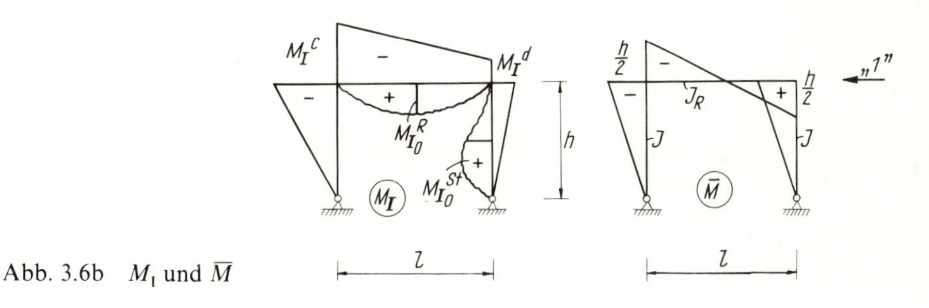


Abb. 3.6b $M_I$ und $\overline{M}$

In der Abb. (3.6b) bedeuten $M_{I_0}^R$ das Moment eines Balkens auf zwei Stützen in Riegelmitte, $M_{I_0}^{St}$ das Moment eines Balkens auf zwei Stützen in Stielmitte, I das Trägheitsmoment der Stiele und $I_R$ das Trägheitsmoment des Riegels.

Die Seitenverschiebung $w$ ergibt sich mit den bekannten Überlagerungsgleichungen zu

$$w = \frac{4}{\pi^2 \cdot EI} \cdot h \cdot \Delta M_{II}^c (1 + m) \cdot \frac{h}{2}$$
$$+ \frac{1}{6 \cdot EI_R} \cdot l \cdot \left( \Delta M_{II}^c \cdot \frac{h}{2} + m \cdot \Delta M_{II}^c \cdot \frac{h}{2} \right)$$
$$+ \frac{1}{3 \cdot EI} \cdot h \cdot (M_I^c - M_I^d) \cdot \frac{h}{2} + \frac{c_1}{EI} \cdot h \cdot M_{I_0}^{St} \cdot \frac{h}{2}$$
$$+ \frac{1}{6 \cdot EI_R} \cdot l \cdot \left( M_I^c \cdot \frac{h}{2} - M_I^d \cdot \frac{h}{2} \right) + \frac{c_2}{EI_R} \cdot l \cdot M_{I_0}^R \cdot \frac{h}{2}.$$

Faßt man zusammen, so wird

$$w = \frac{h^2}{\pi^2 \cdot EI} \cdot \frac{1 + m}{2} \cdot \left( 4 \cdot \Delta M_{II}^c + \frac{\pi^2 \cdot I \cdot l}{6 \cdot I_R \cdot h} \cdot \Delta M_{II}^c \right)$$
$$+ \frac{h^2}{6 \cdot EI} \cdot \left[ (M_I^c - M_I^d) + \frac{1}{2} \cdot \frac{I \cdot l}{I_R \cdot h} (M_I^c - M_I^d) + 3 \cdot c_1 \cdot M_{I_0}^{St} + 3 \cdot \frac{I \cdot l}{I_R \cdot h} \cdot c_2 \cdot M_{I_0}^R \right].$$

Setzt man $c = I \cdot l / I_R \cdot h$ und klammert $\Delta M_{II}^c$ aus, so wird aus der Gleichung

$$w = \frac{h^2}{\pi^2 \cdot EI} \cdot \frac{1 + m}{2} \cdot \left( 4 + \frac{\pi^2}{6} \cdot c \right) \cdot \Delta M_{II}^c$$
$$+ \frac{h^2}{\pi^2 \cdot EI} \cdot \frac{\pi^2}{6} \cdot [(M_I^c - M_I^d) + \tfrac{1}{2} \cdot c \cdot (M_I^c - M_I^d) + 3 \cdot (c_1 \cdot M_{I_0}^{St} + c \cdot c_2 \cdot M_{I_0}^R)].$$

Nach Gleichung (2.6.1) kann man

$$\beta^2 = \frac{1 + m}{2} \cdot \left( 4 + \frac{\pi^2}{6} \cdot c \right)$$

setzen. Klammert man $h^2 \cdot \beta^2 / \pi^2 \cdot EI$ aus und setzt $\Delta M_{II}^c = M_{II}^c - M_I^c$, so kann man schreiben

$$w = \frac{h^2 \cdot \beta^2}{\pi^2 \cdot EI} \cdot \left\{ (M_{II}^c - M_I^c) + \frac{\pi^2}{6 \cdot \beta^2} \cdot [(M_I^c - M_I^d) \cdot (1 + 0{,}5 \cdot c) \right.$$
$$\left. + 3 \cdot (c_1 \cdot M_{I_0}^{St} + c \cdot c_2 \cdot M_{I_0}^R)] \right\}.$$

Klammert man $M_I^c$ aus und ordnet um, so wird

$$w = \frac{h^2 \cdot \beta^2}{\pi^2 \cdot EI} \cdot \left\{ M_{II}^c + M_I^c \cdot \left( \frac{\pi^2}{6 \cdot \beta^2} \cdot \left[ (1 + 0{,}5 \cdot c) \cdot \left( 1 - \frac{M_I^d}{M_I^c} \right) \right. \right. \right.$$
$$\left. \left. \left. + 3 \cdot \left( c_1 \cdot \frac{M_{I_0}^{St}}{M_I^c} + c \cdot c_2 \cdot \frac{M_{I_0}^R}{M_I^c} \right) \right] - 1 \right) \right\}.$$

Der Inhalt der großen Klammer wird $\alpha_c$ genannt.

$$\alpha_c = \frac{\pi^2}{6 \cdot \beta^2} \cdot \left[ (1 + 0{,}5 \cdot c) \cdot \left(1 - \frac{M_I^d}{M_I^c}\right) + 3 \cdot \left(c_1 \cdot \frac{M_{I_0}^{St}}{M_I^c} + c \cdot c_2 \cdot \frac{M_{I_0}^R}{M_I^c}\right)\right] - 1. \quad (3.6a)$$

Der Wert $c_1$ ist der Überlagerungsfaktor eines Dreiecks ( ◸ ) mit einer beliebigen $M_{I_0}$-Momentenlinie im Stiel, und $c_2$ ist der Überlagerungsfaktor eines Doppeldreiecks ( ⧩ ) mit einer beliebigen $M_{I_0}$-Momentenlinie im Riegel. Hat die $M_{I_0}$-Momentenlinie im Riegel eine symmetrische Form, so ist $c_2 = 0$. Meistens ist $M_{I_0}$ nahezu symmetrisch. Dann ist $c_2$ sehr klein und kann vernachlässigt werden.

Sind die Stiele frei von Querlasten, so ist $M_{I_0}^{St} = 0$.

In der Baupraxis liegen oft querlastfreie Stiele und symmetrische $M_{I_0}$-Riegelmomentenlinien vor. Dann vereinfacht sich die Gleichung (3.6a) zu

$$\boxed{\alpha_c = \frac{\pi^2}{6 \cdot \beta^2} \cdot \left[ (1 + 0{,}5 \cdot c) \cdot \left(1 - \frac{M_I^d}{M_I^c}\right)\right] - 1{,}0}\,. \quad (3.6b)$$

Setzt man für $\beta^2$ die Gleichung (2.6.1b) ein, so erhält man

$$\frac{\pi^2}{6 \cdot \beta^2} = \frac{\pi^2}{3(1 + m) \cdot (4 + 1{,}644)}$$

Multipliziert man aus, so wird unter Annahme einer Näherung

$$\frac{\pi^2}{6 \cdot \beta^2} = \frac{0{,}822}{(1 + m)} \cdot \frac{1}{(1 + 0{,}411 \cdot c)} = \frac{0{,}822}{(1 + m)} \cdot \frac{1{,}22}{(1{,}22 + 0{,}5 \cdot c)}$$

$$\approx \frac{1{,}0}{(1 + m) \cdot (1 + 0{,}5 \cdot c)}.$$

Mit diesem Ausdruck vereinfacht sich die Gleichung (3.6b) weiter zu

$$\boxed{\alpha_c = \frac{1{,}0}{1 + m} \cdot \left(1 - \frac{M_I^d}{M_I^c}\right) - 1}\,. \quad (3.6c)$$

Diese Gleichnung dürfte für die meisten Fälle genügend genau sein.

Setzt man $\alpha_c$ ein, so ergibt sich

$$w = \frac{h^2 \cdot \beta^2}{\pi^2 \cdot EI} \cdot (M_{II}^c + \alpha_c \cdot M_I^c). \quad (3.6d)$$

Das Moment bei c wird

$$M_{II}^c = M_I^c + F_1 \cdot w = M_I^c + \frac{F_1 \cdot h^2 \cdot \beta^2}{\pi^2 \cdot EI} \cdot (M_{II}^c + \alpha_c \cdot M_I^c).$$

Mit

$$\bar{A} = \frac{F_1 \cdot h^2 \cdot \beta^2}{\pi^2 \cdot EI} \tag{6.3e}$$

und Auflösung nach $M_{II}^c$ lautet die Gleichung

$$M_{II}^c = M_I^c \cdot \frac{1 + \alpha_c \cdot \bar{A}}{1 - \bar{A}}. \tag{6.3f}$$

Aus dieser Gleichung ergeben sich die anderen Werte

$$\Delta M_{II}^c = M_{II}^c - M_I^c \tag{6.3g}$$

und

$$\Delta M_{II}^d = m \cdot \Delta M_{II}^c. \tag{6.3h}$$

Die Zusatzmomente verteilen sich sinuslinienförmig in den Stielen und geradlinig in den Riegeln.

### 3.6.1 Hilfswerte für die Berechnung und Berechnungsbeispiele zu 3.6

Die geometrische Ersatzimperfektion wird durch eine Schrägstellung des Systems berücksichtigt. Die Schrägstellung kann durch eine horizontale Zusatzlast gemäß Gleichung (3.2k) erfaßt werden.

$$\bar{H} = \frac{F_1 + F_2}{Ri}. \tag{3.6.1a}$$

In Tabelle (3.6.1a) sind die $c_1$ und $c_2$-Werte der Gleichung (3.6a) für die wichtigsten Lastfälle gemäß Abb. (3.6b) zusammengestellt.

Die $c_1$-Werte gelten für den rechten Stiel. Für den linken Stiel ist sinngemäß zu verfahren.

BEISPIEL 3.6.1a

Das in Abb. (3.6.1a) dargestellte System soll nach Theorie II. Ordnung mit $\gamma$-facher Sicherheit berechnet werden. Als Ersatzimperfektion kann $\psi_0 = 1/140$ angenommen werden. Nach Gleichung (3.6.1a) wird $\bar{H} = (3 \cdot 513)/140 = 10{,}99$ kN.

| $\bar{\gamma}$ | | | | |
|---|---|---|---|---|
| 0 | | 0,333 | 0,333 | −0,333 |
| 0,05 | | 0,333 | 0,331 | −0,285 |
| 0,10 | | 0,330 | 0,323 | −0,240 |
| 0,15 | | 0,326 | 0,311 | −0,198 |
| 0,20 | | 0,320 | 0,293 | −0,160 |
| 0,25 | | 0,313 | 0,271 | −0,125 |
| 0,30 | | 0,303 | 0,243 | −0,093 |
| 0,35 | | 0,293 | 0,211 | −0,065 |
| 0,40 | | 0,280 | 0,173 | −0,040 |
| 0,45 | | 0,266 | 0,131 | −0,018 |
| 0,50 | 0,333 | 0,250 | 0,083 | 0 |
| 0,55 | | 0,284 | 0,031 | +0,018 |
| 0,60 | | 0,320 | −0,027 | +0,040 |
| 0,65 | | 0,358 | −0,089 | +0,065 |
| 0,70 | | 0,397 | −0,157 | +0,093 |
| 0,75 | | 0,438 | −0,229 | +0,125 |
| 0,80 | | 0,480 | −0,307 | +0,160 |
| 0,85 | | 0,524 | −0,389 | +0,198 |
| 0,90 | | 0,570 | −0,477 | +0,240 |
| 0,95 | | 0,618 | −0,569 | +0,285 |
| 1,00 | | 0,667 | −0,667 | +0,333 |
| | $c_1$ Rechter Stiel | | | $c_2$ Riegel |

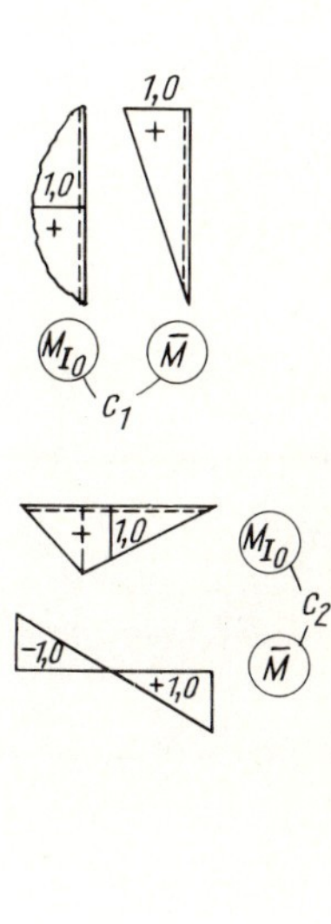


Tabelle 3.6.1a Formbeiwerte

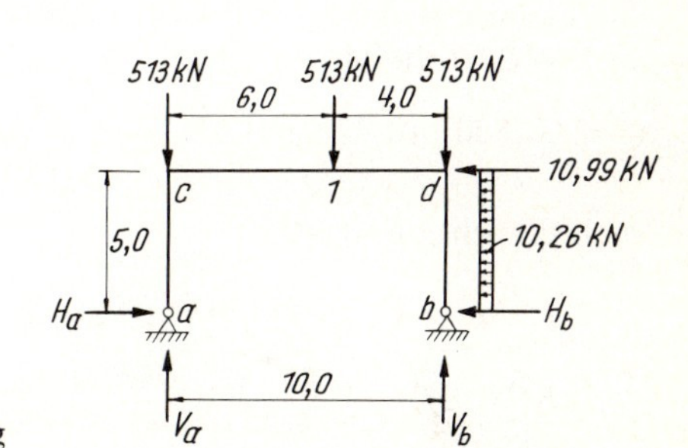


Abb. 3.6.1a System mit Belastung

Eine Vorbemessung ergab mit St 52 für die Stiele das Profil IPBl 400 und für den Riegel zwei IPE 360.

Die Flächenwerte für diese Profile sind bei dem IPBl 400 $A = 159\ \text{cm}^2$, $W = 2310\ \text{cm}^2$, $I_y = 45070\ \text{cm}^4$ und $EI = 94\,650\ \text{kNm}^2$. Bei den zwei IPE 360 sind $A = 145{,}4\ \text{cm}^2$, $W = 1808\ \text{cm}^3$ und $I_y = 32540\ \text{cm}^4$.

Die Momente nach Theorie I. Ordnung werden mit Rahmenformeln berechnet. Der Berechnungsparameter ist nach [12], Seite 4.26

$$k = \frac{I_R \cdot h}{I \cdot l} = \frac{32540 \cdot 5,0}{45070 \cdot 10,0} = 0,361.$$

Mit den Rahmenformeln ergeben sich die Auflagerkräfte und die Momente zu $V_a = 736,5\,kN$, $V_b = 802,5\,kN$, $H_a = 118,2\,kN$, $H_b = 55,9\,kN$, $M_c = -590,9\,kNm$, $M_d = -407,6\,kNm$, $M_1 = 750,1\,kNm$, $M_0^R = 1026\,kNm$ und $M_0^{St} = 32,1\,kNm$.

*Berechnung nach Theorie II. Ordnung*

Die Stützenbelastungen sind $F_1 = 736,5\,kN$ und $F_2 = 802,5\,kN$. Damit ist das Lastverhältnis $m = F_2/F_1 = 1,09$. Das Steifigkeitsverhältnis ist

$$c = \frac{I \cdot l}{I_R \cdot h} = 2,77.$$

Der Knicklängenbeiwert ist nach Gleichung (2.6.1b)

$$\beta^2 = \frac{1+m}{2} \cdot \left(4 + \frac{\pi^2}{6} \cdot c\right) \quad \frac{1+1,09}{2} \cdot \left(4 + \frac{\pi^2}{6} \cdot 2,77\right) = 8,94.$$

Die benötigten Momentenverhältnisse sind

$$M_I^d / M_I^c = 0,690, \quad M_{I0}^{St} / M_I^c = 0,054, \quad M_{I0}^R / M_I^c = 1,736.$$

Mit diesen Werten wird nach Gleichung (3.6a) und Tabelle (3.6.1a)

$$\alpha_c = \frac{\pi^2}{6 \cdot 8,94} \cdot [(1 + 0,5 \cdot 2,77) \cdot (1 - 0,690) + 3 \cdot (0,333 \cdot 0,054 + 2,77 \cdot 0,040 \cdot 1,736)] - 1$$

$$\alpha_c = 0,1840 \cdot (0,739 + 0,631) - 1 = -0,748.$$

Nach Gleichung (6.3e) ist

$$\bar{A} = \frac{F_1 \cdot h^2 \cdot \beta^2}{\pi^2 \cdot EI} = \frac{736,5 \cdot 5,0^2 \cdot 8,94}{\pi^2 \cdot 94\,650} = 0,1762.$$

Mit diesem Wert und dem Formbeiwert $\alpha_c$ wird nach Gleichung (6.3f)

$$M_{II}^c = M_I^c \cdot \frac{1 + \alpha_c \cdot \bar{A}}{1 - \bar{A}} = -590,9 \cdot \frac{1 - 0,748 \cdot 0,1762}{1 - 0,1762} = -622,7\,kNm.$$

Die Zusatzmomente sind $\Delta M_{II}^c = 622,7 - 590,9 = 31,8\,kNm$ und $\Delta M_{II}^d = m \cdot M_{II}^c = 1,09 \cdot 31,8 = 34,7\,kNm$. Damit sind die Momente nach Theorie II. Ordnung $M_{II}^c = -622,7\,kNm$, $M_{II}^d = -407,6 + 34,7 = -372,9\,kNm$ und $M_{II}^1 = +750,1 - 31,8 + (31,8 + 34,7) \cdot 0,6 = 758,2\,kNm$.

Die Stützenlasten infolge $\Delta M_{II}$ sind $\Delta F_{II} = \pm(31{,}8 + 34{,}7)/10{,}0 = \pm 6{,}7$ kN. Dann sind $F_1 = 736{,}5 + 6{,}7 = 743{,}2$ kN und $F_2 = 802{,}5 - 6{,}7 = 795{,}8$ kN und $H_{II}^{a} = 622{,}7/5{,}0 = 124{,}5$ kN.

Spannungsnachweise

$$\sigma = \frac{N}{A} + \frac{M}{W}.$$

Punkt $c_u$

$$\sigma = \frac{743{,}2}{159} + \frac{622{,}7 \cdot 100}{2310} = 4{,}7 + 27{,}0 = 31{,}7\,\text{kN/cm}^2.$$

Punkt $d_u$

$$\sigma = \frac{795{,}8}{159} + \frac{372{,}9 \cdot 100}{2310} = 5{,}0 + 16{,}1 = 21{,}1\,\text{kN/cm}^2.$$

Punkt $c_r$

$$\sigma = \frac{124{,}5}{145{,}4} + \frac{622{,}7 \cdot 100}{1808} = 0{,}9 + 34{,}4 = 35{,}3\,\text{kN/cm}^2.$$

Punkt $d_l$

$$\sigma = \frac{124{,}5}{145{,}4} + \frac{372{,}9 \cdot 100}{1808} = 0{,}9 + 20{,}6 = 21{,}5\,\text{kN/cm}^2.$$

Punkt 1

$$\sigma = \frac{124{,}5}{145{,}4} + \frac{750{,}1 \cdot 100}{1808} = 0{,}9 + 41{,}5 = 42{,}4\,\text{kN/cm}^2.$$

Die zulässige Spannung $\beta_s = 36$ kN/cm$^2$ ist an einer Stelle im Riegel überschritten. Durch örtliche Lamellen kann hier Abhilfe geschaffen werden. Das Gesamtsystem wird dadurch kaum beeinflußt.

Errechnet man aus der vorhandenen $M_{II}$-Momentenlinie die Verschiebung, so erhält man $w = 0{,}043$ m. Mit dieser Verschiebung werden $\Delta M_{II}^{c} = F_1 \cdot w = 743{,}2 \cdot 0{,}043 = 32{,}0$ kNm und $\Delta M_{II}^{d} = F_2 \cdot w = 795{,}8 \cdot 0{,}043 = 34{,}2$ kNm.

Diese Kontrollen stimmen sehr gut mit den oben errechneten Werten überein. Die kleinen Differenzen stammen daher, daß die $F_1$ und $F_2$ Werte mit dem Momenteneinfluß

$$\Delta F_{II} = \pm \frac{\Delta M_{II}^{c} + \Delta M_{II}^{d}}{l}$$

verbessert wurden.

BEISPIEL 3.6.1 b

Der in Abb. (3.6.1b) dargestellte Rahmen soll nach Theorie II. Ordnung mit $\gamma$-facher Sicherheit berechnet werden. Als geometrische Ersatzimperfektion wird $\psi_0 = 1/140$ angenommen.

Der Rahmen besteht aus St 37. Eine Vorbemessung ergab als Profil einen IPBl 300. Die Flächenwerte sind $A = 113\,\text{cm}^2$, $W = 1260\,\text{cm}^3$, $I_y = 18260\,\text{cm}^4$ und $EI = 38\,350\,\text{kNm}^2$.

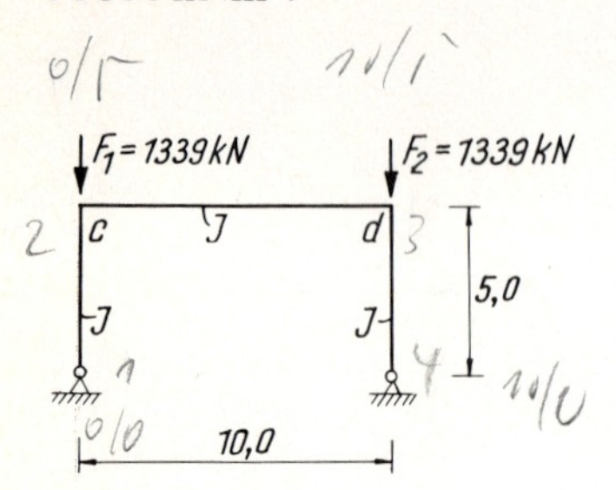


Abb. 3.6.1b System mit Belastung

Mit $c = I \cdot l / I_R \cdot h = 10{,}0/5{,}0 = 2{,}0$ und $m = 1{,}0$ wird $\beta^2 = 4 + 1{,}64 \cdot 2{,}0 = 7{,}28$.

Nach Gleichung (3.6.1a) ist $\overline{H} = (1339 \cdot 2)/140 = 19{,}13\,\text{kN}$.

Damit werden die Eckmomente $M_{\text{I}}^{\text{c}} = -M_{\text{I}}^{\text{d}} = -\frac{1}{2} \cdot 19{,}13 \cdot 5{,}0 = -47{,}8\,\text{kNm}$. Nach Gleichung (3.6b) ist

$$\alpha_c = \frac{\pi^2}{6 \cdot 7{,}28} \cdot \left[(1 + 0{,}5 \cdot 2{,}0) \cdot \left(1 - \frac{+47{,}8}{-47{,}8}\right)\right] - 1 = -0{,}0962.$$

Würde man die Näherung der Gleichung (3.6c) benutzen, dann wäre

$$\alpha_c = \frac{1{,}0}{2{,}0} \cdot (1 + 1{,}0) - 1 = 0 \approx -0{,}0962.$$

Nach Gleichung (3.6e) ist

$$\overline{A} = \frac{F_1 \cdot h^2 \cdot \beta^2}{\pi^2 \cdot EI} = \frac{1339 \cdot 5{,}0^2 \cdot 7{,}28}{\pi^2 \cdot 38\,350} = 0{,}6439.$$

Mit Gleichung (3.6f) wird

$$M_{\text{II}}^{\text{c}} = M_{\text{I}}^{\text{c}} \cdot \frac{1 + \alpha_c \cdot \overline{A}}{1 - \overline{A}} = -47{,}8 \cdot \frac{1 - 0{,}0962 \cdot 0{,}6439}{1 - 0{,}6439} = -125{,}6\,\text{kNm}.$$

Die maximale Spannung ist

$$\sigma = \frac{N}{A} + \frac{M}{W} = \frac{1339}{113} + \frac{125{,}6 \cdot 100}{1260} = 21{,}8\,\text{kN/m}^2 < 24\,\text{kN/cm}^2 = \beta_s.$$

Berechnet man das System nach dem $\omega$-Verfahren, so wird

$$\beta = \sqrt{7{,}28} = 2{,}7, \qquad s_K = 2{,}7 \cdot 5{,}0 = 13{,}49\,\text{m},$$

$$\lambda = \frac{1349}{12{,}7} = 106, \qquad \omega = 2{,}02 \quad \text{und}$$

$$\sigma = \frac{783}{113} \cdot 2{,}02 = 13{,}99\,\text{kN/cm}^2 < 14\,\text{kN/cm}^2 = \sigma_{\text{zul}}.$$

### 3.6.2 Kritische Betrachtungen zu den Ergebnissen der Rahmenbemessung nach Theorie II. Ordnung

Das $\omega$-Verfahren der zur Zeit gültigen DIN 4114 ist bei Rahmen eigentlich nur brauchbar für den Fall, daß die Lasten direkt auf den Stielen stehen. Mit der angenommenen Schrägstellung des Rahmens als geometrische Ersatzimperfektion ist eine Seitenverschiebung möglich und ergibt Zusatzmomente $\Delta M_{\text{II}}$ nach Theorie II. Ordnung. Das Beispiel (3.6.1b) zeigt, daß eine Spannungsberechnung nach Theorie II. Ordnung und das $\omega$-Verfahren zu fast gleichen Ergebnissen führt. Das muß auch so sein, denn dem $\omega$-Verfahren liegt eine Spannungsberechnung nach Theorie II. Ordnung mit einer ungewollten Ausmitt von $e_V = i_x/20 + s_k/500$ zugrunde. Im Beispiel (3.6.1b) ergäbe sich nach dieser Formel eine ungewollte Ausmitte von 3,34 cm, während die geometrische Ersatzimperfektion eine Ausmitte von 500/140 = 3,57 cm ergibt. Beide Annahmen sind fast gleich und müssen daher auch zu fast gleichen Ergebnissen führen.

Ganz anders liegen die Verhältnisse bei riegelbelasteten Rahmen. Die Riegelbelastung ist meistens mehr oder weniger symmetrisch.

Dadurch entstehen symmetrische Eckmomente. Die antimetrischen Eckmomente aus Wind und Ersatzimperfektion sind im Vergleich zu denen aus der Riegellast stammenden klein und ändern die Verhältnisse nur wenig. Der Rahmen verschiebt sich seitlich kaum, und es entstehen nur, im Vergleich zu den vorhandenen Eckmomenten, kleine Zusatzmomente.

Das $\omega$-Verfahren, das eine volle Verschiebung voraussetzt, ist deshalb für die Stielbemessung viel zu günstig und damit unwirtschaftlich.

Auf der anderen Seite erfaßt das $\omega$-Verfahren die Zusatzmomente des Riegels an der Anschlußstelle zu den Stielen überhaupt nicht. Hier kann es zu Unterbemessungen kommen.

# 4 Ermittlung der Zusatzmomente $\Delta M_{II}$ aus den Verformungen $\delta_I$ der Theorie I. Ordnung bei angenommener Form der Biegelinie

## 4.1 Allgemeines

Im Abschnitt 3 wurden die Momente $M_{II}$ direkt aus der Belastung des Systems ermittelt. Mit Hilfe eines Formbeiwertes $\alpha_i$ konnte jeder Lastfall mit der gleichen Gleichung berechnet werden.

Bei den einfachen Systemen wurde der Formbeiwert ermittelt und in Tabellen zusammengestellt. Eine Berechnung bei beliebiger Last war hiermit einfach und schnell möglich.

Ist das System komplizierter, so wird die Berechnung des Formbeiwertes $\alpha_i$ schwierig und unübersichtlich.

Schon beim symmetrischen Zweigelenkrahmen nach Abschnitt 3.6 war die Ermittlung von $\alpha_i$ recht umständlich.

Sind die Systeme unsymmetrisch, so treten noch größere Schwierigkeiten auf. Die Zahl der Parameter wird zu groß, so daß es sich nicht lohnt, hierfür fertige Tabellen aufzustellen.

Es ist dann zweckmäßiger, jedes System als Einzelfall zu betrachten und zu berechnen. Dabei ist das Verfahren aber prinzipiell immer gleich. Es soll so aufgebaut werden, daß die abgeleiteten Erkenntnisse der Abschnitte 1,2 und 3 verwendet werden können.

## 4.2 Ableitung der Gebrauchsgleichungen

In der Abb. (4.2) sind die für die Ableitung erforderlichen Zustandslinien dargestellt. Die Form der Biegelinie wird wieder zweckmäßig angenommen. (Vergleiche hierzu die Abschnitte 2.1.7 und 3.2)

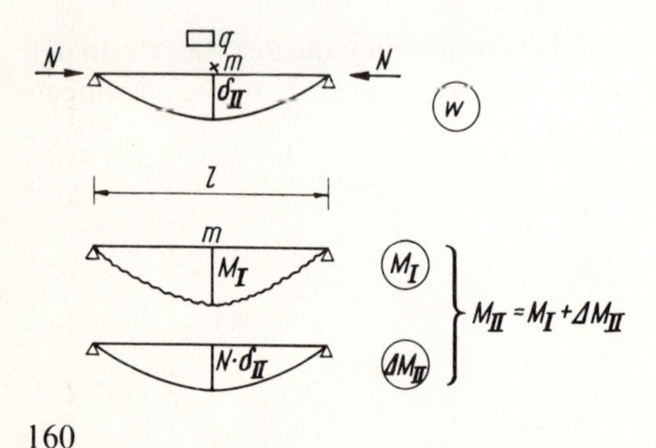

Abb. 4.2 Zustandslinien für die Ableitung der Gleichungen

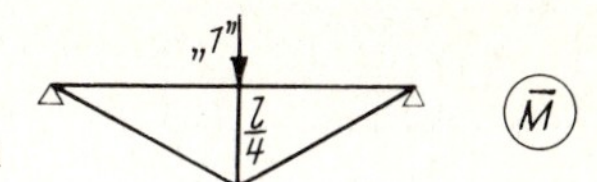


Die Verformung wird wieder für einen markanten Punkt ermittelt. Für diesen Punkt $m$ gilt

$$\delta_{\mathrm{I}} = \int \frac{M_{\mathrm{I}} \cdot \overline{M}}{EI} \cdot \mathrm{d}s \tag{4.2a}$$

und

$$\Delta\delta_{\mathrm{II}} = \int \frac{\Delta M_{\mathrm{II}} \cdot \overline{M}}{EI} \cdot \mathrm{d}s. \tag{4.2b}$$

Die Gesamtverformung ist dann

$$\delta_{\mathrm{II}} = \delta_{\mathrm{I}} + \Delta\delta_{\mathrm{II}}. \tag{4.2c}$$

Die Verformung $\Delta\delta_{\mathrm{II}}$ kann als Funktion von $\delta_{\mathrm{II}}$ ermittelt werden. Nach Gleichung (2.1.7b) ist mit geänderten Bezeichnungen für den Balken auf zwei Stützen

$$\Delta\delta_{\mathrm{II}} = \frac{N \cdot l^2 \cdot \beta^2}{\pi^2 \cdot EI} \cdot \delta_{\mathrm{II}}. \tag{4.2d}$$

Diese Gleichung gilt sinngemäß für jedes System. Mit

$$\boxed{\bar{A} = \frac{N \cdot l^2 \cdot \beta^2}{\pi^2 \cdot EI}} \tag{4.2e}$$

wird $\Delta\delta_{\mathrm{II}} = \bar{A} \cdot \delta_{\mathrm{II}}$.

Setzt man diesen Ausdruck in Gleichung (4.2c) ein, so ergibt sich $\delta_{\mathrm{II}} = \delta_{\mathrm{I}} + \bar{A} \cdot \delta_{\mathrm{II}}$ und nach $\delta_{\mathrm{II}}$ aufgelöst

$$\boxed{\delta_{\mathrm{II}} = \frac{\delta_{\mathrm{I}}}{1 - \bar{A}}}. \tag{4.2f}$$

Die gleiche Formel ergab sich nach Gl. (3.4i).

Diese Gleichung gilt für jedes System.

Damit wird das Zusatzmoment

$$\boxed{\Delta M_{\mathrm{II}} = N \cdot \delta_{\mathrm{II}}} \tag{4.2g}$$

oder wenn Koppellasten gehalten werden müssen

$$\boxed{\Delta M_{\mathrm{II}} = N \cdot \delta_{\mathrm{II}} \cdot (1 + \bar{n})}\,. \tag{4.2h}$$

Bei dem beidseitig eingespannten Stab verteilt sich das Zusatzmoment $\Delta M_{\mathrm{II}0}$ nach Gl. (3.4j) je zur Hälfte auf Stützmoment und Feldmoment. Bei dem einseitig eingespannten Stab ist nach Gl. (3.5b) $|\Delta M_{\mathrm{II}}^{\mathrm{a}}| = |\Delta M_{\mathrm{II}}^{\mathrm{m}}| \approx 0{,}715\, M_{\mathrm{II}0}$.

Bei dem beidseitig eingespannten Stab verteilt sich das Zusatzmoment $\Delta M_{\mathrm{II}_0}$ nach Gl. (3.4j) je zur Hälfte auf das Stützmoment und Feldmoment. Bei dem einseitig eingespannten Stab ist nach Gl. (3.5b) $|\Delta M_{\mathrm{II}}^{\mathrm{a}}| = |\Delta M_{\mathrm{II}}^{\mathrm{m}}| \approx 0{,}715 \cdot M_{\mathrm{II}_0}$.

Das gesamte Moment nach Theorie II. Ordnung ist

$$\boxed{M_{\mathrm{II}} = M_{\mathrm{I}} + \Delta M_{\mathrm{II}}}\,. \tag{4.2i}$$

Mathematisch ist die Ableitung nach 4.2. mit denen nach 3 identisch. Das soll für 3.2 gezeigt werden.

Setzt man in Gleichung (4.2i) die Gleichungen (4.2f) und (4.2g) ein, so erhält man

$$M_{\mathrm{II}}^{\mathrm{m}} = M_{\mathrm{I}}^{\mathrm{m}} + N \cdot \frac{\delta_{\mathrm{I}}}{1 - \bar{A}}\,.$$

Mit

$$\delta_{\mathrm{I}} = \frac{1}{EI} \cdot \frac{c}{4} \cdot M_{\mathrm{I}}^{\mathrm{m}} \cdot l^2$$

wird nach Erweiterung mit $\pi^2$

$$M_{\mathrm{II}}^{\mathrm{m}} = M_{\mathrm{I}}^{\mathrm{m}} + \frac{N \cdot l^2}{\pi^2 \cdot EI} \cdot \frac{\pi^2}{4} \cdot c \cdot M_{\mathrm{I}}^{\mathrm{m}} \cdot \frac{1}{1 - \bar{A}}\,.$$

Klammert man $M_{\mathrm{I}}^{\mathrm{m}} \cdot [1/(1 - \bar{A})]$ aus, so erhält man nach Umformung

$$M_{\mathrm{II}}^{\mathrm{m}} = M_{\mathrm{I}}^{\mathrm{m}} \cdot \frac{1 + [(\pi^2/4)c - 1] \cdot \bar{A}}{1 - \bar{A}} = M_{\mathrm{I}}^{\mathrm{m}} \cdot \frac{1 + \alpha_1 \cdot \bar{A}}{1 - \bar{A}}\,.$$

Das ist gerade die Gleichung (3.2f).

Sinngemäß könnte man bei jedem System verfahren.

## 4.3 Schema für die praktische Berechnung nach 4.2 mit Beispielen, die schon nach Abschnitt 3 berechnet wurden

Ablauf der Berechnung

1. Ermittlung der Schnittgrößen nach Theorie I. Ordnung.

2. Wahl des markanten Punktes $m$ und Berechnung der Verformung $\delta_{\mathrm{I}}^{\mathrm{m}}$ mit dem Arbeitssatz.

3. Berechnung des Knicklängenbeiwertes nach Abschnitt 2 oder einem anderen Verfahren der Literatur.

4. Berechnung des Parameters $\bar{A}$ nach Gleichung (4.2e)

$$\boxed{\bar{A} = \frac{N \cdot l^2 \cdot \beta^2}{\pi^2 \cdot EI}} \qquad (4.2e)$$

5. Berechnung der Verformung $\delta_{\mathrm{II}}^{\mathrm{m}}$ nach der Gleichung (4.2f)

$$\boxed{\delta_{\mathrm{II}} = \frac{\delta_{\mathrm{I}}}{1 - \bar{A}}} \qquad (4.2f)$$

6. Berechnung des Zusatzmomentes $\Delta M_{\mathrm{II}}$ nach der Gleichung (4.2g) oder der Gleichung (4.2h)

$$\boxed{\Delta M_{\mathrm{II}} = N \cdot \delta_{\mathrm{II}}} \qquad (4.2g)$$

$$\boxed{\Delta M_{\mathrm{II}} = N \cdot \delta_{\mathrm{II}} \cdot (1 + \bar{n})} \qquad \text{mit } \bar{n} = \frac{\sum F_{\mathrm{i}} \cdot \frac{h}{h_{\mathrm{i}}}}{F_{\mathrm{E}}} \; . \qquad (4.2h)$$

Bei unbestimmten Systemen Verteilung der Zusatzmomente $\sum \Delta M_{\mathrm{II,0}}$ nach einer statisch unbestimmten Berechnung. (Siehe auch Abschnitt 4.4, Beispiele 4.4c und 4.5.1).

7. Berechnung von $M_{\mathrm{II}}$ nach Gleichung (4.2i)

$$\boxed{M_{\mathrm{II}} = M_{\mathrm{I}} + \Delta M_{\mathrm{II}}} \qquad (4.2i)$$

8. Darstellung der $M_{\mathrm{II}}$ Momentenlinie.

### 4.3a Das Beispiel 3.2.1c wird nach dem in 4.3 zusammengestellten Ablaufschema gerechnet

Die Werte können weitgehend dem Beispiel 3.2.1c entnommen werden.

Der markante Punkt $m$ liegt in der Mitte. Das virtuelle Moment für diesen Punkt ist $\overline{M} = \frac{1}{4} \cdot l = 7{,}5/4 = 1{,}875$. ( ).

Die Biegesteifigkeit des Balkens beträgt $EI = 21\,945\,\mathrm{kNm^2}$.

Damit wird die Verschiebung nach

$$2.\ \delta_{\mathrm{I}}^{\mathrm{m}} = \frac{1}{EI} \cdot \left(\frac{1}{4} \cdot 7{,}5 \cdot 52{,}5 \cdot 1{,}875 + \frac{5}{12} \cdot 7{,}5 \cdot 84{,}38 \cdot 1{,}875 + \frac{1}{12} \cdot 7{,}5 \cdot 72 \cdot 1{,}875 \cdot \frac{3 - 4 \cdot 0{,}4^2}{0{,}6}\right)$$

$$\delta_{\mathrm{I}}^{\mathrm{m}} = \frac{1010{,}86}{EI} = 0{,}06203\,\mathrm{m}$$

3. Der Knicklängenbeiwert ist $\beta^2 = 1{,}0$.
4. Nach Gleichung (4.2c) wird $\bar{A} = 0{,}1224$.
5. Nach Gleichung (4.2f) wird $\delta_{\mathrm{II}} = \dfrac{\delta_{\mathrm{I}}}{1 - \bar{A}} = \dfrac{0{,}06203}{1 - 0{,}1224} = 0{,}07068\,\mathrm{m}$.
6. Nach Gleichung (4.2g) wird $\Delta M_{\mathrm{II}} = N \cdot \delta_{\mathrm{II}} = 350 \cdot 0{,}07068 = 24{,}74\,\mathrm{kNm}$.
7. Nach Gleichung (4.2i) wird $M_{\mathrm{II}}^{1} = 184{,}5 + 24{,}74 \cdot \sin(\pi \cdot 0{,}4) = 208{,}0\,\mathrm{kNm}$.

Das Ergebnis ist mit dem des Beispieles 3.2.1c. identisch.

### 4.3b Nachrechnung des Beispieles 3.3.3a

Die Werte können dem Beispiel 3.2.1e direkt entnommen werden. IPBl 320.
$EI = 48\,153\,\mathrm{kNm^2}$.

$$2.\ \delta_{\mathrm{I}}^{\mathrm{m}} = \frac{1}{EI} \cdot \left(\tfrac{1}{4} \cdot 5^2 \cdot 56{,}25 + \tfrac{1}{3} \cdot 5^2 \cdot 75\right) = \frac{976{,}56}{48153} = 0{,}02028\,\mathrm{m}$$

$$3.\ \beta^2 = 4 \cdot \left(1 + \frac{\pi^2}{12} \cdot \frac{\sum F_{\mathrm{i}}}{F_{\mathrm{E}}}\right) = 4 \cdot \left(1 + 0{,}82 \cdot \frac{1500}{750}\right) = 10{,}56.$$

$$4.\ \bar{A} = \frac{N \cdot h^2 \cdot \beta^2}{\pi^2 \cdot EI} = \frac{750 \cdot 5{,}0^2 \cdot 10{,}56}{\pi^2 \cdot 48153} = 0{,}4167.$$

$$5.\ \delta_{\mathrm{II}}^{\mathrm{m}} = \frac{\delta_{\mathrm{I}}^{\mathrm{m}}}{1 - \bar{A}} = \frac{0{,}02028}{1 - 0{,}4167} = 0{,}03477\,\mathrm{m}.$$

6. $\Delta M_{\text{II}}^{\text{m}} = 0{,}03477 \cdot 750 \cdot 3{,}00 = 78{,}2\,\text{kNm}.$

7. $M_{\text{II}}^{\text{m}} = 131{,}3 + 78{,}2 = 209{,}4\,\text{kNm}.$

Die Ergebnisse sind wieder identisch.

### 4.3c Nachrechnung des Beispieles 3.4.2c

In der Abb. (4.3a) sind die Momentenlinie $M_{\text{I}}$ und $\overline{M}_0$ dargestellt.

Die Biegesteifigkeit beträgt $EI = 732{,}9\ \text{kN} \cdot \text{m}^2$

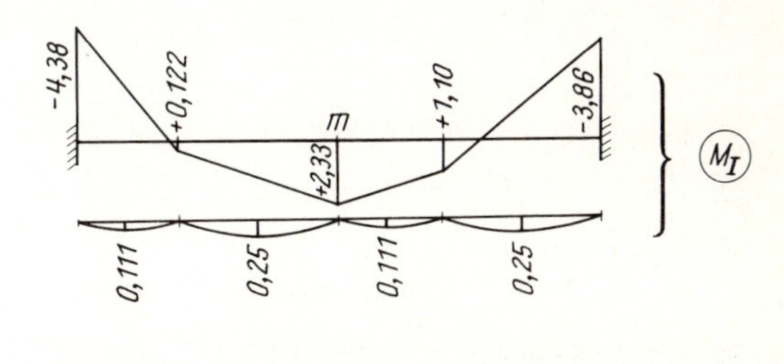


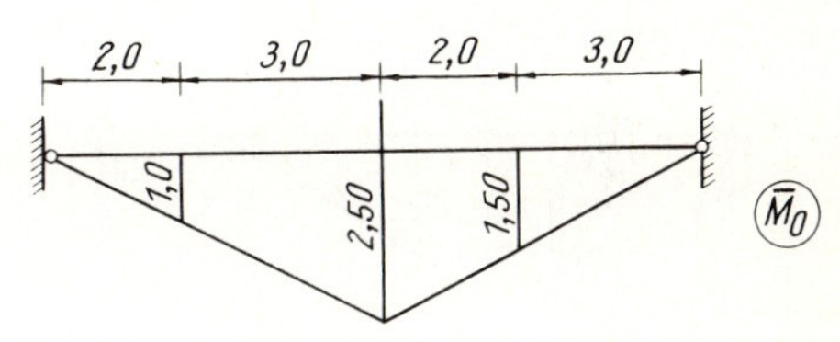


Abb. 4.3a $M_{\text{I}}$ und $\overline{M}_0$

2. Die Verschiebung $\delta_{\text{I}}$ am Punkt $m$ beträgt

$$
\begin{aligned}
EI \cdot \delta_{\text{I}} = & \tfrac{1}{6} \cdot 2{,}0 \cdot 1{,}0 \cdot (2 \cdot 0{,}122 - 4{,}38) & \cdots -1{,}379 \\
& + \tfrac{1}{6} \cdot 3{,}0 \cdot (0{,}122 \cdot 4{,}5 + 2{,}33 \cdot 6{,}0) & \cdots +7{,}265 \\
& + \tfrac{1}{6} \cdot 2{,}0 \cdot (2{,}33 \cdot 6{,}5 + 1{,}10 \cdot 5{,}5) & \cdots +7{,}065 \\
& + \tfrac{1}{6} \cdot 3{,}0 \cdot 1{,}5 \cdot (2 \cdot 1{,}10 - 3{,}86) & \cdots -1{,}246 \\
& + \tfrac{1}{3} \cdot 2{,}0 \cdot 0{,}111 \cdot 1{,}0 & \cdots +0{,}074 \\
& + \tfrac{1}{3} \cdot 3{,}0 \cdot 0{,}25 \cdot 3{,}5 & \cdots +0{,}875 \\
& + \tfrac{1}{3} \cdot 2{,}0 \cdot 0{,}111 \cdot 4{,}0 & \cdots +0{,}296 \\
& + \tfrac{1}{3} \cdot 3{,}0 \cdot 0{,}25 \cdot 1{,}5 & \cdots +0{,}378 \\
& & EI \cdot \delta_{\text{I}} = \overline{+13{,}329}
\end{aligned}
$$

$$\delta_{\text{I}}^{\text{m}} = \frac{13{,}329}{732{,}9} = 0{,}01819\,\text{m}.$$

3. $\beta^2 = 0{,}25$.

4. $\bar{A} = \dfrac{N \cdot l^2 \cdot \beta^2}{\pi^2 \cdot EI} = 0{,}4797$.

5. $\delta_{\text{II}}^{\text{m}} = \dfrac{\delta_{\text{I}}^{\text{m}}}{1 - \bar{A}} = \dfrac{0{,}01819}{0{,}5203} = 0{,}03496\,\text{m}$.

6. $\Delta M_{\text{II}_0} = 0{,}03496 \cdot 138{,}8 = 4{,}852, \qquad \Delta M_{\text{II}} = 0{,}5 \cdot 4{,}852 = 2{,}426\,\text{kNm}$.

Die Ergebnisse sind wieder identisch.

### 4.3d Nachrechnung des Beispieles 3.5.1a

In der Abb. (4.3b) sind die Momentenlinie $M_{\text{I}}$ und $\overline{M}_0$ dargestellt.

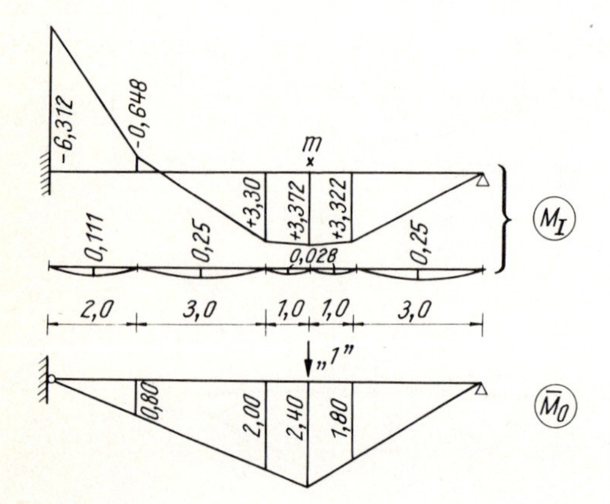


Abb. 4.3b $M_{\text{I}}$ und $M_0$

Die Biegesteifigkeit beträgt $EI = 1272{,}6\,\text{kNm}^2$.

Die Verschiebung am Punkt $m$ beträgt

$$
\begin{aligned}
2.\ EI \cdot \delta_{\text{I}}^{\text{m}} = & -\tfrac{1}{6} \cdot 2{,}0 \cdot 0{,}8 \cdot (2 \cdot 0{,}648 + 6{,}312) && \cdots -2{,}029 \\
& +\tfrac{1}{6} \cdot 3{,}0 \cdot (-0{,}648 \cdot 3{,}6 + 3{,}30 \cdot 4{,}8) && \cdots +6{,}754 \\
& +\tfrac{1}{6} \cdot 1{,}0 \cdot (3{,}30 \cdot 6{,}4 + 3{,}372 \cdot 6{,}80) && \cdots +7{,}342 \\
& +\tfrac{1}{6} \cdot 1{,}0 \cdot (3{,}372 \cdot 6{,}6 + 3{,}222 \cdot 6{,}00) && \cdots +6{,}931 \\
& +\tfrac{1}{3} \cdot 3{,}0 \cdot 3{,}222 \cdot 1{,}8 && \cdots +5{,}800 \\
& +\tfrac{1}{3} \cdot 2{,}0 \cdot 0{,}111 \cdot 0{,}8 && \cdots +0{,}059 \\
& +\tfrac{1}{3} \cdot 3{,}0 \cdot 0{,}25 \cdot (0{,}8 + 2{,}0) && \cdots +0{,}700 \\
& +\tfrac{1}{3} \cdot 1{,}0 \cdot 0{,}028 \cdot (2{,}0 + 2{,}4) && \cdots +0{,}041 \\
& +\tfrac{1}{3} \cdot 1{,}0 \cdot 0{,}028 \cdot (2{,}4 + 1{,}8) && \cdots +0{,}039 \\
& +\tfrac{1}{3} \cdot 3{,}0 \cdot 0{,}25 \cdot 1{,}8 && \cdots +0{,}450 \\
& && EI \cdot \delta_{\text{I}} = \overline{+26{,}087}\,\text{kNm}^3
\end{aligned}
$$

$$\delta_{\mathrm{I}}^{\mathrm{m}} = \frac{26,087}{1272,6} = 0,0205\,\mathrm{m}.$$

3. $\beta^2 = 0,488821.$

4. $\bar{A} = \dfrac{N \cdot l^2 \cdot \beta^2}{\pi^2 \cdot EI} = 0,5402$

5. $\delta_{\mathrm{II}}^{\mathrm{m}} = \dfrac{\delta_{\mathrm{I}}^{\mathrm{m}}}{1 - \bar{A}} = \dfrac{0,0205}{1 - 0,5402} = 0,0446\,\mathrm{m}.$

6. $\Delta M_{\mathrm{II}_0} = 0,0446 \cdot 138,8 = 6,188\,\mathrm{kNm}, \quad \Delta M_{\mathrm{II}} = 0,715 \cdot 6,19 = 4,42\,\mathrm{kNm}.$

Die Ergebnisse sind wieder identisch.

### 4.3e Nachrechnung des Beispieles 3.6.1a

In der Abb. (4.3c) sind die Momentenlinien $M_{\mathrm{I}}$ und $\overline{M}$ dargestellt. Die reduzierte Länge für den Riegel beträgt

$$l' = l \cdot \frac{I_{\mathrm{R}}}{I} = l' = 10,0 \cdot \frac{45070}{32520} = 13,86\,\mathrm{m}.$$

Die Biegesteifigkeit der Stützen ist $EI = 94650\,\mathrm{kNm}^2$.

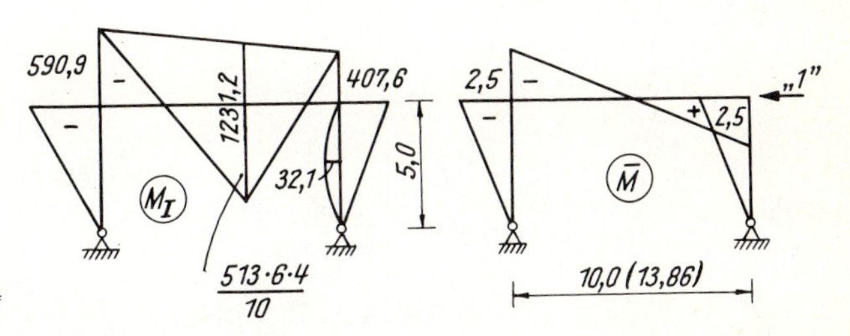


Abb. 4.3c $M_{\mathrm{I}}$ und $\overline{M}$

2. Die Horizontalverschiebung $\delta_{\mathrm{I}}$ des Riegels ist

$$\begin{aligned}
EI \cdot \delta_{\mathrm{I}} = {} & \tfrac{1}{3} \cdot 5,0 \cdot 2,5 \cdot (590,9 - 407,6) && \ldots\ 763,8 \\
& + \tfrac{1}{3} \cdot 5,0 \cdot 32,1 \cdot 2,5 && \ldots\ 133,8 \\
& + \tfrac{1}{6} \cdot 13,86 \cdot 2,5 \cdot (590,9 - 407,6) && \ldots\ 1058,6 \\
& + \tfrac{1}{6} \cdot 13,86 \cdot 2,5 \cdot 1231,2 \cdot (0,6 - 0,4) && \ldots\ 1422,0 \\
& EI \cdot \delta_{\mathrm{I}} = && 3378,2\,\mathrm{kNm}^3
\end{aligned}$$

$$\delta_{\mathrm{I}} = \frac{3378,2}{94650} = 0,03569\,\mathrm{m}.$$

3. $\beta^2 = \dfrac{1 + m}{2} \cdot \left(4 + \dfrac{\pi^2}{6} \cdot c\right) = \dfrac{1 + 1,09}{2} \cdot \left(4 + \dfrac{\pi^2}{6} \cdot 2,77\right) = 8,94.$

4. $\bar{A} = \dfrac{F_1 \cdot h^2 \cdot \beta^2}{\pi^2 \cdot EI} = 0{,}1762.$

5. $\delta_{II} = \dfrac{\delta_I}{1 - \bar{A}} = \dfrac{0{,}03569}{1 - 0{,}1762} = 0{,}0433\,\text{m}.$

6. $\Delta M^c_{II} = F_1 \cdot \delta_{II} = 743{,}2 \cdot 0{,}433 = 32{,}2\,\text{kNm}.$

Die Ergebnisse sind wieder identisch.

### 4.3f Nachrechnung des Beispieles 3.6.1b

Die Biegesteifigkeit des Systems beträgt konstant $EI = 38350\,\text{kNm}^2$.

2. Die Horizontalverschiebung des Riegels läßt sich nach der Gleichung $EI \cdot \delta_I = \frac{1}{3} \cdot h^2 \cdot M^c_I \cdot (1 + c/2)$ berechnen.

$$\delta_I = \frac{1}{EI} \cdot \frac{1}{3} \cdot 5{,}0^2 \cdot 47{,}8 \cdot \left(1 + \frac{2{,}0}{2}\right) = 0{,}02077\,\text{m}.$$

3. $\beta^2 = 4 + 1{,}64 \cdot 2{,}0 = 7{,}28.$

4. $\bar{A} = \dfrac{F \cdot h^2 \cdot \beta^2}{\pi^2 \cdot EI} = 0{,}6439.$

5. $\delta_{II} = \dfrac{\delta_I}{1 - \bar{A}} = \dfrac{0{,}02077}{1 - 0{,}6439} = 0{,}05834\,\text{m}.$

6. $\Delta M_{II} = F \cdot \delta_{II} = 1339 \cdot 0{,}05834 = 78{,}1\,\text{kNm}.$

7. $M_{II} = M_I + \Delta M_{II} = 47{,}8 + 78{,}1 = 125{,}9\,\text{kNm}.$

Die Ergebnisse sind wieder nahezu identisch.

## 4.4 Berechnung einiger Beispiele aus der Literatur nach Abschnitt 4.2

Um einen Vergleich mit anderen Berechnungsverfahren zu erhalten, werden einige Beispiele, die in der Literatur schon veröffentlicht wurden, nach dem Verfahren des Abschnittes 4.2 nachgerechnet und verglichen.

## 4.4a Beispiel aus [14]

Dieses Beispiel wurde dem Buch “Praktische Baustatik”, Band 2, von *Wagner/Erlhof* [14], Seite 261, entnommen.

In Abb. (4.4) ist das System mit der Belastung dargestellt.

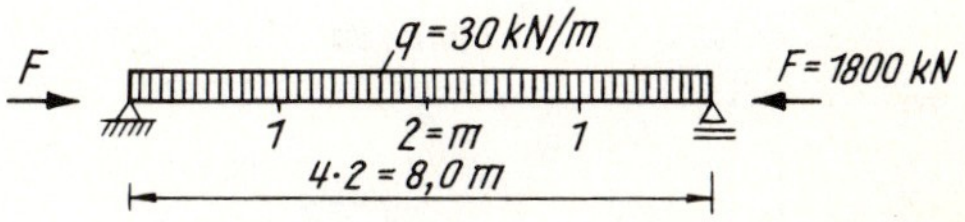

Abb. 4.4 System mit Belastung

Das Profil ist ein IPBv 240 mit $EI = 51\,009\,\mathrm{kNm}^2$.

Die Berechnung wird nach dem Ablaufschema aus Abschnitt 4.3 durchgeführt.

1. Die Momente nach Theorie I. Ordnung betragen

$M_{\mathrm{I}}^{\mathrm{m}} = \frac{1}{8} \cdot 30 \cdot 8^2 = 240\,\mathrm{kNm}$ und $M_{\mathrm{I}}^{1} = 0{,}75 \cdot 240 = 180\,\mathrm{kNm}$.

2. Die Verschiebung in der Mitte ist

$$\delta_{\mathrm{I}}^{\mathrm{m}} = \frac{1}{51009} \cdot \frac{5}{48} \cdot 240 \cdot 8^2 = 0{,}03137\,\mathrm{m}.$$

3. $\beta^2 = 1{,}0$.

4. $$\bar{A} = \frac{F \cdot l^2 \cdot \beta^2}{\pi^2 \cdot EI} = \frac{1800 \cdot 8{,}0^2 \cdot 1{,}0}{\pi^2 \cdot 51009} = 0{,}2288.$$

5. Die Verschiebung nach Theorie II. Ordnung in der Mitte ist

$$\delta_{\mathrm{II}}^{\mathrm{m}} = \frac{\delta_{\mathrm{I}}^{\mathrm{m}}}{1 - \bar{A}} = \frac{0{,}03137}{1 - 0{,}2288} = 0{,}04068\,\mathrm{m}.$$

6. Die Zusatzmomente $\Delta M_{\mathrm{II}}$ sind

$\Delta M_{\mathrm{II}}^{\mathrm{m}} = F \cdot \delta_{\mathrm{II}} = 1800 \cdot 0{,}04068 = 73{,}3\,\mathrm{kNm}$ und

$$\Delta M_{\mathrm{II}}^{1} = 73{,}3 \cdot \sin \frac{\pi \cdot 2}{8} = 51{,}8\,\mathrm{kNm}.$$

7. Die Momente nach Theorie II. Ordnung sind dann

$M_{\mathrm{II}}^{\mathrm{m}} = 240 + 73{,}7 = 313{,}3\,\mathrm{kNm}$ und $\Delta M_{\mathrm{II}}^{1} = 180 + 51{,}8 = 231{,}8\,\mathrm{kNm}$.

Die Ergebnisse sind praktisch identisch.

### 4.4b Beispiel aus [13]

Dieses Beispiel wurde dem Buch "Festigkeitslehre" von *E. Schweda* [13], Seite 212, entnommen.

In Abb. (4.4a) ist das System unter Gebrauchslast dargestellt.

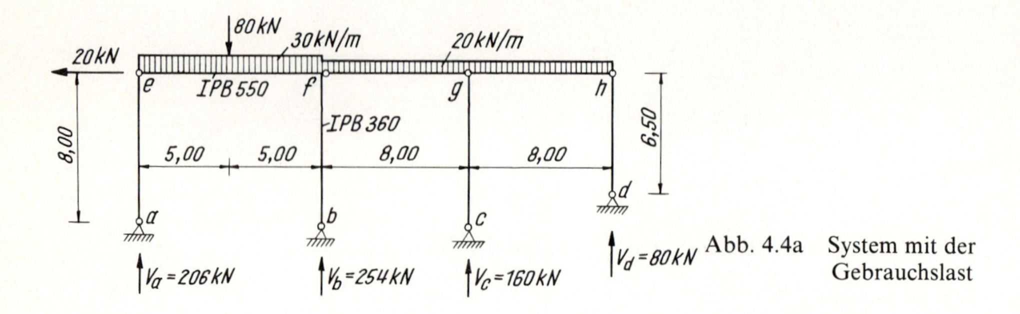


Abb. 4.4a System mit der Gebrauchslast

Für die Berechnung nach Abschnitt 4.2 kann man die Darstellung vereinfachen. Das stabilisierende System ist ein einhüftiger Rahmen, der drei Koppelstützen halten muß. In Abb. (4.4b) ist dieses System unter der $\gamma = 1{,}5$fachen Belastung dargestellt.

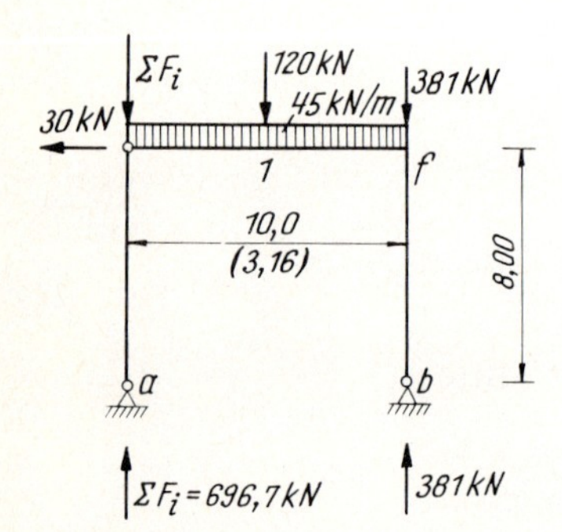


Abb. 4.4b System für die Berechnung unter der 1,5fachen Last

Die Flächenwerte der Rahmenstütze sind $A = 181\,\text{cm}^2$, $W = 2400\,\text{cm}^3$, $I_y = 43\,190\,\text{cm}^4$ und $EI = 90\,700\,\text{kNm}^2$, die des Rahmenriegels $A = 199\,\text{cm}^2$, $W = 4970\,\text{cm}^3$ und $I_y = 136\,700\,\text{cm}^4$.

Die reduzierte Länge für den Riegel ist dann $l' = l \cdot I/I_R = 10 \cdot 43190/136700 = 3{,}16\,\text{m}$.

Die Last der Rahmenstütze b beträgt $F_E = 1{,}5 \cdot 254 = 381$ kN.

Die zu koppelnde Last ist $\sum F_i = 1{,}5 \cdot [206 + 160 + (8{,}0/6{,}5) \cdot 80] = 696{,}7$ kN. Damit ist $\bar{n} = 696{,}7/381 = 1{,}83$.

Als geometrische Ersatzimperfektion soll eine Schiefstellung des Systems von $\psi_0 = 1/140$ angenommen werden. Das entspricht einer zusätzlichen Horizontallast nach Gleichung (3.6.1a) von

$$\bar{H} = \frac{381 + 697{,}7}{140} = \frac{\sum F}{\text{Ri}} = 7{,}7\,\text{kN}.$$

Die Gesamthorizontalkraft ist dann $30 + 7{,}7 = 37{,}7$ kN.

Da das Beispiel in [13] ohne Schiefstellung gerechnet wurde, bleibt sie hier auch zunächst unberücksichtigt.

*Ablauf der Berechnung nach Abschnitt 4.3*

1. In der Abb. (4.4c) sind die Momentenlinie nach Theorie I. Ordnung und die virtuelle Momentenlinie dargestellt.

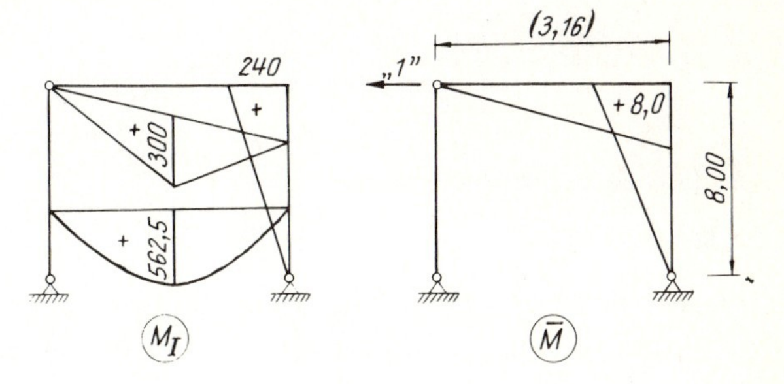


Abb. 4.4c $M_{\text{I}}$ und $\bar{M}$

2. Die Seitenverschiebung wird

$$\begin{aligned} EI\cdot\delta_{\text{I}} = {} & \tfrac{1}{3}\cdot(8{,}00 + 3{,}16)\cdot 240\cdot 8 \cdots & 7{,}142{,}4 \\ & +\tfrac{1}{3}\cdot 3{,}16\cdot 562{,}5\cdot 8{,}0 \quad \cdots & 4740{,}0 \\ & +\tfrac{1}{4}\cdot 3{,}16\cdot 300{,}0\cdot 8{,}0 \quad \cdots & \underline{1896{,}0} \\ & & 13778{,}4\ \text{kNm}^3 \end{aligned}$$

$$\delta_{\text{I}} = \frac{13778{,}4}{9{,}07\cdot 10^4} = 0{,}152\,\text{m}.$$

3. Ermittlung des Knicklängenbeiwertes $\beta^2$ gemäß Abschnitt 2.

In der Abb. (4.4d) ist die Knickbiegelinie und die zugehörige Zusatzmomentenlinie $\Delta M_{\text{II}}$ dargestellt.

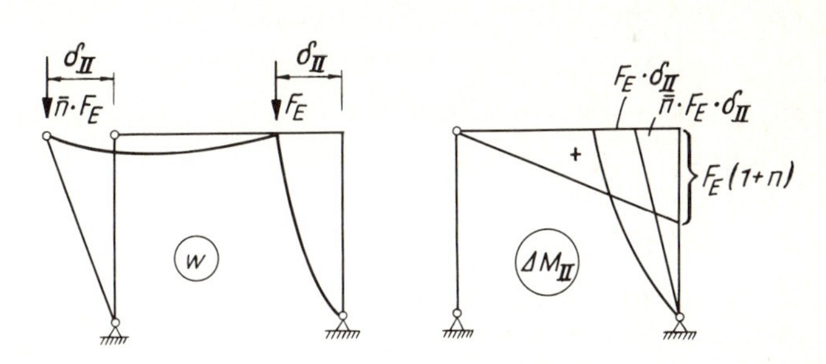


Abb. 4.4d $w$ und $\Delta M_{\text{II}}$

Die Überlagerung der $\Delta M_{II}$ Momentenlinie mit der $\bar{M}$ Linie aus Abb. (4.4c) ergibt

$$EI \cdot \delta_{II} = \frac{4}{\pi^2} \cdot 8{,}0^2 \cdot F_E \cdot \delta_{II} + \tfrac{1}{3} \cdot 8{,}0^2 \cdot \bar{n} \cdot F_E \cdot \delta_{II} + \tfrac{1}{3} \cdot 3{,}16 \cdot 8{,}0 \cdot F_E \cdot (1 + \bar{n}) \cdot \delta_{II}.$$

Multipliziert man diese Gleichung mit $\pi^2/(h^2 \cdot \delta_{II}) = \pi^2/(8{,}0^2 \cdot \delta_{II})$ und klammert $F_E$ aus, so erhält man

$$\frac{EI \cdot \pi^2}{h^2} = F_E \cdot \left(4 + \frac{\pi^2}{3} \cdot \bar{n} + 1{,}30 \cdot (1 + \bar{n})\right).$$

Mit $\bar{n} = 1{,}83$ wird $\beta^2 = 5{,}3 + 4{,}59 \cdot 1{,}83 = 13{,}7$.

4. $\bar{A} = \dfrac{F_E \cdot h^2 \cdot \beta^2}{\pi^2 \cdot EI} = \dfrac{381 \cdot 8{,}0^2 \cdot 13{,}7}{\pi^2 \cdot 90\,700} = 0{,}3732.$

5. $\delta_{II} = \dfrac{\delta_I}{1 - \bar{A}} = \dfrac{0{,}152}{1 - 0{,}3732} = 0{,}2424\,\text{m}.$

6. Das Zusatzmoment wird

$$\Delta M_{II} = \delta_{II} \cdot F_E \cdot (1 + \bar{n}) = 0{,}2425 \cdot 381 \cdot (1 + 1{,}83) = 261{,}5\,\text{kNm}.$$

Dieses Moment entlastet die Stütze b um den Betrag $\Delta F = 261{,}5/10{,}0 = 26{,}2$ kN. Dadurch verringert sich das Zusatzmoment um $\Delta\Delta M_{II} = 0{,}2425 \cdot 26{,}5 = 6{,}4$ kNm. Somit wird der endgültige Wert $\Delta M_{II} = 261{,}5 - 6{,}4 = 255{,}1$ kNm.

Die zugehörige Normalkraft ist etwa $381 - 255{,}1/10{,}0 = 355{,}5$ kN.

7. Die endgültigen Momente sind $M_{II}^{f} = 240 + 255{,}1 = 495{,}1$ kNm und $M_{II}^{1} = 562{,}5 + 300 + \tfrac{1}{2} \cdot 495{,}1 = 1110{,}0$ kNm.

Die Ergebnisse stimmen fast mit denen aus dem gewählten Beispiel überein.

Wird zusätzlich die geometrische Ersatzimperfektion berücksichtigt, so erhöht sich der Anteil aus der Horizontallast um den Faktor $37{,}7/30 = 1{,}257$. Die Verschiebung nach 2. wird dann

$$\delta_I = \frac{13\,778{,}4 + 7142{,}4 \cdot 0{,}257}{90\,700} = 0{,}172\,\text{m}.$$

Der Erhöhungsfaktor für $\Delta M_{II}$ ist dann $0{,}172/0{,}152 = 1{,}133$. Damit wird $\Delta M_{II}^{neu} = 255{,}1 \cdot 1{,}133 = 288{,}9$ kNm und die Momente

$$M_{II}^{f} = 240 + 288{,}9 = 528{,}9\,\text{kNm}, \qquad M_{II}^{1} = 562{,}5 + 300 + \tfrac{1}{2} \cdot 528{,}9 = 1127\,\text{kNm}.$$

### 4.4c Beispiel aus [2]

Dieses Beispiel wurde dem Buch "Stabilitätstheorie", Teil II, von *Bürgermeister* [2], Seite 374, entnommen.

In Abb. (4.4e) ist das System mit der $\gamma = 1{,}5$fachen Belastung dargestellt. In Tabelle (4.4a) sind die Flächenwerte zusammengestellt. Um einen exakten Vergleich zu haben, werden die dort aufgezeichneten Werte übernommen, obgleich sie von den heute gültigen etwas abweichen.

Tabelle 4.4a

| *ik* | Stab *ab* | Stab *bc* | Einheit |
|---|---|---|---|
| $A_{ik}$ | 82,7 | 65,8 | $cm^2$ |
| $W_{ik}$ | 595 | 426 | $cm^3$ |
| $I_{ik}$ | 5950 | 3830 | $cm^4$ |
| $l_{ik}$ | 4,00 | 3,00 | m |
| $l^1_{ik}$ | 4,00 | 4,6974 | m |

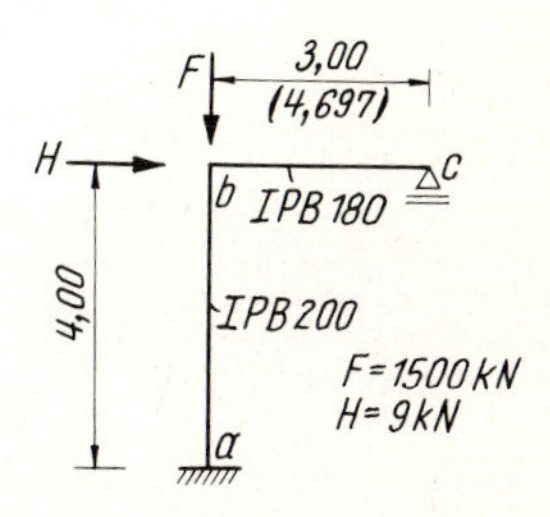


Abb. 4.4e System mit 1,5fachen Belastung

Die Biegesteifigkeit der Stütze ist $EI = 12\,500\,\mathrm{KnM}^2$.

1. Für die Ermittlung der Zustandslinien nach Theorie I. Ordnung ist eine statisch unbestimmte Berechnung erforderlich. Das Hauptsystem mit dem Lastspannungszustand und dem Eigenspannungszustand $X_1 = 1{,}0$ ist in Abb. (4.4f) dargestellt.

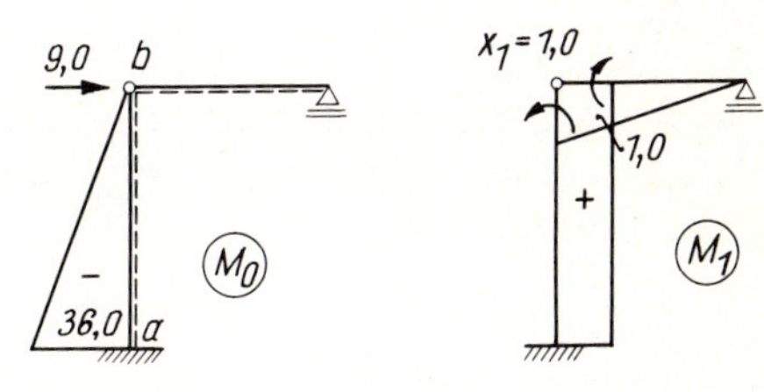


Abb. 4.4f Hauptsystem mit den Spannungszuständen

Die Verformungen sind

$\delta'_{10} = -\frac{1}{2}\cdot 4{,}0\cdot 36\cdot 1{,}0 = -72$ und $\delta'_{11} = 4\cdot 1{,}0^2 + \frac{1}{3}\cdot 4{,}6974\cdot 1{,}0^2 = 5{,}566.$

Damit ist $X_1 = -(-72/5{,}566) = +12{,}94$. Die Momente werden

$M_a = -36 + 12{,}94\cdot 1{,}0 = -23{,}06\,\mathrm{kNm}$ und $M_b = +12{,}94\,\mathrm{kNm}$.

Sie sind in Abb. (4.4g) dargestellt.

2. Horizontalverschiebung des Riegels. In Abb. (4.4g) sind die Zustandslinien $M_\text{I}$ und $\overline{M}_0$ dargestellt.

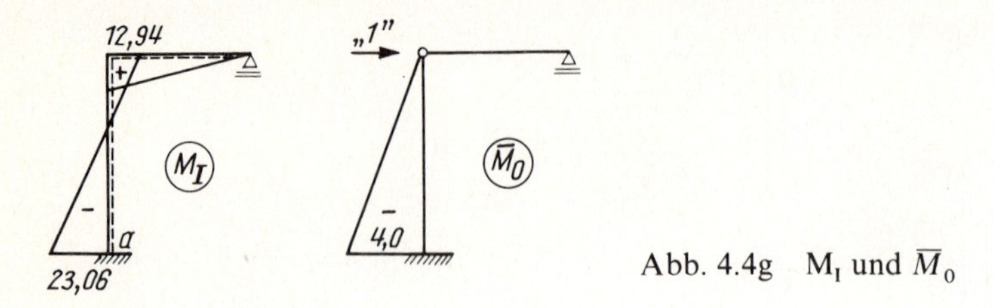


Abb. 4.4g $M_\text{I}$ und $\overline{M}_0$

Die Verschiebung ist

$$\delta_\text{I} = \frac{1}{EI} \cdot \frac{1}{6} \cdot 4{,}0^2 \cdot (2 \cdot 23{,}06 - 12{,}94) = \frac{88{,}48}{12\,500} = 0{,}007078\,\text{m}.$$

3. Berechnung des Knicklängenbeiwertes $\beta^2$ gemäß Abschnitt 2.

In der Abb. (4.4h) sind die angenommene Knickbiegelinie $w$ und die Zustandslinien $\Delta M_{\text{II}_0}$ und $\overline{M}$ dargestellt. $\overline{M}$ kann aus dem $M_\text{I}$ der Abb. (4.4g) ermittelt werden, indem man die dortigen Werte durch 9,0 teilt.

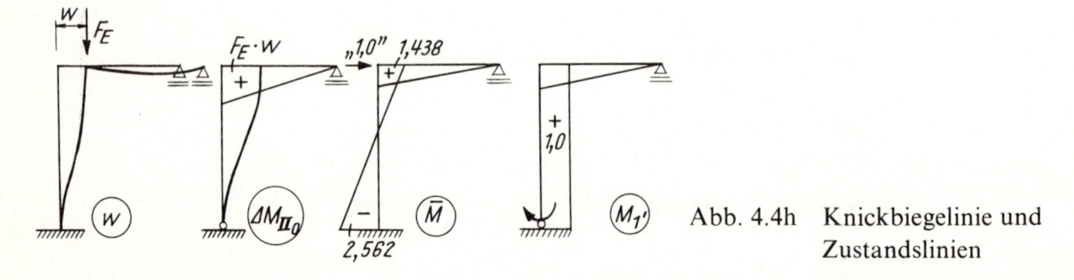


Abb. 4.4h Knickbiegelinie und Zustandslinien

Die Verformungsgleichung lautet

$$EI \cdot w = \frac{3{,}47}{\pi^2} \cdot 4{,}0 \cdot F_\text{E} \cdot w \cdot 1{,}438 - \frac{1{,}46}{\pi^2} \cdot 4{,}0 \cdot F_\text{E} \cdot w \cdot 2{,}562$$
$$+ \tfrac{1}{3} \cdot 4{,}697 \cdot F_\text{E} \cdot w \cdot 1{,}438.$$

Multipliziert man die Gleichung mit $\pi^2/(h^2 \cdot w) = \pi^2/(4{,}0^2 \cdot w)$ und klammert man $F_\text{E}$ aus, so erhält man

$$\frac{EI \cdot \pi^2}{h^2} = F_\text{E} \cdot (1{,}247 - 0{,}935 + 1{,}389) = F_\text{E} \cdot 1{,}701.$$

Das Quadrat des Knicklängenbeiwertes ist damit $\beta^2 = 1{,}701$.

Benutzt man für die Berechnung die Gleichung aus der DIN 4144

$$\beta^2 = 1 + 0{,}35 \cdot c - 0{,}017 \cdot c^2 \quad \text{mit} \quad c = \frac{2 \cdot I \cdot l}{I_\text{R} \cdot h} = \frac{2 \cdot 5950 \cdot 3{,}0}{3830 \cdot 4{,}0} = 2{,}33,$$

so wird

$\beta^2 = 1 + 0{,}35 \cdot 2{,}33 - 0{,}017 \cdot 2{,}33^2 = 1{,}723.$

Die Ergebnisse sind annähernd gleich.

4. $\bar{A} = \dfrac{F_E \cdot h^2 \cdot \beta^2}{\pi^2 \cdot EI} = \dfrac{1500 \cdot 4{,}0^2 \cdot 1{,}7}{\pi^2 \cdot 12500} = 0{,}3307.$

5. $\delta_{II} = \dfrac{\delta_I}{1 - \bar{A}} = \dfrac{0{,}007078}{1 - 0{,}3307} = 0{,}0106\,\text{m}.$

6. $\Delta M^{b}_{II_0} = F_E \cdot \delta_{II} = 1500 \cdot 0{,}0106 = 15{,}86\,\text{kNm}.$

Dieses Moment muß nach einer statisch unbestimmten Rechnung verteilt werden.

Hier verhalten sich die $\Delta M_{II}$-Momente ebenso wie die $\bar{M}$-Momente.

$$\Delta M^{a}_{II} = 15{,}86 \cdot \frac{-2{,}562}{2{,}562 + 1{,}438} = -10{,}16\,\text{kNm}$$

$$\Delta M^{b}_{II} = 15{,}86 \cdot \frac{+1{,}438}{4{,}000} = +5{,}70\,\text{kNm}.$$

7. Momente $M_{II}$

$M^{a}_{II} = -23{,}06 - 10{,}16 = -33{,}22\,\text{kNm}.$
$M^{b}_{II} = +12{,}97 + 5{,}70 = 18{,}67\,\text{kNm}.$

Die Übereinstimmung ist wieder sehr gut.

### 4.4d Beispiel aus [10]

Dieses Beispiel wurde dem Buch "Theorie II. Ordnung...", einer Gemeinschaftsarbeit der T.U. Berlin [10], Seite 98, entnommen. In Abb. (4.4i) ist das System mit der $\gamma$-fachen Belastung dargestellt. In Tabelle 4.4b sind die benötigten Flächenwerte zusammengestellt. Eine geometrische Ersatzimperfektion wurde nicht angesetzt.

Tabelle 4.4b

| ik | ac | cd | de | Einh. |
|---|---|---|---|---|
| $A_{ik}$ | 53,8 | 84,5 | 84,5 | $cm^2$ |
| $W_{ik}$ | 557 | 1160 | 1160 | $cm^3$ |
| $I_{ik}$ | 8360 | 23130 | 23130 | $cm^4$ |
| $l_{ik}$ | 3,0 | 6,0 | 4,0 | m |
| $l^1_{ik}$ | 3,0 | 2,169 | 1,446 | m |

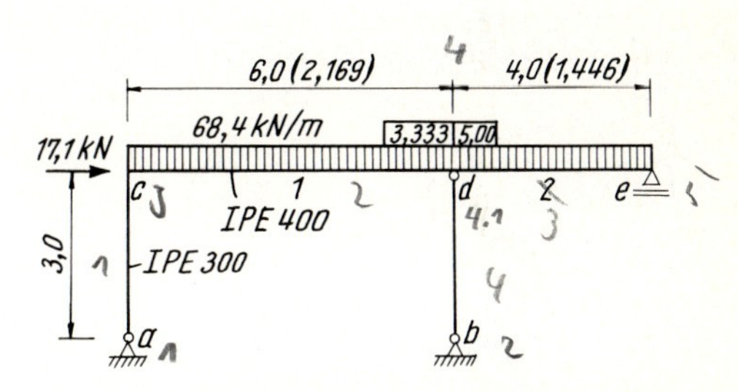


Abb. 4.4i System mit der $\gamma$-fachen Belastung

Die Biegesteifigkeit der Stütze beträgt $EI = 17560\,\text{kNm}^2$. Ablauf der Berechnung nach Abschnitt 4.3

1. Berechnung der Schnittgrößen nach Theorie I. Ordnung. Für die Berechnung der Schnittgrößen eignet sich für dieses System besonders das Festpunktverfahren.

Die Belastungsglieder sind $M_c = 17{,}1 \cdot 3{,}0 = 51{,}3\,\text{kNm}$,

$$R_1 = \tfrac{1}{4} \cdot 68{,}4 \cdot 6{,}0^2 = 615{,}6 \quad \text{und} \quad L_2 = \tfrac{1}{4} \cdot 68{,}4 \cdot 4{,}0^2 = 273{,}6.$$

Damit werden die Momente

$$M_\text{I}^\text{c} = +51{,}3\,\text{kNm}, \qquad M_\text{I}^\text{d} = -\frac{51{,}3 + 615{,}6}{3{,}333} - \frac{273{,}6}{5{,}0} = -254{,}8\,\text{kNm},$$

$$M_{\text{I}_0}^1 = \tfrac{1}{8} \cdot 68{,}4 \cdot 6{,}0^2 = +307{,}8\,\text{kNm} \quad \text{und} \quad M_{\text{I}_0}^2 = \tfrac{1}{8} \cdot 68{,}4 \cdot 4{,}0^2 = +136{,}8\,\text{kNm}.$$

Die Stützkräfte sind dann

$$F_c = F_1 = \tfrac{1}{2} \cdot 68{,}4 \cdot 6{,}0 - \frac{51{,}3 + 254{,}8}{6{,}0} = 154{,}2\,\text{kN},$$

$$F_d = F_2 = 205{,}2 + 51{,}0 + 136{,}8 + 63{,}7 = 456{,}7\,\text{kN} \quad \text{und}$$

$$F_e = \tfrac{1}{2} \cdot 68{,}4 \cdot 4{,}0 - \frac{254{,}8}{4{,}0} = 73{,}1\,\text{kN}.$$

2. Berechnung der Verschiebung $\delta_\text{I}$.

In der Abb. (4.4j) sind die Momentenlinie $M_\text{I}$ und die virtuelle Momentenlinie $\overline{M}_0$ dargestellt.

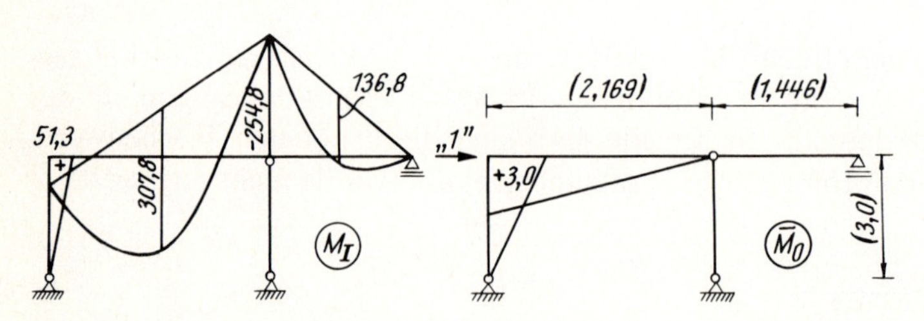


Abb 4.4j $M_\text{I}$ und $M_0$

Die Verschiebung des Riegels ist

$$\delta_\text{I} = \frac{1}{EI} \cdot [\tfrac{1}{3} \cdot 3^2 \cdot 51{,}3 + \tfrac{1}{3} \cdot 2{,}169 \cdot 3{,}0 \cdot 307{,}8 + \tfrac{1}{6} \cdot 2{,}169 \cdot 3{,}0(2 \cdot 51{,}3 - 254{,}8)]$$

$$= \frac{656{,}46}{EI}$$

$$\delta_\text{I} = \frac{656{,}46}{17560} = 0{,}03738\,\text{m}.$$

3. Berechnung des Knicklängenbeiwertes $\beta^2$ gemäß Abschnitt 2.

In der Abb. (4.4k) sind die angenommene Knickbiegelinie $w$ und die daraus resultierende Zusatzmomentenlinie $\Delta M_{II}$ dargestellt.

Das Lastverhältnis ist $\bar{n} = F_2/F_1 = 456{,}7/154{,}2 = 2{,}96$.

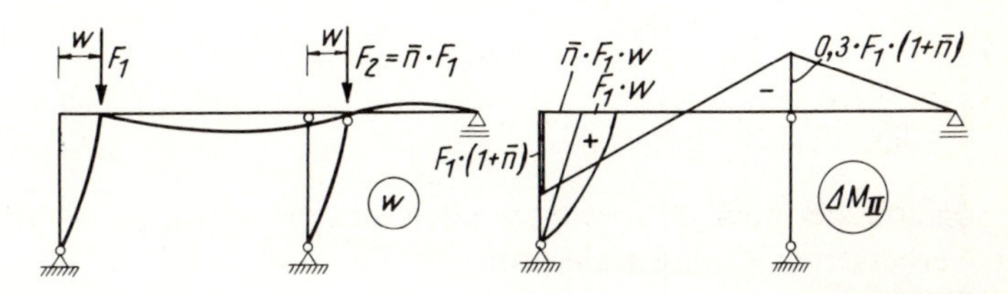


Abb. 4.4k Knickbiegelinie und Zusatzmomentenlinie

Die Überlagerung der $\Delta M_{II}$ Fläche mit der $\overline{M}_0$ Fläche der Abb. (4.4j) ergibt

$$EI \cdot w = \frac{4}{\pi^2} \cdot 3{,}0^2 \cdot F_1 \cdot w + \tfrac{1}{3} \cdot 3{,}0^2 \cdot \bar{n} \cdot F_1 \cdot w$$

$$+ \tfrac{1}{6} \cdot 2{,}169 \cdot 3{,}0 \cdot F_1 (1 + \bar{n}) \cdot w \cdot (2 \cdot 1{,}0 - 0{,}3).$$

Multipliziert man den Ausdruck mit $\pi^2/(h^2 \cdot w) = \pi^2/(3{,}0^2 \cdot w)$, klammert $F_1$ aus und setzt $\bar{n} = 2{,}96$ ein, so erhält man $(EI \cdot \pi^2)/h^2 = F_1 \cdot (4{,}0 + 9{,}74 + 8{,}01) = F_1 \cdot 21{,}75$.

Daraus ergibt sich $\beta^2 = 21{,}75$.

4. $$\bar{A} = \frac{F_1 \cdot h^2 \cdot \beta^2}{\pi^2 \cdot EI} = \frac{154{,}2 \cdot 3{,}0^2 \cdot 21{,}75}{\pi^2 \cdot 17560} = 0{,}1741.$$

5. $$\delta_{II} = \frac{\delta_I}{1 - \bar{A}} = \frac{0{,}03738}{1 - 0{,}1741} = 0{,}04526\,\text{m}.$$

6. Die Zusatzmomente werden

$\Delta M_{II}^c = \delta_{II} \cdot F_1 \cdot (1 + \bar{n}) = 0{,}04526 \cdot 154{,}2 \cdot 3{,}96 = 27{,}6$ kNm und
$\Delta M_{II}^d = -0{,}3 \cdot 27{,}6 = -8{,}3$ kNm.

7. Die Momente nach Theorie II. Ordnung sind dann

$M_{II}^c = 51{,}3 + 27{,}6 = 78{,}9$ kNm und $M_{II}^d = -254{,}8 - 8{,}3 = -263{,}1$ kNm.

Die verbesserten Auflagerkräfte werden

$$F_1 = 205{,}2 - \frac{78{,}9 + 263{,}1}{6{,}0} = 148{,}2\,\text{kN}.$$

$$F_2 = 205{,}2 + 57{,}0 + 136{,}8 + 65{,}8 = 464{,}8 \text{ kN} \quad \text{und}$$

$$F_e = 136{,}8 - \frac{263{,}1}{4{,}0} = 71{,}0 \text{ kN}.$$

Das maximale Feldmoment im Feld 1 ist

$$M_{II}^1 = +78{,}9 + \frac{148{,}2^2}{2 \cdot 68{,}4} = 239{,}5 \text{ kNm}.$$

Die Werte sind mit denen des Beispieles aus [10] praktisch identisch. Die Berechnung ist damit für die Baupraxis abgeschlossen.

Es soll hier noch untersucht werden, inwieweit sich die Werte ändern, wenn man die verbesserten Auflagerreaktionen in die Rechnung einführt. In Kurzform wird der Rechengang verfolgt.

$$\bar{n} = 464{,}8/148{,}2 = 3{,}136$$

$$\beta^2 = 4 + 9{,}74 \cdot \frac{3{,}316}{2{,}96} + 8{,}01 \cdot \frac{4{,}136}{3{,}96} = 23{,}28$$

$$\bar{A} = \frac{148{,}2 \cdot 3{,}0^2 \cdot 23{,}28}{\pi^2 \cdot 17560} = 0{,}1792$$

$$\delta_{II} = \frac{0{,}03738}{1 - 0{,}1792} = 0{,}04554 \text{ m}$$

$$\Delta M_{II}^c = 0{,}04554 \cdot 148{,}2 \cdot 4{,}136 = 27{,}9 \text{ kNm}$$

$$\Delta M_{II}^d = -0{,}3 \cdot 27{,}9 = -8{,}4 \text{ kNm}.$$

Die Änderung ist sehr gering. Eine Neuberechnung lohnt sich nicht. Sie kann im allgemeinen entfallen.

## 4.5 Weitere Beispiele

### 4.5.1 Berechnung eines statisch zweifach unbestimmten Rahmens unter $\gamma$-facher Last nach Theorie II. Ordnung

Die Aufgabenstellung wurde [18] entnommen.

In der Abb. (4.5.1a) ist der Rahmen mit der $\gamma$-fachen Last dargestellt.

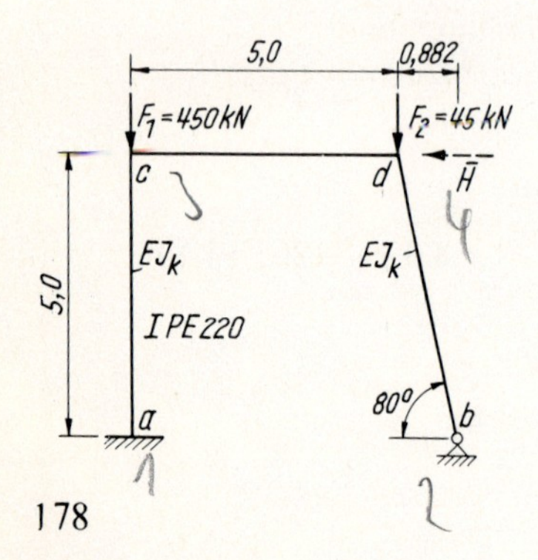


Abb. 4.5.1a System mit der Belastung

Für die Vorverformung kann für alle Stäbe die Verdrehung $\psi = 0{,}75 \cdot \frac{1}{150} = \frac{1}{200}$ angenommen werden.

Während die Verdrehung des Riegels auf die Berechnung kaum Einfluß hat, kann die Verdrehung der Stiele nach Gl. (3.6.1a) durch eine Ersatzlast erfaßt werden.

$$\bar{H} = \frac{450 + 45}{200} = 2{,}475\,\text{kN}.$$

Der Ablauf der Berechnung erfolgt nach Abschnitt 4.3. Erläuterungen hierzu werden nur soweit wie erforderlich gegeben.

Berechnung nach Theorie I. Ordnung nach dem Arbeitssatz

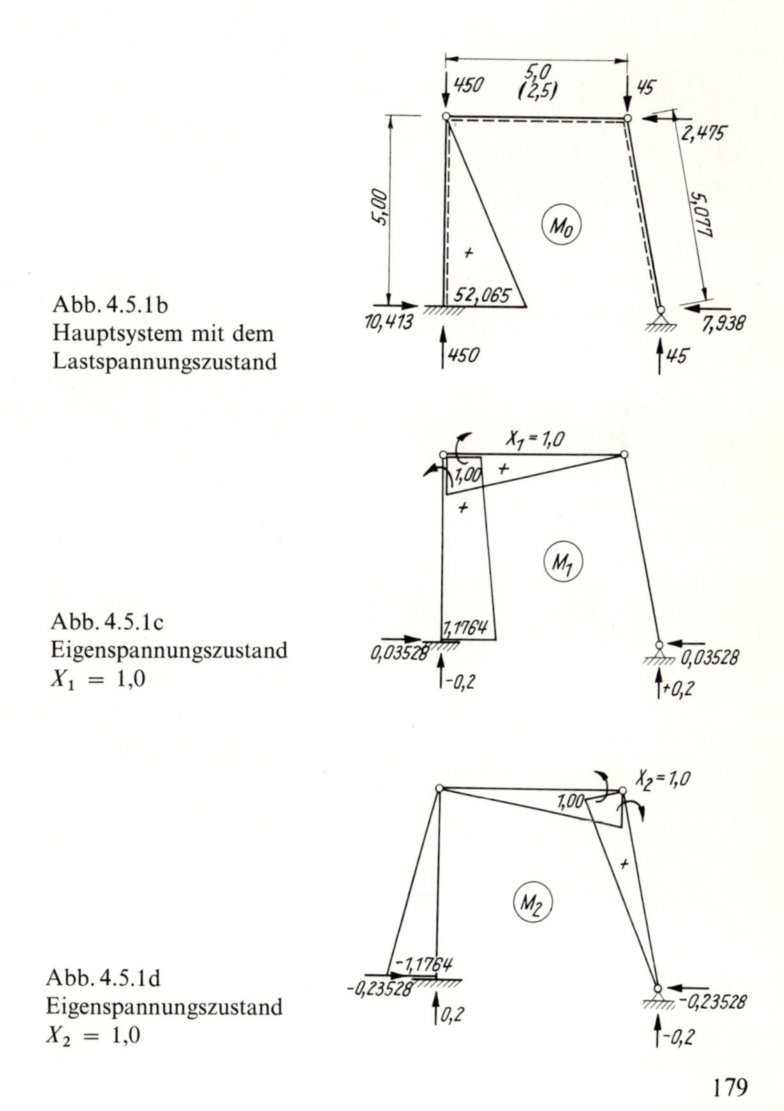


Abb. 4.5.1b
Hauptsystem mit dem Lastspannungszustand

Abb. 4.5.1c
Eigenspannungszustand
$X_1 = 1{,}0$

Abb. 4.5.1d
Eigenspannungszustand
$X_2 = 1{,}0$

Die Verschiebungen $\delta'_{ik} = \int M_i \cdot M_k \cdot ds$ sind in der Matrix zusammengestellt.

| | $X_1$ | $X_2$ | $\delta_{i0}$ |
|---|---|---|---|
| 1 | 6,767 | −2,870 | 145,470 |
| 2 | −2,870 | 4,832 | −102,083 |

$X_1 = -16{,}759$

$X_2 = +11{,}172$

$M_a = 52{,}065 - 1{,}1764 \cdot (11{,}172 + 16{,}759) = +19{,}21\,\mathrm{kNm},$

$M_c = -16{,}76\,\mathrm{kNm}$

$M_d = +11{,}17\,\mathrm{kNm}.$

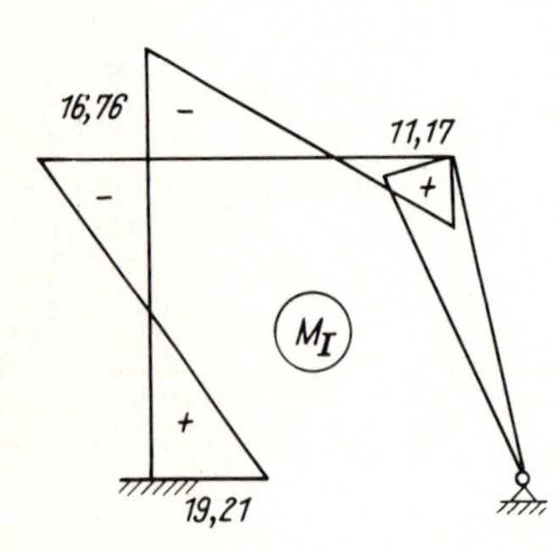


Abb. 4.5.1e
Momentenlinie nach Theorie I. Ordnung einschließlich der ungewollten Ausmitte

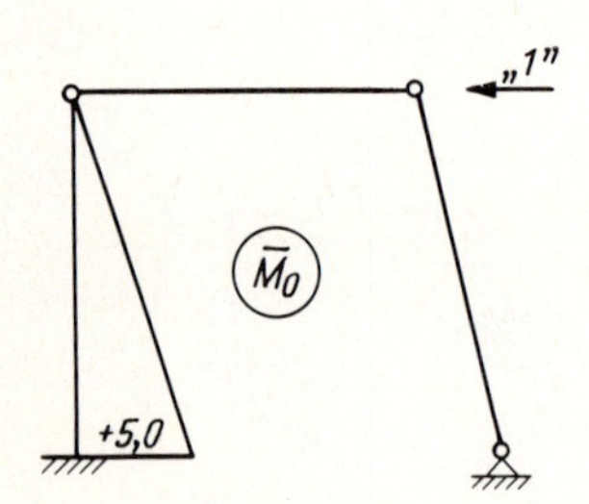


Abb. 4.5.1f
Virtuelle Momentenlinie am Hauptsystem

$$\delta = \frac{1}{EI_k} \cdot \int M \cdot M_0 \cdot ds = \frac{90{,}25\,\mathrm{kNm}^3}{5817\,\mathrm{kNm}^2} = 0{,}0155\,\mathrm{m}.$$

$EI_k = 2{,}1 \cdot 2770 = 5817\,\mathrm{kNm}^2$

Berechnung des Knicklängenbeiwertes $\beta$ nach Abschnitt 2

Die virtuelle Momentenlinie am unbestimmten System kann man durch Umrechnung von $M_I$ mit dem Faktor $\bar{M}_0/M_0 = 5{,}0/52{,}065 = 0{,}09603$ ermitteln.

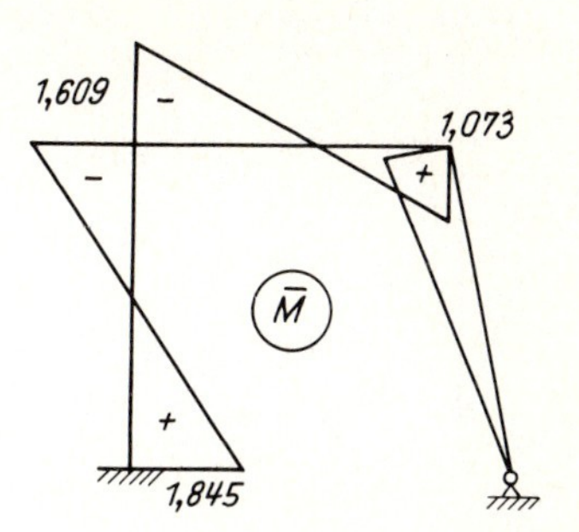


Abb. 4.5.1g
Virtuelle Momentenlinie am unbestimmten System

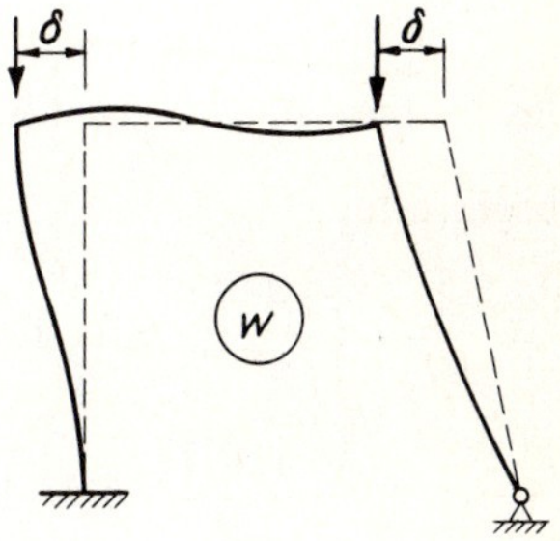

Abb. 4.5.1h
Angenommene Form der Knickbiegelinie

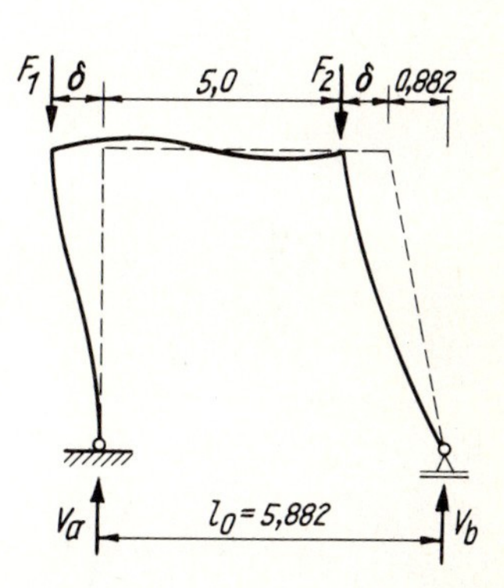


Abb. 4.5.1i
Zweckmäßiges Hauptsystem für die Ermittlung von $\Delta M_{\mathrm{II},0}$

$$V_a = F_1 + 0{,}15 \cdot F_2 + \frac{F_1 + F_2}{l_0} \cdot \delta$$

$$V_b = 0{,}85 \cdot F_2 - \frac{F_1 + F_2}{l_0} \cdot \delta$$

Bei der Berechnung der Zusatzmomente werden Glieder höherer Ordnung von $\delta$ vernachlässigt.

$$\Delta M_{\mathrm{II}}^{c} = -V_a \cdot \delta = -F_1 \cdot \delta - 0{,}15 \cdot F_2 \cdot \delta$$

$$\Delta M_{\mathrm{II}}^{d} = M_{\mathrm{II}} - M_{\mathrm{I}} = +V_b \cdot (0{,}882 + \delta) - M_{\mathrm{I}} = +0{,}85 \cdot F_2 \cdot \delta - 0{,}15 \cdot (F_1 + F_2) \cdot \delta$$

$$\Delta M_{\mathrm{II}}^{d} = +0{,}70 \cdot F_2 \cdot \delta - 0{,}15 \cdot F_1 \cdot \delta$$

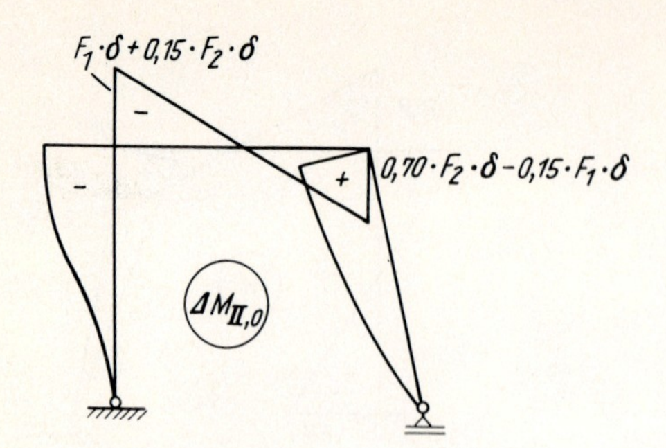


Abb. 4.5.1j
Zusatzmomentenlinie $\Delta M_{\text{II},0}$
am zweckmäßigen Hauptsystem

Das Integral $\delta = \frac{1}{EI_k} \cdot \int \Delta M_{\text{II},0} \cdot \bar{M} \cdot \mathrm{d}s$ wird mit den Faktoren der Tabelle 1.6.3a ausgewertet.

$$\delta = \frac{1}{EI_k} \cdot \left\{ \frac{3{,}467}{\pi^2} \cdot 5{,}0 \cdot 1{,}609 \cdot (F_1 \cdot \delta + 0{,}15 \cdot F_2 \cdot \delta) \right.$$

$$- \frac{1{,}467}{\pi^2} \cdot 5{,}0 \cdot 1{,}845\,(F_1 \cdot \delta + 0{,}15 \cdot F_2 \cdot \delta)$$

$$+ \frac{4}{\pi^2} \cdot 5{,}077 \cdot 1{,}073 \cdot (0{,}7 \cdot F_2 \cdot \delta - 0{,}15 \cdot F_1 \cdot \delta)$$

$$+ \frac{1}{6} \cdot 2{,}5\,[(F_1 \cdot \delta + 0{,}15 \cdot F_2 \cdot \delta) \cdot (2 \cdot 1{,}609 - 1{,}073)$$

$$\left. + (0{,}7 \cdot F_2 \cdot \delta - 0{,}15 \cdot F_i) \cdot (2 \cdot 1{,}073 - 1{,}609)] \right\}$$

$$EI_k \cdot \pi^2 = 19{,}568 \cdot F_1 + 20{,}274 \cdot F_2$$

$$\frac{EI_k \cdot \pi^2}{h^2} = F_1 \cdot \frac{1}{5{,}0^2} \cdot \left(19{,}568 + 20{,}274 \cdot \frac{F_2}{F_1}\right)$$

$$\beta^2 = 0{,}783 + 0{,}811 \cdot \frac{F_2}{F_1} = 0{,}783 + 0{,}811 \cdot 0{,}10 = 0{,}864$$

$$\beta = 0{,}93$$

Die Normalkraft im Stab a–c ist nach Theorie I. Ordnung

$$N_{ac} = 450 + \frac{16{,}76 + 11{,}17}{5{,}0} = 455{,}6\,\text{kN}.$$

Gl. (4.2e)

$$\bar{A} = \frac{N \cdot h^2 \cdot \beta^2}{\pi^2 \cdot EI_k} = \frac{455{,}6 \cdot 5{,}0^2 \cdot 0{,}864}{\pi^2 \cdot 5817} = 0{,}1714$$

Gl. (4.2f)

$$\delta_{II} = \frac{\delta_I}{1 - \bar{A}} = \frac{0{,}0155}{1 - 0{,}1714} = 0{,}0187\,\text{m}$$

Gl. (4.2h)

$$\sum \Delta M_{II,0} = 0{,}85 \cdot (F_1 + F_2) \cdot \delta_{II} = 0{,}85 \cdot (450 + 45) \cdot 0{,}0187 = 7{,}87\,\text{kNm.}$$

Eine neue statisch unbestimmte Berechnung kann entfallen, wenn man $\sum \Delta M_{II,0}$ gemäß der virtuellen Momentenlinie am unbestimmten System verteilt.

$$|\sum \bar{M}| = 1{,}845 + 1{,}609 + 1{,}073 = 4{,}527$$

$$\Delta M_{II}^{a} = +1{,}845 \cdot \frac{7{,}87}{4{,}527} = +3{,}21\,\text{kNm}$$

$$\Delta M_{II}^{c} = -1{,}609 \cdot \frac{7{,}87}{4{,}527} = -2{,}78\,\text{kNm}$$

$$\Delta M_{II}^{d} = +1{,}073 \cdot \frac{7{,}85}{4{,}527} = +1{,}87\,\text{kNm.}$$

$$M_{II}^{a} = 19{,}21 + 3{,}21 = 22{,}42\,\text{kNm}$$

$$M_{II}^{c} = -16{,}76 - 2{,}78 = -19{,}54\,\text{kNm}$$

$$M_{II}^{d} = 11{,}17 + 1{,}87 = 13{,}04\,\text{kNm.}$$

Die neue Längskraft wird $N_{ac} = 450 + (19{,}54 + 13{,}04)/5{,}0 = 456{,}5\,\text{kN}$.

Der Unterschied ist gering, eine Neuberechnung von $\bar{A}$ lohnt nicht.

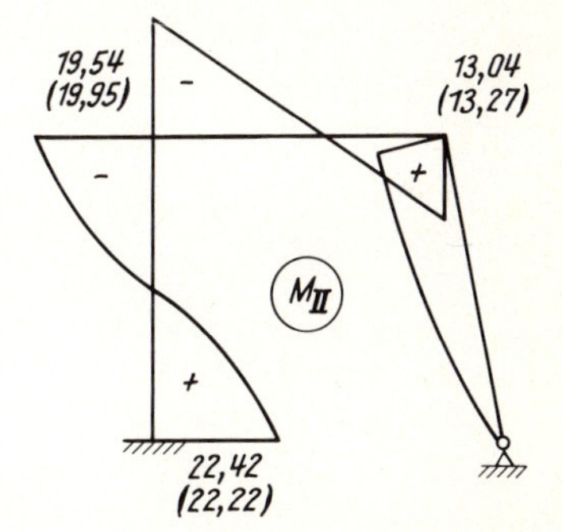


Abb. 4.5.1k
Momentenlinie nach Theorie II. Ordnung einschließlich der ungewollten Ausmitte am unbestimmten System.

Die Klammerwerte sind die Ergebnisse einer „genauen“ Berechnung. Die Unterschiede sind baupraktisch belanglos.

# Literaturhinweise


[1] Pflüger, A.: Stabilitätsprobleme der Elastostatik, 2. Auflage, Springer-Verlag, Berlin/Göttingen/Heidelberg/New York, 1964

[2] Bürgermeister/Steup: Stabilitätstheorie, 2. Auflage, Akademie-Verlag, Berlin, 1959

[3] Betonkalender, Verlag Wilhelm Ernst und Sohn, Berlin

[4] Schulz, G.: Formelsammlung zur praktischen Mathematik, Sammlung Göschen Band 1110

[5] Stüssi, F.: Grundlagen des Stahlbaues, 2. Auflage, Springer-Verlag, Berlin/Heidelberg/New York

[6] Sattler, K.: Das "Durchbiegeverfahren" zur Lösung von Stabilitätsproblemen, Die Bautechnik 30 (1953) H.10, S. 288 und H.11, Seite 326 bis S. 331

[7] Lohse, G.: Stabilitätsberechnungen im Stahlbetonbau, 1. Auflage und 2. Auflage, Werner-Verlag, Düsseldorf, 1976 und 1978

[8] Eibl, J.: Knicklängen der Kragstütze mit sprunghaft veränderlichem Trägheitsmoment, Beton-und Stahlbetonbau 6/1968, Seite 132

[9] Schuller, R.: Spannungs-und Stabilitätsberechnung von Rahmentragwerken, Verlag Wilhelm Ernst und Sohn, Berlin/München/Düsseldorf, 1974

[10] Hees, G.: Theorie II. Ordnung und ihre Anwendung im Bauwesen. Gemeinschaftsarbeit des Lehrstuhles Statik der Baukonstruktionen der T.U. Berlin, Vertrieb: Universitätsbibliothek der T.U. Berlin, Abteilung Publikationen, Berlin, 1975

[11] Berichte der Bundesvereinigung der Prüfingenieure für Baustatik, Freudenstadt und Dortmund, Insbesondere: Stabilität von Stahlstäben nach DIN 4114 neu, 1977. Verfasser: Prof. Dr.-Ing. U. Vogel, T.U. Karlsruhe

[12] Schneider: Bautabellen mit Berechnungshinweisen und Beispielen. 6. Auflage, Werner-Verlag, Düsseldorf, 1984

[13] Schweda, E.: Festigkeitslehre, 1. Auflage, Werner-Verlag, Düsseldorf, 1976

[14] Wagner/Erlhof: Praktische Baustatik 2, 12. Auflage, B.G. Teubner, 1977

[15] Lohse, G.: Kippen, 1. Auflage, Werner-Verlag, Düsseldorf, 1980

[16] Lohse, G.: Einführung in das Knicken und Kippen, WIT 76, 1. Auflage, Werner-Verlag, Düsseldorf, 1983

[17] Nachweis der Stabilität von Baukonstruktionen, Vorträge des öffentlichen Kolloquiums der VBI-Fachgruppe „Konstruktiver Ingenieurbau" VBI-Bundeskongreß 1982 in München

[18] Nichtlineare Stabstatik, Weiterbildendes Studium Bauingenieurwesen, Kurs G07, Autoren: Prof. Dr.-Ing. H. Rothert und Prof. Dr.-Ing. V. Gensichen, Hannover und Münster

# Stichwortverzeichnis